湖南传统民居

HUNAN TRADITIONAL RESIDENCE

湖南省住房和城乡建设厅◎编

中国建筑工业出版社

编写委员会

前言

　　我国多样化的地理条件和多民族的人文环境、塑造了丰富多彩、各具特色的传统民居。传统民居是民族的写照，是民族生存智慧、建造技艺、审美意识、宗教伦理等文明成果的集中体现。是世界独特的建筑体系，是民间精粹、国家瑰宝，是难以再生的、珍贵的文化遗产。湖南历史悠久，湖南民居是我国传统民居发展进程中的重要的一环，是中国民居构成中不可缺少的重要部分。透过传统民居的形态能寻找几千年来传统思想、文化和制度留下的深深痕迹。通过触摸湖南的传统民居，可以解读湖南人民在历史上的迁徙足迹、发展历程、政治制度、经济制度、宗教信仰、建造文化等信息，了解湖南特有的民族风俗、家族的盛衰、居者的轶事等。直接地记录这一地区各个历史时期人类的衣、食、住、行等生活状况，反映了经济体制、生产力、生产关系等社会状况，体现了该地区的商业、劳作、宗教、世俗以及建筑文化，揭示了传统哲学思想，道德伦理观念等深层次文化内涵，因而它是民族文化与地域文化的典型体现和物化写照，为研究人类文化发展提供了重要的史料依据，具有高度的文化价值。

　　湖南地域广阔，不同地形地貌、气候条件和民族文化造就了不同的村落格局和民居形式。在山水秀美、物产丰饶的土地上，汉、瑶、苗、土家等民族世代生息耕作，共同培育了具有浓郁湖湘特色并富有成就的累累文化硕果。湖南各民族传统民居风格迥异、特色鲜明，既是劳动人民智慧的结晶，又是湖南民族文化的表现和社会历史的见证。众多民居质朴无华，与自然和谐相处，充满了旺盛的生命力，至今仍与当地的现代生活息息相关且融为一体。因此，传统民居丰富的历史价值、文化价值、艺术价值和科学价值一直为人们所重视并在不断被探索。

　　湖南省住房和城乡建设厅十分重视传统文化的发掘、保护和利用，组织湖南大学编撰了《湖南传统村落》、《湖南传统民居》、《湖南传统建筑》系列丛书。《湖南传统民居》一书旨在收集整理湖南地区的传统民居，重新回归本源，进而对湖南地区的建筑文化进行深层次的剖析与研究，发扬传承湖南地区传统建筑的优点，为此后的建筑设计提供灵感，同时这也是寻找中国传统民居建筑发展出路的重要组成部分。

本书通过对湖南省境内七十多个民居建筑进行调研与测量，绘制、整理收集了大量湖南传统民居的一手资料，并按照汉族和少数民族传统民居分类进行介绍，用一幅幅优美的民居画卷展现风韵独具的湖南传统民居建筑的文化精粹。本书图文并茂、力求客观、系统、详实地介绍湖南传统民居的风貌和特征，使读者对湖南现存的传统民居建筑有一个较为全面整体的了解。

组成基本内容：

1. 第一章对湖南省传统民居发展、类型和特征进行综述；第二章汉族地区传统民居；第三章土家族地区传统民居；第四章侗族地区传统民居；第五章苗族地区传统民居；第六章瑶族地区传统民居；第七章其他民族、其他形式民居；第八章名人故居，共八章。从该地域传统民居的自然资源、历史文化、建筑形态等方面对湖南地区民居按地域和民族分类进行介绍，并附以民居案例和扼要的文字说明与基本数据，包括其历史、选址、布局、结构、装饰、生活等内容。

2. 各民居建筑均配有数张彩色照片。

3. 有代表性的民居建筑另附平、立、剖面和轴测线图以加强内容的完整性。

本书的编写得到了湖南省各地、市、州、县建设局及各传统村落村委会的鼎力支持，在此要特别感谢湖南省政协文史委、湖南省文物局及湖南省各地、市、州和县文物局、长沙市规划局及杨正强等为本书撰写提供宝贵的图片。

目录

第一章 | 湖南传统民居发展、类型及其特征

- 地理和气候
- 历史人文
- 分布和选址
- 湖南传统民居的类型及其基本特征
- 湖南传统民居的价值

第一节 地理和气候

　　湖南省位于我国东南腹地，长江中游地段，北与湖北相接，东部毗邻江西，南接广东省与广西壮族自治区，西边与重庆、贵州相邻，湖南处于东经108°47′~114°15′，是连接沿海省与西部内陆省的重要桥梁。全省的土地面积共有21.18万平方公里，占到了中国国土面积的2.2%，在全国各个省市区面积中居第10位。因其在洞庭湖之南，故名曰"湖南"，又因湖南省内最大的河流——湘江贯通南北，故而称湖南为"湘"。湖南东南西三个方位都是群山环抱，其境内中部与北部低平，最终形成了一个朝向北部江汉平原的马蹄形盆地。湖南地区主要为山地地形，其境内山地约占了省内总面积的一半以上，其他类型的地形，比如：平原、盆地、丘陵、水域只占到了省内总面积的50%。湖南省境内的主要山脉有雪峰山、武陵山、幕阜山、罗霄山及南岭山脉。省内最高峰为酃峰，位于株洲市的炎陵县，海拔2122米；其境内的海拔最低点位于临湘市的黄盖镇，海拔仅为21米。境内最大的湖泊为洞庭湖，也是全国四大淡水湖泊之一，境内最主要的河流有湘江、资水、沅江、澧水，四大河流由西南向北汇聚到洞庭湖，经岳阳城陵矶注入长江。

　　湖南复杂的地形地貌造就了气候多样性。湖湘之地三面环山、北部有马蹄形的平原地带，湖南地貌的基本轮廓是东、南、西三面环山，中部山丘隆起，岗、盆珠串，北部平原、湖泊展布，呈朝北开口的不对称马蹄形盆地。这样的地形特征使得湖南地区雨、热等气候要素等值线打破了与纬线吻合的一般规律，洞庭湖平原及河谷地区以及衡邵盆地少雨，雪峰山、幕阜山、九岭山和湘东南山地的迎风面降雨居多；洞庭湖平原、衡邵盆地与河谷地带高温偏高，这一规律由北方向东、西、南三面递减。

　　在湖南的广大山区地区，气候的垂直分布现象明显，由于海拔每升高100米，温度降低0.44℃~0.58℃，为此湖南的山地地区，地形越复杂温度差越大，与此同时年降水量差别也较大，复杂的地形地貌造就了湖南省地区多样的气候特征。总的来说，湖南省气候温和，四季分明；热量充足，降水集中；春温多变，夏秋多旱；严寒期短，暑热期长。

　　湖南传统民居徜徉在三湘四水的自然环境之中，在湿润温和的自然条件下，逐步演变并发展，经历了数千年的劳动锤炼和生活选择，留存至今，作为传统乡村聚落和居住空间的历史遗存，每栋建筑成为诠释过去农耕时代特定生活方式及其文化习俗的空间文本，将其时代特征、建筑技艺和民族习俗等建筑文化特色展现得淋漓尽致。"一方风土造就一方文化"，湖南民居与北方民居相比较，显得较为轻盈、通透；与江南沿海地区民居相比较，则显得朴实、粗犷。在湖南又由于城乡之间、贫富之间、地区之间、民族之间形成的种种差别，呈现出传统民居的千姿百态、丰富多彩的风貌，是一份值得细细品读的可贵文化建筑遗产。境内群山连绵，湖泊星罗棋布，物产丰富。高原山地、丘陵平原俱存；湿润多雨、冬冷夏热、光照充足、温差变化大；民族众多、人口分布不均。

正是这些特有的历史、文化、自然、地理、气候及多民族并存等因素，形成了湖南传统民居分布广泛、类型丰富、形态多样、布局自由等特征，成为今天湖南地区宝贵的文化财富，也是中国传统建筑文化遗产不可或缺的组成部分。陆元鼎在《中国民居建筑》中认为民居"在一定程度上体现了不同民族在不同时代和不同环境中生存、发展的规律"，"反映了当时当地的经济、文化、生产、生活、伦理、习俗、宗教信仰以及哲学、美学等观念和现实状况"。

中国民居作为中国传统建筑的一个重要类型，与人们的生活关系最为密切。湖南省境内民居与邻省地区、民族建筑相互影响，从而形成一大批有湖湘特色的民居建筑。

第二节　历史人文

湖南是我国古代文明发达地区之一。古老的祖先在这里生存、繁衍和发展。湖南地区在旧石器时代就有古人类活动，距今 8000 多年前，原始人群已栖息于湖南广阔的地区，并转入以农业和家畜饲养经济为主的定居生活。距今 5000 年以前的新石器时代就有先民开始定居生活。大约公元前 1500 年左右，湖南地区原始社会开始解体，逐步向阶级社会过渡。历史记载中的上古时代，包括湖南大部分地区在内的洞庭、彭蠡（今江西省鄱阳湖）之间，形成以"三苗"国著称的强大部落联盟。今天的长沙是古三苗国分布、活动的重要地区。《战国策》载："昔者三苗之居，左彭技之波，右洞庭之水"。司马迁说："三苗在江淮、荆州"。

在中原文化的影响下，大约从商中叶开始湖南进入青铜时代。长沙出土的大批商周青铜器，大多具有很高的工艺水平，富有鲜明的地方色彩和浓郁的越族风格，充分显示了长沙商周先民的聪明才智和创造能力。从春秋开始，楚国势力越过长江、洞庭湖进入湖南。至战国中期，全省均属楚国统辖。在中原文化影响下，融合原有土著文化，形成风格独特的楚文化。楚人的进入，使长沙的社会面貌发生了巨大的变化。经过数百年的战争，长沙古越人消失了，楚人成为长沙居民的主体；朴实淳厚的古越文化也为楚文化所替代。楚人的南来，又传入了中原和江汉地区先进的生产工具和生产经验，使长沙地区进入了铁器时代，促进了长沙的开发。这时的楚国已完成了从奴隶社会到封建社会的转变。春秋、战国时代湖南属于楚国苍梧、洞庭二郡，瓦、砖等建筑材料的大量使用，夯土技术、木构技术开始发展，如聂市古镇、里耶古城等。民居木构件、装饰以及色彩呈现出较为明显的楚文化影响。到了汉代，木架建筑渐成熟，砖石建筑、拱券结构得到发展，如已经发掘出马王堆汉墓遗址和长沙汉代北津城遗址。

自秦汉统一的封建国家建立后，湖南各族人经济文化获进一步发展。马王堆汉墓的发掘，所出土的帛书、帛画、丝织品、漆器等，说明湖南工艺和文化水平在楚国传统的基础上得到进一步发展。

汉代政治家贾谊,于前元四年(公元前176年)居长沙3年,留有名篇,脍炙人口,人称其为"贾长沙",故湖南又有"屈贾之乡"的美名。至南北朝时,出现了"湘州之奥,人丰土闲"的景况。洞庭湖区在西汉时仅有2郡6县,至梁时已增至7郡16县,可见其开拓建设之速。唐代的湖南已是"地称沃壤"。五代马殷立国湖南,贸易发达,茶叶大量外销,闻名遐迩。但宋代以前湖南的发展,主要还是集中在洞庭湖地区和湘江流域。沅水、资水上游和湘西、湘南山区还比较落后。至唐代,湖南不少地方仍作为贬谪流放之所,被人视为畏途。南北朝至隋唐,是湖南地区建筑发展时期。唐代宗广德年间在衡州置湖南观察使,这一时期,中国传统建筑持续发展,都城、宫殿均系在前代基础上持续营造,受中原文化的影响,合院式住宅在湖南开始发展,且盛唐以后不断增多,达到建设的高峰。

宋元时期,宋代是一个转折点。建筑技术与艺术有很大的提升与突破。洞庭湖区和湘江流域大力发展水利工程,大规模进行田地垦殖,发展农业生产。北宋末年,湖南人口增至570多万。宋代全国有四大书院,湖南即得其二。据统计,南宋末,湖南共有书院51所。明、清时书院、学宫更为兴盛,入仕举子日益增多。城市与农村的经济活力逐步增强,村落成为独立而完整的地域生活单位以及行政组织单位。湖南地区出现了以抬梁式为内部梁架结构的民居,并逐步与穿斗式建筑相融合,进而形成了较多的穿斗抬梁混合结构房屋。民居四面屋顶相交接,中间围合成较小空间形成"天井",并以夯土墙和栅墙围护,屋面多为悬山瓦屋面。

经过元末明初的战乱,到清朝嘉庆年间,人口恢复发展到一千八百余万人。明时已有"湖广熟,天下足"之说。与经济发展同步,文化教育也获长足发展。明清时期湖南属湖广布政使司,辖地在今湖南境的有岳州府、长沙府、常德府、衡州府、永州府、庆府、辰州府7府和郴州、靖州二州及永顺军民宣慰使司、保靖州军民宣慰使司二司。市镇大量兴起,传统民居建筑发展迅速,木结构技术不断进步,穿斗抬梁混合结构房屋不断发展,并且大量使用砖砌的围护结构而不用挑檐方法来保护外墙,因此悬山顶民居逐渐减少,代之以硬山顶,其中最重要的一点是清代封火山墙的出现,民居建筑开始出现各种优美的造型与样式,到清末民初,砖木结构的民居房屋的建设达到鼎盛时期。目前,湖南省境内保存下来的民居多为此时所建。这一时期,现存大量的传统建筑,如溆浦崇实书院。明朝时期有张谷英村、正板村(苗)、天堂村(侗)、梅山村、溪里魏家村等传统村落;清朝时期有崇木凼村(瑶)、李熙村、五宝田村(瑶)、溪口村湾里(苗)、板梁村、河山岩村、五宝田村(瑶)、溪口村湾里(苗)等传统村落。

近代,湖南成为思想文化发展的中心地区,有历史学家称:"清季以来,湖南人才辈出,功业之盛,举世无出其右。"鸦片战争前,邵阳人魏源被称为"第一个睁眼看世界的人",著有《海国图志》,第一次向国人介绍西方国家的情况,并提出"师夷之长技以制夷",在思想上对中国当时及以后产生了重大的影响。随后涌现出了被称为"中兴名将"的湘军首领曾国藩以及其后的左宗棠、谭嗣同、黄兴、宋教仁、熊希龄等名人志士,他们的故居成为湖南近代民居的一个特殊类型,资源极为丰富,有着较大的研究与保护价值。

第三节　分布和选址

一、分布

　　纵观湖南的山川平原，处处可见传统民居的踪影。其分布特点可归纳为"大分散、小聚集"。湖南省地域广阔、山清水秀、物产丰饶、民族众多，境内民族除汉族外，在内南地区还聚居着以土家族为主的少数民族，加之湖南地处中部，自古就是八方会聚之地，水陆交通发达，人口迁徙频繁，文化交流密切，导致了湖南传统民居的种类繁多，形式多样，分布广泛，可谓"大分散"、"小集聚"。因经济、交通、民族等因素，湖南某些地区的传统民居相对集中，数量较多，呈现出"小集聚"的分布特点。如湘东南地区盛产茶叶，产生了一批以茶叶生产为主的小城镇，至今仍遗留了大量的传统民居住宅；又如湘西境内山峦丘岗起伏，山地约占一半，丘陵岗地约占三分之一，平原较少，形成山重水复的地貌特点，苗族、土家族为主的聚居点以他们的勤劳与智慧创造出了"吊脚楼"这一独特的民居建筑形形式。

二、选址

　　湖南复杂的地形地貌造就了气候的多样性。湖湘之地三面环山、北部有马蹄形的平原地带，湖南地貌的基本轮廓是东、南、西三面环山，中部山丘隆起，岗、盆珠串，北部平原、湖泊展布，呈朝北开口的不对称马蹄形盆地。境内山峦丘岗起伏，山地约占一半，丘陵岗地约占三分之一，平原较少，形成山重水复的地貌特点，俗称"七山一水二分田"——土地分配大约为十分之七的山、十分之一的水，剩下的为耕地。河谷纵横密布，5公里以上大小河川达5000多条，形成湘、资、沅、澧四大水系，支流遍布全省。

　　湖南省水资源丰富，省内河网密布、水系发达，5公里以上河流5341条，河流总长度9万公里，淡水面积为1.35万平方公里。湖南地区有四季分明的气候。湖南民居具有天然置身于山水之间，逐山而居、逐水而居的优越性。从地理条件看，湖南民居的选址除了平地型还有山地型和沿河型两种。

　　山地选址型：山地民居多坐落于隘口、交通要道、山谷、山麓旁。山地民居以分散为特点并与陆路交通的关系较为密切，特别是四通八达的道路交会点是物资集散之地，容易集聚发展为较大的民居群。山谷和山麓，既便于灌溉又利于排水，也是产生和形成民居的最佳地段。五宝田村（瑶）、溪口村湾里（苗）等恰好反映了这一特征。

　　沿河选址型：河岸村落多坐落于河曲凹岸、河口、河流冲积河滩地等。丰富的水资源直接关系到农业生产的发展，同时，也是人们生存的必不可少的前提条件。这类村落随着经济的发展多成为集镇或区域性的经济中心，如湘西凤凰的沱江沿河等地民居都是逐水而居的村寨与古镇。

第四节 湖南传统民居的类型及其基本特征

　　民居是中国建筑历史上对民间居住建筑的称呼，它与官式建筑不同，受"法式"、"则例"等国家规定的限制较少，主要是依照自然环境、历史文化和民间的传统建筑艺术，从不同的经济条件出发，根据不同的生活习惯和生产需要，因地制宜，就地取材修建起来。潘谷西在《中国建筑史》中写道："住宅是指用于居住功能的建筑，民居则包含住宅及由此而延伸的居住环境。"本书中的湖南传统民居是指在湖南省境内现存的传统建造体系的民间居住建筑，包括各地居民的住宅、店宅以及外部历史空间环境。湖南的传统民居建筑继承了中华民族的优秀传统，融合了多民族的创造智慧，成为我国传统建筑的重要组成部分。又由于地理条件、文化历史、民族习俗的差别，表现出其地方性、时代性、民族性的特点，在共性中体现出湖湘文化的个性特色。

　　湖南传统民居植根于湖南的人文、地理环境，在形式、功能上跟北方民居不同，显得通透、轻巧，湖南传统民居建筑内容和内涵极为丰富，是取之不尽、用之不竭的宝库。它蕴藏着无尽的文化思想、建造方法与技术、装修装饰艺术、地域传统特色等各方面的信息与知识，因此民居有着多种分类方法，如按功能分类、按结构分类、按地域分类、按民族分类。就目前有关中国传统民居的分类方式看，最多的是以地域和民族来进行分类。本书是按民族分类的方式来介绍湖南传统民居的自然历史地理环境、建筑形制和材料装饰等特征。其他分类方式还有按功能使用用途分类、按空间形态分类、按结构分类等分类方式。

一、以民族分类

　　湖南是多民族省份，有汉族、土家族、苗族、瑶族、侗族、白族、回族等50余个民族，其中世居的有汉、苗、土家、侗、瑶、回、壮、白族等9个民族。湖南汉族的历史源远流长，是本省的古老民族，人口约占全省的90%，普遍分布在全省各个地区。世居少数民族大多数居住在湘西、湘南和湘东山区。少数民族人口共680万，占湖南省总人口的10%左右，大多聚居在湘西和湘南山区，少数杂居在湖南省各地。湖南的少数民族以土家族、苗族、侗族和瑶族的人数最多，共约456万，占少数民族总数的95%，是湖南地区四大少数民族。其中土家族主要聚居在湘西北；苗族主要聚居在湘西和湘中部分地区；瑶族主要分布在湘南部分地区。这些少数民族在湖南具有悠久的历史，居住比较集中，更有其传统特色和建筑特点。其他少数民族人数较少，进入较晚，建筑已多采用汉族传统形式，差别较少。

（一）土家族

　　湖南省土家族人口约264万人，主要分布在湘西自治州和张家界市所辖的各县、市、区以及湘西的龙山、永顺、保靖、桑植、古丈，常德市的石门，怀化市的沅陵、溆浦等县。"西兰卡普"（依自然色谱而精织的特有手工艺品）和摆手舞一起被称作土家族人民的艺术之花。土家族聚族而居，十多户、数十户至百余户结为村寨。吊脚楼为土家人居住生活的场所，多依山就势而建。住房多为木屋瓦房结构。土家族转角楼建筑特色别具一格，转角楼在正屋的左右两端，向前延伸，楼上有伸出的悬空走廊，下有雕刻的悬空柱脚，称为"吊脚楼"；走廊外沿两边，檐角翘起，雄伟壮观，建筑工艺奇特，故有"山歌好唱难起头，木匠难起转角楼"之说。其中湖南永顺老司城、溪州铜柱是国家重点保护文物。

（二）苗族

湖南省苗族共约192万人，主要分布在湘西土家族苗族自治州的花垣、凤凰、吉首、保靖、古丈、泸溪以及邵阳市的城步、绥宁和怀化市的麻阳、靖州、会同等县、市。苗族是个能歌善舞的民族，其音乐、舞蹈和戏剧等具有悠久的历史。苗族聚族而居，村寨位于山腰和山脚，也有的分布在山头或平坝，房屋廊檐相接。村寨少则数户，多则数十户、上百户。坐落于山水之间，有"千户苗寨"的美称。湘西苗族聚居区多木质结构的平房，房屋坐北朝南，有一字形和倒凹形。此外，也有建楼房者，称吊脚楼。湘西南城步、靖州、绥宁等地苗族多建造吊脚楼房，古称"干阑"，为三层重檐的木质榫卯结构。人住楼上，楼下关养牲畜和安置厕所、灰堆，多4排3间。楼上有较宽的走廊，走廊与中堂相连，宽敞明亮，进出方便。走廊靠檐边有带靠背的长条板凳，供热天乘凉休息。

（三）侗族

湖南省侗族共有约84万人，主要分布在怀化市的通道、新晃、芷江县，新晃、芷江属北部侗族聚居区，开发较早，经济、文化较为发达。靖州、会同和邵阳市的绥宁，怀化市的通道、靖州属南部侗族聚居区，仍保留古老的经济、文化生活，具有浓郁的民族特色。侗族擅长石木建筑，鼓楼、风雨桥造型独特，是其建筑艺术的结晶，在侗族集聚的村寨，都会建有一座高大、古朴、典雅，造型各具特色的木结构建筑"鼓楼"。通道侗族自治县的马田鼓楼，芋头侗寨古建筑群和坦坪风雨桥为国家级重点文物保护单位。侗族傩戏入选了第一批国家级非物质文化遗产名录。侗族多聚族而居，寨内一般数十户，多至数百户。房屋均廊檐相接，鳞次栉比。通道、靖州侗族喜楼居，房屋多是干阑式木楼。一般分为三层，高约六七米，全用榫卯嵌合，通称吊脚楼。新晃、芷江侗族多住木质结构的两层长方形开口屋。

（四）瑶族

湖南省瑶族约有70多万人，主要分布在永州市的江华、江永、蓝山、宁远、道县、新田，郴州市的汝城、北湖区、资兴、桂阳、宜章等县，邵阳市的隆回、洞口、新宁，怀化市的通道、辰溪、洪江、中方，衡阳市的塔山以及株洲市的炎陵等县，也有小的聚居区。瑶族聚居区沟壑纵横，溪河密布，水力资源和地下资源丰富。瑶族妇女精于织染和刺绣、挑花、编织和雕刻，尤其是刺绣构思精巧，针工精细，和谐美观，别具一格，花瑶挑花等入选了湖南省第一批省级非物质文化遗产名录。

瑶族的民居分为两种:湘西南隆回、辰溪、新宁等县的瑶民居和湘南的部分平地瑶、土瑶和民瑶等,其房屋旧时大多数是筑土为墙,上面盖以茅草、稻草、杉木皮或竹片,屋小而阴湿。有少数瑶族亦住砖瓦屋,屋顶正中有三叠瓦堆成品字形,两侧的人字墙,前高后低用石灰粉成龙头状。湘南称为"过山瑶"或"顶板瑶"的瑶族,旧时居住的房屋极其简陋,一般是用杉木条支撑而成的栅屋,上用茅草或杉木皮覆盖,用杉木条或竹片围成,俗称"千个柱头下地"。现在,瑶族居住条件大为改善,大多已住上板壁屋、土墙屋、砖瓦屋。

二、以使用用途分类

湖南传统民居主要有住宅建筑、店宅建筑、其他生活设施建筑等。

(一)住宅建筑

在传统民居建筑中"住"是其核心功能,不仅意味着各居屋的设置需满足防风雨、避虫兽、栖息的要求,同时,应能提供交流和祭祖的场所,给人以安全、舒适及愉悦的感觉。湖南住宅建筑是湖南传统民居中的主要组成部分,分布于湖南的各个地区。

(二)店宅建筑

店宅建筑多位于具有商业性的传统城镇之中,一般临街而设,临街设店铺,内部为住宅,可用天井相联系,有"前店后宅"式、"前店后坊"式、"下店上宅"式等。其一种方式是用木架穿斗式木构建筑,外装木板壁,沿街门面为六扇或八扇可卸的木板门,白天全部卸掉。屋内设柜台,商品销售或手工业作业完全敞开,所以无须招牌幌子等引导。另外一种方式是店宅一般为一至三开间,三开间的店宅两边设柜台,柜台一般呈"凹"字形布局,以获取较大的营业空间,中间营业,店后为住宅,有的用砖墙与店面分隔,以防失火,只开小朝门联系内外。比较典型的三开间平面布局为以堂屋为中心,厢房居两边布置,厨房临后院布置,由于冬天会生火,这样更有利于排烟散热,也有厨房位于正房一侧的情况。两开间店宅的平面布局与此类似,但厢房多为一侧布置。在实际情况中,一般视规模和用地情况而定,建造极为灵活。与乡村大宅民居相比,城镇商铺住宅体现的是单个家庭生活与个体经济发展的特点,所以其建筑形制与大宅民居不同,也不同于自给自足的乡村独立式民居。

店宅建筑包括铁匠铺、竹柳店、陶瓷店、药店、杂货铺等。由于湖南地区夏季气候炎热,这些建筑大多挑檐较深。有的立柱设柱廊,能为行人、商户遮阳避雨甚至成为居民聊天、纳凉、交换信息的地方。代表建筑有长沙望城县靖港古镇沿街商铺住宅,这些住宅多为砖木混合结构,临街的第一进房屋多采用抬梁与穿斗混合式构架,满足了商业空间的需要。早期建造的房屋多数为悬山顶,后期建造的多为硬山或马头墙,高低错落,小青瓦屋面沿街出檐深远,适应地区炎热多雨的气候特点,建筑多在沿街一侧出挑阳台,形成了丰富的街景。

三、以空间形态分类

湖南传统民居主要有独栋院落式建筑、天井式建筑、大宅（屋）建筑等。

（一）独栋院落式

在初唐时期，院落式民居就已在湖南地区出现，民居形制一般前堂后寝，中轴对称，青砖灰瓦、稳重朴实。室内装饰装修淡雅，深受中国传统礼教思想的影响。院落式民居具有较大的灵活性，可以形成从单幢、三合院、四合院，到复杂的多进院落及多条轴线的组合群体，能适应各种家庭的使用需求，还可建造部分二层或三层的楼房，进一步增加空间的灵活性。故宋代以来，特别是明清后院落式民居大量出现于湖南的农村与城镇中。由于这里夏季炎热、冬季寒冷，其民居形制融合了北方合院的特点，呈现出建筑文化的过渡状态。此地区传统乡村民居一般多依地形独立成户。在夏季可以接纳凉爽的自然风，冬季可获得较充沛的日照并避免西北向寒风的侵袭；厅可以做成敞厅形式或在厅前加花罩，或者做成隔扇门，夏天敞开、冬天关闭。平面形式以"三合院"居多、正房"一明两暗"，前有篱墙封护围合成庭院，庭院虽不大但也具一定规模；院落周围的房屋有的搭接在一起，也有的独立成幢；院落种植农作物或树木花草，并设路径；建筑由中间的堂屋和两侧的厢房组成，灵活布局，平面形式多样，适应了农村的生产和生活需要。装饰文化、建造技术（如"七字"式挑檐枋）具有明显的地域特色。强调入口大门处理，经济条件较好的家庭喜用造型多样、有雕刻图案的石门框；后期建造的多为两层硬山式，且在二层出挑外廊，满足家庭晾晒和储物需求。

（二）天井式

湖南夏热冬冷、雨季较长。故民居建筑进深较大，组成方形院落的各幢住房相互联属，屋面搭接紧紧包围中间的小院落，小院落与高屋面类似井口。由屋宇、围墙、走廊围合而成的内向型院落空间，能营造出宁静、安全、洁净的生活环境。在易受自然灾害袭击和社会不安因素侵犯的社会里，这种封闭的院落是最具有防御性的建筑布局之一。天井院落式民居建筑占地较大，多为经济条件较好、人口较多的家庭拥有。长沙、株洲、湘潭等地保留的较多，名人故居是其典型代表。

天井平面尺寸大的约为 25 平方米，小的只有 1 平方米，在湿热的夏季可以产生阴凉的对流风，改善室内小气候；而且天井四周瓦面的挑檐较深，这样天井还具有了遮阳与排水的功能；雨天时雨水通过朝内屋顶流入天井，经由天井内的排水沟和地下暗排水道流至屋外，此排水方式俗称"四水归堂"，象征着财不外流的好兆头。同时内排水方式对公共空间的影响较小，符合儒家所提倡的谦和忍止的君子之风。天井院落式民居适应地形、气候特点和环境要求，建筑一般坐北朝南，多在屋前开挖池塘蓄水，建筑布局灵活，对外大门多开向风水较好的朝向，故经常与建筑内厅堂不在同一轴线上。内部空间规整，以堂屋为中心，强调"中正"与均衡，通过天井（或院落）、廊道组织空间。天井式民居建筑有着较多的室外、半室外空间，利于安排各项生活及生产活动，不受雨季的影响，故天井式建筑分布较广，湖南大部分地区常见此类民居。

（三）大屋（宅）式

湖南大屋式又称大宅式，以同一姓氏为主的数代聚族而居形式，其建筑选址、布局、装饰等居住文化，较多地体现了中国传统文化的特点。这一形式民居对场地的要求较高，建筑多背山面水，内部空间存在明显的纵横轴线，根据大屋形态可分为"丰字形"、"王字形"、"印形"等。现存大屋民居主要分布在湘江流域和湘中丘陵地区，以张谷英大屋、浏阳市的沈家大屋等为典型代表。

大宅式是居住建筑群，建筑群组以家屋为单位，以堂屋为中心，强调"中正"与均衡。以纵轴线的一组正堂屋为主，横轴线上的侧堂屋为支。正堂屋相对高大、空旷，为家族长辈使用，横轴上的侧堂屋由分支的各房晚辈使用，纵轴一般由三至五进堂屋组成。每组侧堂屋即为家族的一个分支，而一组侧堂屋中的每一间堂屋及两边的厢房即为一个家庭居所。各进堂屋之间由天井和屏门隔开，回廊与巷道将数十栋房屋连成一个整体，建筑布局主从明确，空间寄寓伦理、和谐发展。

大宅民居一般多用砖木结构，大宅民居正横堂屋较两侧厢房高大，用抬梁式或穿斗式木结构，空间布局灵活，通透性强，采光通风良好。外墙多为石基砖墙，内部一般用土坯墙分割，少数空间用木板墙。地区多雨潮湿，故屋基较高。"七字"式挑檐，小青瓦屋面，出檐深远。堂屋等主要用房地面用碎砖石、三合土等夯实，或用青砖铺成席纹图案。对外大门多用雕有吉祥图案的石门框，且用抱鼓石装饰。多用石柱础木柱，石柱础造型多样。外墙青砖砌筑平整，灰缝细密。建设年代较晚的大宅民居主轴线上的房间两端多用封火山墙，且建筑外檐较多使用石柱。

四、以结构方式分类

与国内其他地区一样，湖南传统民居以木结构使用最为普遍，历史最为悠久，其次还有石结构、砖石结构和砖木结构、竹子结构等；围护结构体系按其构筑材料可以分为土砖墙、石板以及片石等。承重结构体系按其构件组合方式可分为抬梁式、穿斗式、抬梁穿斗式等数种结构形式。

（一）抬梁式

抬梁式又称"叠梁式"，是将整个进深长度的大梁放置在前后檐柱柱头上，大梁上方在收进若干长度的地方生一步架设置短柱（瓜柱）和大斗。短柱顶端放置稍短的二梁，如此类推，而将不同长度的几根梁木叠置起来。各梁的端部上置檩条，最后在最高的梁上设置脊瓜柱或置脊檩。因抬梁式空间开敞，梁柱断面较大，构造复杂，故其一般用于大型民居建筑中。

（二）穿斗式

穿斗式又称"立贴式"，以不同高度的柱子直接承托檩条，有多少檩即有多少柱，如进深为八步架则有九檩九柱。为保证柱子的稳定，以扁高断面的穿枋统穿各柱柱身。穿斗架一般做法为：通过穿枋贯穿多根柱子，形成横向构架。再用檩条、斗栱把这些构架连接起来，构成整体屋架。其中，横架是穿斗架主体，有三柱、五柱等不同规模。根据坡屋面安排多根穿枋，越靠中间的柱子穿枋越多。在这样的排柱架上，再以若干斗枋、纤子纵向穿透柱身。拉结各榀柱架，柱架檩条上安置角子、铺瓦。

穿斗架屋面轻薄，构件断面较细小，常见于潮湿多雨地区及体量较小的民居建筑，是侗族侗寨民居常用的结构方式。

（三）抬梁、穿斗混合式

抬梁、穿斗混合式木构架兼有抬梁式与穿斗式的特点。以梁承重传递应力，是抬梁式的原则；内檩条直接压在柱头上，瓜柱骑在下部梁上，又是穿斗式的特点。抬梁、穿斗混合式减少了穿斗式通长的落地立柱。每隔 2~3 根瓜柱才有一根立柱落地。易获得较大的室内空间。

第五节 湖南传统民居的价值

我国多样化的地理条件和多民族的人文环境塑造了丰富多彩、各具特色的传统民居。湖南民居承东启西，见证了中国民居发展的空间和时间进程，是我国传统民居发展进程中的重要一环，是中国民居构成中不可缺少的重要组成部分。

一、历史文化价值

回顾历史，湖南文化底蕴丰厚，海内外影响深远。湖南传统民居最直接地记录了这一地区各个历史时期人类的衣、食、住、行等生活状况，反映了经济体制和生产力、生产关系等社会状况，体现了该地区的商业、劳作、宗教、世俗以及建筑文化，揭示了传统哲学思想、道德伦理观念等深层次文化内涵，因而它是民族文化与地域文化的典型体现和物化写照，为研究人类文化发展提供了重要的史料依据，具有高度的文化价值。湖南历史悠久，透过传统民居的物质形态与符号，能寻找几千年来传统思想、文化和制度留下的深深印迹。通过了解湖南的传统民居，可以了解湖南人民在历史上的迁徙足迹、发展历程、政治制度、经济制度、宗教信仰等信息。"建筑是用石头写成的历史"，民居是社会历史的活化石，是了解湖南特有的民族风俗、轶事的一幅幅平凡而又神奇的文化习俗画卷。

二、科学价值

传统民居是劳动人民在长期与自然的抗争中所积累的智慧与经验的结晶，它具有十分宝贵的科学价值。20 世纪 50 年代，我国著名建筑学家梁思成先生曾特别推崇和提倡湖南民居中的硬山墙（又称"硬山塘"）结构。他认为"硬山塘不仅可以有效地防风防火防盗，而且可以有效地解决城市建筑的容量问题，使城市房屋可以比较安全地密集"。湖南民居中天井这种建筑形式很好地解决了通风、采光、遮阳与避雨的问题，很适合人口稠密、气温闷热、气候潮湿的江汉平原地区；另外，湖南传统民居的节地、节能、因地制宜等特点都体现了湖南传统民居的科学价值，对于今天的居住建筑设计有着极大的启示意义。

湖南传统民居历经战乱和火灾水患，至今仍能保存下来，尤显珍贵。它们以独特的建筑理念和建筑风格不仅在城市现代化进程中占据了重要的位置，而且在湖南这个特定地理环境中创造出的防水、防火、保暖防寒，兼顾朝向、通风、采光、排水等构造特征，对于今天我们的城市建筑如何体现城市个性和魅力，有着重要的借鉴意义。

三、艺术价值

传统民居和人们的生活密切相关，深受社会因素和自然条件的影响，具有鲜明的民族特点和浓厚的地域特色。湖南传统民居是融入大自然之中的民居形式，是一种人工建筑环境与大自然的完美融合。充满浪漫色彩的同时，又显现出人类对大自然的依恋与敬畏，展现出"天人合一"的文化精髓。湖南传统民居就地取材、量材而用，使用天然的石料、木材、青砖、灰瓦。民居建筑质感和色彩也与自然融为一体，丰富多变又协调统一，色彩朴实无华，清新素雅。

在细部装饰上，湖南传统民居的雕刻是最常用的艺术手段。雕刻题材有人物、山水、花鸟、鱼虫，各种几何图案等，寻常百姓家民居的雕刻题材大多反映了人们的日常劳动生活，诸如打鱼、砍柴、牧羊、耕读等生活场景。湖南传统民居建筑总体上采用淡素的色彩，即粉墙为底，配以黑灰色的瓦顶，木色的梁材、灰色的门框、窗框，给人柔和明快的感觉，某些以局部的艳色点缀，如灰暗的屋面上用鲜明的彩塑装饰很有讲究。湖南传统民居临山亲水、浑然天成、布局内敛、外观淳朴且就地取材、梁架工整、结构部件雕刻精致，展现出湖南各民族特有的地域风情与文化品位，具有很高的文化艺术价值。

第一章 参考文献

[1] 侯幼彬. 中国建筑美学[M]. 北京：中国建筑工业出版社，2000.

[2] 孙大章. 中国民居研究[M]. 北京：中国建筑工业出版社，2004.

[3] 陆元鼎. 中国民居装饰艺术[M]. 上海：上海科学技术出版社，1992.

[4] 唐凤鸣，张成城. 湘南民居研究[M]. 上海：上海科学技术出版社，1992.

[5] 陆元鼎，潘安. 中国传统民居营造与技术[M]. 广州：华南理工大学出版社，2002.

[6] 柳肃. 湖南古建筑[M]. 北京：中国建筑工业出版社，2015.

第二章 | 湖南汉族
传统民居

- 汉族传统民居综述
- 汉族传统民居实例

第一节　汉族传统民居综述

一、自然条件

　　湖南省地处长江中游，省境内湘江贯穿南北而简称为"湘"，且因大部分地处洞庭湖之南，被称之为"湖南"。湖南省地势西南高东北低，东南西三面环山，中部、北部低平，形成向北开口的马蹄形盆地，正处于云贵高原向江南丘陵和南岭山地向江汉平原的过渡地区。湖南为大陆型中亚热带季风湿润气候，不仅气候温和植被繁茂，且光、热、水资源丰富。冬季寒冷而夏季酷热，春秋时期温度多变，气候条件受东亚季风环流的影响显著，热量充足，雨水较为集中，春夏多雨，秋冬干旱。湖南虽是一个民族众多的省份，但汉族占全省人口的92.5%，分布于全省各地，具有共同的生活习俗，形成了基本相同的建筑特点（图2-1-1）。

图2-1-1　岩排溪村（来源：湖南省住房和城乡建设厅提供）

二、历史文化

湖南省的发展历程悠久，历史文化源远流长，代代人才辈出。据考古证实，人类活动最早出现于湖南境内是在中更新世（距今约 100 万年至 10 万年）的后期，而桂阳县境内刻纹骨椎的发现和永州市黄田铺镇人类遗址石棚的存在及道县玉蟾岩稻谷遗存的发掘出土均表明湘南早在石器时代就有原始人在这块土地上繁衍生息的事实。在秦始皇于公元前 211 年统一中国后，设长沙郡，并设零陵县、郴县、临武邑、郫邑、耒县等为之附属。到唐代至德二年（757 年）唐肃宗设立衡州防御使，总领衡、涪、岳、潭、郴、召、永、道八州。唐代广德二年（764 年）首次设置了"湖南观察使"衙署，湖南之名自此出现于中国行政区划中，衡、郴、永、道州等均为其附属，湖南观察使驻于衡州。元朝、明朝期间湖南省均属湖广行省管辖。清朝康熙三年（1664 年），湖广行省析出湖广右布政使，驻长沙；同年，湖广行省置衡永郴道，领衡州府、永州府、郴州，道治驻衡州府城（今衡阳市区），湖广行省南北分治，湖南独立建省。至雍正二年（1724 年），偏沅巡抚易名湖南巡抚，现行的湖南省行政区域作为独立的地方一级政权组织才基本确立下来。雍正十年（1732 年），增领桂阳州，更名衡永郴桂道。民国三年（1914 年），改衡永郴桂道为衡阳道，其辖区与清代衡永郴桂道基本相同。1952 年，湖南省政府设立湘南行署，辖区（除去炎陵、茶陵划归湘潭县升格后的湘潭专区，后划归株洲镇升格后的株洲市外）与清代衡永郴桂道、民国衡阳道相同。汉民族创造了悠久的历史文明与精巧的艺术形式，并表现出极其鲜明的特色。无论是政治、经济、军事，或是哲学、文学、艺术、史学、自然科学等各个领域，都取得了显著的成就，众多代表人物和作品影响深远。楚文化的特质是浪漫主义，其文化艺术和思想方面的典型代表是《楚辞》，而屈辞更是代表了楚辞创作的最高成就。湘楚文化就是在南楚鬼神崇拜和巫鬼民祀的沃土中发展起来的，因此湘楚文化又具有古朴、诡异和神秘的特点。在先楚时期，主要是广泛分布于整个湘江流域以及资水中下游地区的三大部落集团，越人、蹼人、"荆蛮"活动于湖南省境内。随着楚人的进入，湖南境内原本的土著居民逐渐溯四水（指湘、资、沅、澧四条河流）而上，迁至湘南、湘西山区生活，其中"蛮"、蹼民族主要居住于湘西、湘西南，百越集团则活动于湘南。在漫长的人类文明进化演变过程中，伴随着北方各民族政权的擅递、混战、建立和瓦解，大量汉人南迁，逐步与南方各族融合，特别是引发了北方汉人三次大规模南迁的西晋时期"永嘉之乱"、唐朝末期"安史之乱"及北宋后期"靖康之难"的发生，使得原本广泛分布在湖南境内的土著氏族大部分已经汉化，只有一小部分"蛮族"仍保留其独特的生活方式和文化习俗，湖南省内各民族分布的整体格局基本确定下来。发展至今，湖南地区基于本地长期的社会发展与文化底蕴形成了自身独特的地域文化和民风民俗。

古民居的选址、建设在人们的居住营建中尤其重要，不但要风景优美，而且要风水好，能够藏风聚气。汉族传统民居的选址遵循的是周易风水理论，强调"天人合一"的理想境界和对自然环境的充分尊重。"风水"又称"堪舆"，是古时候人们的"天地观"。湖南古时属楚地，楚地多巫风，建立在有着2000多年历史的"易经"、"阴阳五行"、"八卦九星"理论思想基础上的风水学，演绎出一套精深的专门术数，"是故，易有太极，是生两仪，两仪生四象，四象生八卦，八卦定凶吉，凶吉生大业"等。村落的布置与民居也受到这些民间风水观念的影响，居住地的基址选择、建筑的方位朝向、建筑的体形规则以及室内布置等方面都反映出这些影响。而去除了古人那些有关吉凶祸福预测的传统浪漫修辞手法，可以看到其中对民居居住环境如日照、采暖、通风、给水、排水等要素的观察和思考，感性中充满着理性，因地制宜、因形制利，进一步观察来龙去脉来追求优美的居住环境。在民居建造中，分析地表、地势、地物、地气、土壤及方位、朝向等也是重要的部分，居住生活环境与人们的生产生活息息相关，选择山灵水秀的好地方也是题中之义。《阳宅十书》曰："凡宅左有流水，谓之青龙；右有长道，谓之白虎；前有汙池，谓之朱雀；后有丘陵，谓之玄武，为最贵地。"这种区域也就成为最佳民居选址之地。

儒家文化是湖南汉族地区的主导，其中的一个主要内容便是以家庭为基本单位，沿伦理关系左右扩展的宗亲文化，价值观念和理念体系也是按照儒学的理论框架构筑而成。儒学伦理的根基讲究血缘家族，而最高的精神理念则表现为对祖先的崇拜。因此，中国传统社会宗亲文化和儒家文化的重要载体就表现为了聚族而居的村落。在这种理论的指导下，注重物质和精神需求，兼顾科学基础与审美观念，大部分村落的形态表现为聚居形态，布局形式多样灵活，但基本上顺应自然环境形态，枕山面水，将整个村落置于山水之间，使得整体轮廓与地形、地貌、山水等自然风光和谐统一。

三、民居建筑基本特征（图2-1-2）

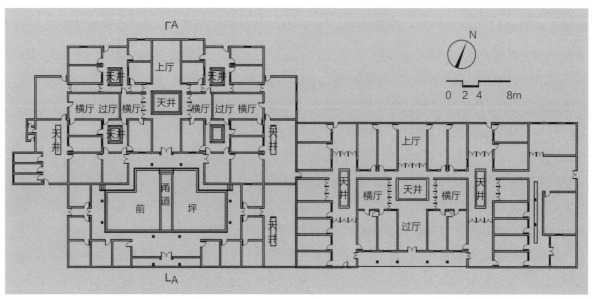

图 2-1-2　楚东山大屋平面（来源：张晓晗　绘）

湖南汉族传统民居广泛分布于湖南境内，同为汉族民居，湖南地区的民居建筑有着自身的独特之处，它们根植于湖南地区，综合体现了湖湘大地的自然环境、人文历史、社会发展及经济条件。湖南民居表现出一定的共性，如在居住建筑的选址上，对自然最大限度的尊重，注重人与自然的和谐统一；紧凑封闭的布局、对防御性的重视、遵循封建伦理秩序等特点也都在民居建筑的布局上有所表现。湖南民居建筑有明显的轴线，基本格局为以堂屋为中心、正屋为主体进行对称布局，厢房和杂屋向两侧延伸，均衡布置，房间与天井院落再在空间秩序上进行组合变化。房舍的安排上也体现了儒家思想对汉族的深远影响，表现为：以主屋为中心按血缘关系中的长幼、亲疏分别向后纵向延伸及向两侧横向扩展。在汉族民居建筑的平面组合方面，湘东、湘南、湘北、湘中各地都采用了南方天井院落式组合，在地势更加平坦开阔的湘北，大型建筑院落往往向纵向发展，而在湘中、湘南、湘东等地，大型建筑受地形约束，院落在沿主轴纵深发展的同时，也向两侧延伸展开。

湖南汉族民居总体上具有以下特征：

1. 文化特征

受中国古代社会、文化、习俗的影响，如儒礼、阴阳五行等学说，形成尊卑有序、内外有等、长幼有别的纲常伦理，以及中尊、东贵、西次、后卑的礼仪制度。因此以堂屋为中心、正屋为主体轴线对称，厢房和杂屋向两侧延伸，均衡布置，房间与天井院落再在空间秩序上进行组合变化的基本格局很好地将这些理论反映在民居住宅中。由于很多历史原因，整个家族集体迁移并不少见，并且在汉族人深刻的宗族观念的影响下，合族而居，形成村落的情况十分普遍。这些宗族村落，大多数以地主大宅或祠堂等公共建筑为主体或中心，毗连扩展，甚至全村紧密联系，形成庞大的建筑群体。如岳阳县的张谷英村，系明代江西移民，数代相沿发展，现存共 18 个组群，占地面积51000 平方米，其中巷道 62 条，天井 208 个，房间 1732 间，为湖南宗族村落的突出典型。

2. 建筑平面特征

湖南汉族城镇民居的特点是前店后宅，即居住与商店、作坊结合，临街作商铺，其后为住宅，二者贯穿相通且多建楼房，内部采光通风多采用走马楼和过亭，展现其独特的空间艺术特色。城镇作为贸易集散的市场，人口集中且用地有限，形成密集的居住环境，因此为保持内宅的安静而多数采用砖墙分隔；商店的外部多使用突出的马头山墙，进而形成统一且十分特色的街景立面；高大的封火山墙，严整的纵深布局，中轴对称，天井组合，构成了较为封闭的城镇住宅基本平面布局形式。墙体为清水青砖墙面，边沿砌起伏变化的白色檐带，局部采用门庐、漏窗，体现了清新明快的格调，对比强烈。因地位差别，门庐的装修雕饰可繁可简。沿江的住宅则挑出吊脚楼，以争取空间，且防水患，构成独特湖南城镇沿江外貌。

3. 大宅建筑形制特征

湖南地区大宅正屋的间数可达七间，部分甚至达到九间之多，建筑内部院子穿插天井，亭廊相连，形成了严谨对称、复杂多变的庞大建筑群体。内有门房、轿厅、客厅、花厅、书楼、花园和众多住房、杂屋、仓库，还有佛堂、作坊、戏台，外围砌筑高墙。集中体现当时地方的民居建造的最高工艺水平。曾国藩在其家乡双峰曾建有富厚堂府第，占地达 4 万余平方米，建筑面积 2 万多平方米，多数两层，个别三层；正屋分前、中、后三厅，共百多间，有艺芳馆、书楼及马房、炮楼、杂屋等。规模庞大，形成民居建筑艺术的奇特面貌。

4. 独栋民居建筑形制特征

农居建筑布局较为开敞自由，造型较为简朴自然，与城镇住宅有显著区别；大多依山傍水，少占良田，更与自然环境紧密结合，融为一体。以三五开间的正屋为主，但厢房、披屋的配置，则因地制宜，不全求对称，而多横向展开，以充分利用等高坡地。为适应农业生产、家庭副业、饲养牲畜家禽，多建有畜栏、仓屋；厨房较之城居要宽敞，以兼作起居劳作之用；屋前多有晒场，为户外晾晒劳作的活动场地。或外加竹篱、矮墙、侧开槽门。

5. 材料做法特征

由于湖南汉族民居分布地区广泛，受到不同地域自然地理条件和不同民族文化、习俗相互影响，呈现出复杂而明显的地区差别。汉族地区的民居建筑，不论是砖木结构还是土木结构，都以封火山墙造型为特色。其中，湘南地区多用人字形山墙；湘中和湘东地区多用两头翘起的马头山墙式样。在湘西地区，建筑造型多采用吊脚楼的形式，这种形式最适合于炎热潮湿的西南山区，底层架空，人居楼上，既防潮又凉爽。在建筑用材和做法上，湘中、湘南、湘北地区的村落民居多采用砖木结构，砖多为尺寸较大的青砖。湘东地区的民居多采用土木结构，三合土夯筑墙壁，与木构架相结合。湘西地区的少数民族民居则多采用全木结构的干阑式建筑。

其次，地域不同，民居建筑在材料及做法上也都有其不同表现。例如，在湘南山丘地区，开发较早，较为富庶，多聚族居于丘陵盆地，村落规模较大，一般百户左右，大至千户之多。村内小巷相连，规划整齐；村外围墙防护，现多无遗存。房屋规整方正，紧凑封闭。布局除正屋一侧或两侧出厢，前厨后卧，或多进相连之外，更有多户并连，或一户一开间或二开间，增一堂屋，形成统一规格的集体住宅形式。因地区砖瓦应用普遍，一般均以砖墙承重，硬山搁檩，极少采用穿斗木构，为地区的突出特点。内外墙体均用大青砖眠砌，不加粉刷；山墙有一字形、担子形（二担子、三担子）、金字（人字）形、弹弓形等多样变化或组合使用，檐饰，彩绘，砖雕，点缀小型花窗，极为封闭，呈现坚实庄重的格调。室内采光通风较差，常采取亮瓦、漏光斗、房门亮子等措施。而湘西山区汉族民居多建于山坡谷地，规模较小，较为分散，分布依山就势，无一定格局。一般以穿斗木构为主，木板壁分隔，用料粗壮，房屋较为高大，悬山瓦顶，出檐深远，举折明显，造型轻盈朴实。并有利于利用地形，采取吊脚悬挑等做法，减少地基平整和争取建筑空间。也有石墙、土墙的采用，因地而异，但不普遍。城镇则多采用封火外墙，但内部仍以木构为主。洞庭湖湖区地势低洼，台地较少，多沿堤建房。湘中丘陵地带，人口密度较大，用地紧张，居住较为密聚毗连，村落利用坡地，无一定格局。由于区域气候影响而雨水较多，湖南地区民居一般挑出

图 2-1-3 汉族砖墙民居
（来源：湖南省住房和城乡建设厅提供）

图 2-1-4 汉族砖墙民居大门
（来源：湖南省住房和城乡建设厅提供）

较大悬山，屋面前檐挑出柱廊，后檐为保护土墙一般比较低矮，另外为确保冬季采光及夏季通风，主屋与其余厢房、披屋相互连接，将局部山口显露，表现精致轻巧的造型特色。其他青砖墙、卵石墙、木板壁也多应用，依经济条件和就地取材所定（图 2-1-3，图 2-1-4）。

6. 空间类型特征

湖南汉族民居分布于全省境内各地，历史悠久，文化深厚，类型变化丰富，在空间构成上的变化主要由正屋、厢房、过厅、天井、阁楼、廊等元素构成。

正屋：在单座式和院落式的民居建筑中，正屋一般位于主轴之上，是整个组群的核心，也是全家活动中心所在。正屋一般以厅或堂屋为中心，组织内外空间。堂屋既是民居的主体建筑，又是人们日常生活的主要场所，一定程度上体现着建筑的精神功能，大部分民居的堂屋里在后部正中设有神皇，来供奉着祖先和神灵，但也有些民居在堂屋两侧设置神位。一般民居的堂屋考虑采光和通风需求往往向庭院开门，完全敞开。在单座建筑中，建筑的空间也主要是通过堂屋来进行组织，具有空间联系和过渡的功能，是通往厨房和卧室的交通枢纽，也是家庭劳动、休息及婚丧嫁娶时宴请宾客的活动场所，因此在民居建筑中堂屋建造得宽且高，开间尺度一般为 5 米左右，檐高 6 米左右，来适应它多功能的需要。

厢房：厢房是传统民居中的组成部分之一，一般位于堂屋两侧，沿进深方向分为两间，和堂屋一起形成民居中的主体建筑——厢屋。家庭成员主要居住在堂屋两侧的厢房里，其卧室室内布置一般为南橱北床。湖南汉族民居一般堂屋或厅只做一层，而在两侧的厢房建两层，这是因为堂屋为日常生活主要活动场地，要求厅大而高，而正房主要作休息之用，而且开间、进深较小，对层高要求不大，一般 3 米左右，所以利用堂屋与正房之间的层高差，在厢房上做二层。

过厅：民居建筑中两进正屋之间的联系空间称为过厅，主要是起联系空间、组织交通的作用，一般隔出一两间小屋，做楼梯间及储藏间之用。过厅前后两面多为天井，上盖屋顶，一般不设门，但有些条件殷实的家庭，过厅空间比较大，在面向后天井的一面设通高的格扇门、窗，方便通畅气流。

天井：汉族住宅以天井组织室内外及楼层间的空间，使天井成为空间组织的中心。天井一般规模较小，有些仅4平方米左右，主要用于采光通风和排除屋面雨水，天井的空间方正，为正方形或长方形，地面多用石板铺砌，靠墙、角落处摆设盆景、种植花卉。在湖南地区，这种布局可避免阳光直射，保持室内阴凉。天井中的装饰集中在檐下、隔扇、门头等处。天井在平面中的布置，随着住宅形式、住宅规模、功能要求以及设置位置的不同而不同。如在一些规模较大的民居建筑中，两边房间的采光通风要求仅靠中间天井不足以满足，因此为满足厢房的采光需求而另外设置边天井。不同于主天井公共交通和空间联系的要求，这种边天井一般只有采光、通风及调节室内环境的作用，而不进行人居活动。

外廊：湖南汉族民居一般屋檐出挑1.5米左右，其下便形成走廊。走廊为民居中室内外的过渡空间，单座房屋民居前多设有走廊。由于湖南地区的气候影响，夏季阳光辐射较强，檐下廊道不仅增加了空间的层次性和多变性、防止阳光直射，雨季来临时，还可防止雨水污染墙面，防止雨季对立面开窗的影响等。

阁楼：在大跨度的厅室或堂屋中，屋顶为人字形坡顶，上部空间较大，因此有足够的空间在顶部做一个吊顶，利用吊顶上部空间形成一个阁楼，一则美化了下部厅堂，二则充分利用了空间（图2-1-5）。

7.实用素雅特征

民居建筑装饰作为一门艺术，必然反映着文化。其艺术特征是充分利用材料的质感和工艺特点进行加工，让建筑的性格和美感协调统一。现存湖南汉族民居多为明清时候的建筑，所以具有清朝民居的特色，大多显得秀雅、细腻。其装饰题材大多具有浓厚的哲理、伦理色彩，如在装饰图案上经常选择渔樵耕读、桃园结义、八仙过海、岳母刺字等民间神话和历史故事。通过这些图

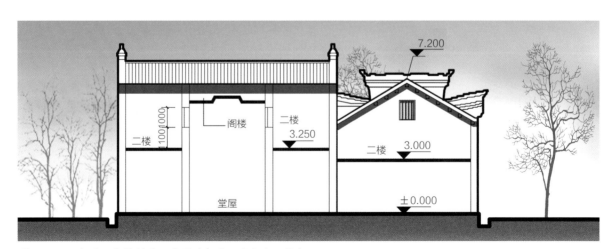

图2-1-5 典型汉民居剖面示意图（来源：张晓晗 绘）

案来祈求吉祥如意、荣华富贵等，或者宣扬仁义忠厚、礼义廉耻。民居的装饰艺术利用了当地材料、工艺和技术的特长，因地制宜，就地取材，通过塑形、图案、色彩、陈设等装饰手段来体现其艺术美。装饰的艺术处理手段很丰富，总体上具有以下特点：

（1）艺术效果与实用功能相结合

湖南传统民居的细部装饰在满足功能的基础上进行艺术处理，兼顾艺术效果与实用功能的要求，从而使功能、结构、材料和艺术达到协调统一。例如：屋脊上的装饰，既有防雨、防风的实用性，又有装饰、美观的效果；为加强防火、防风、防漏而对山墙进行装饰。在木料上进行油画彩绘不但有装饰的效果，还可以防水、防潮、防腐、防虫从而保护构件。石雕柱础造型美观，又能防水、防潮。为满足采光通风的作用，门窗一般做成花槅雕刻，在梁架、额枋等结构的端部进行雕刻或加以彩绘，既美观又精致（图2-1-6，图2-1-7）。

（2）传统文化艺术的载体

湖南传统民居中一般以青砖黛瓦的淡雅色彩配以各种精美的雕刻，形成一种清丽高雅的建筑艺术格调。细部特征包括装饰、装修、色彩、花纹、样式等。民居中的装饰大多表现人们对生活的希冀，利用形声或形意手法寄托这种对生活的祝福。例如：民居中寓意"连年有鱼"的莲花和鲤鱼两个雕饰，还有表现"福、禄、寿"祝福和希望的蝙蝠、梅花鹿、寿桃。此外，建筑装饰也受到阴阳五行和一些方士之说的影响。例如：一些民居山墙顶部装饰成金、木、水、火、土等形式，或者描画成八卦图案以求平安吉利（图2-1-8，图2-1-9）。

（3）湖南传统民居结构构件

构件在进行艺术处理后，既可显示结构的构件美，又可以将一些构件的端部或连接处等难以处理的部位进行修饰，达到藏拙的效果，结构与审美相结合。在民居建筑中，木材、石材、砖、瓦材料都可以用来雕刻，几乎建筑的每一个部件都可以加以雕刻和装饰。湖南汉族民居的细部装饰

图2-1-6　汉民居封火山墙
（来源：湖南省住房和城乡建设厅提供）

图2-1-7　汉民居细部装饰
（来源：湖南省住房和城乡建设厅提供）

图 2-1-8　檐口

图 2-1-9　雕刻

图 2-1-10　木床雕刻

图 2-1-11　木雕门簪

重点是内外檐、梁柱、门窗、栏杆等处，有些建筑外墙也饰以雕塑、彩绘（图 2-1-10，图 2-1-11）。

（4）装饰与材料特性相结合

建筑材料的使用讲求因地制宜，湖南汉族民居中的建筑材料最常用的是木、土、石。木材在传统建筑中主要用作木构架、楼地板以及门窗和板墙，且运用比例很高，主要是由于木材的取材、运输、加工都比较容易，施工工期也相对较短。民居使用的墙基材料是夯土或土坯，生土只需夯实、晾干，不用烧结，使用方便简捷。在湘南民居中，墙体的材料多用砖，青砖本身外露出砖缝，砌墙用清水做法。湘南多山，石材丰富，所以石材的运用在民居中也是相当常见的。民居中有卵石墙和石材护角等不同的处理方式，民居以及巷道间块石、卵石等简易材料用做铺地也十分常见。

（5）装饰与模数相结合

在中国古代就制定了模数化的标准单元构件规范。建筑的尺度、色彩、风格在中国传统民居中是既协调统一又富有变化的。相近且适宜的街道小巷尺度，统一的清水墙，一致的灰瓦，整体布局严谨而方正。在清式营造做法中，从土石作、木作直到细部装修，都有着详尽的规定和一套完整的尺寸推算法则（图 2-1-12，图 2-1-13）。

图 2-1-12 石板台阶

图 2-1-13 石板小巷

第二节 汉族传统民居实例

一、浏阳市大围山镇楚东村锦授堂

（一）选址与渊源

楚东村隶属于浏阳市大围山镇，距省会长沙市 110 公里，距黄花国际机场 80 公里，距离浏阳市区 62 公里，距大围山东门镇区 1 公里，距离白沙古镇 5 公里，紧邻大围山国家森林公园。接浏阳市大围山集镇，由五个村整合而成。东、北邻长鳌江村，南达大围山镇都佳社区，西抵鲁家湾村和东兴社区。

楚东村地处大溪河北岸，位于浏阳河的上游，北侧山体延绵。百年的发展，村庄已经发展成"山、水、村"的山水格局。楚东村四面环山，东、西两侧低平地段，形成山谷盆地，南部大溪河自东向西从村前流过。涂氏、鲁氏、钟氏、陈氏不断在此生息繁衍，逐步形成以涂氏、鲁氏、钟氏、陈氏血缘关系为主的聚落家族村庄。424 户民居以祠堂为中心，按照中国传统风水"五位四灵"的模式布局。村庄与周边自然环境的山水格局特色体现了楚东村自古以来就与周边的自然环境和谐共生。

楚东村境内山地较多，山岗、天坑相间，山峦起伏相连，是一个典型的丘陵地区。楚东村地处山间平地，周围群山环绕，地势整体北高南低，向南呈阶梯状。马鞍山位于楚东村竹山组；柏坨山位于锦授堂正后方，山体秀美、植被茂盛；打鼓顶山位于锦授堂北部，海拔 236 米，山体植被繁茂，为锦授堂在风水学中的靠山。

（二）建筑形制

湖南省苏维埃政府旧址——锦授堂（图 2-2-1、图 2-2-2），位于浏阳市大围山镇楚东村，始建于清光绪二十三年（1897 年），坐北朝南，砖木两层结构，大部分为穿斗式梁架结构，悬山式顶，共三进五开间，四周建有围墙围护，为典型的天井院式民居建筑。

锦授堂占地面积达 5000 余平方米，建筑面积 3800 平方米，有大小房间 120 余间。整个建筑建造精美，气势恢宏，虽因历经百年风霜而显斑驳，但其精美的工艺令人赞叹（图 2-2-3~ 图 2-2-7）。

图 2-2-1　锦授堂鸟瞰（来源：湖南省住房和城乡建设厅提供）

图 2-2-2　锦授堂（来源：湖南省住房和城乡建设厅提供）

图 2-2-3 院落空间（来源：湖南省住房和城乡建设厅提供）

图 2-2-4 锦授堂入口（来源：湖南省住房和城乡建设厅提供）

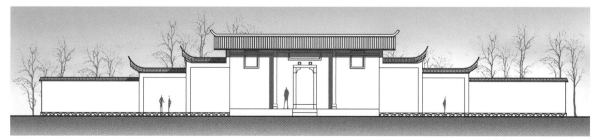

图 2-2-5 立面示意图（来源：张晓晗 绘）

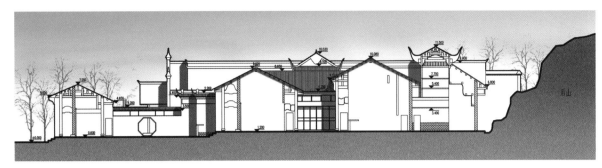

图 2-2-6 剖面示意图（来源：张晓晗 绘）

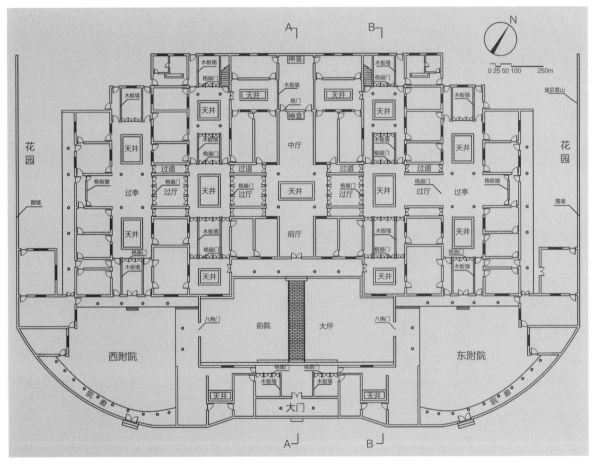

图 2-2-7 平面示意图（来源：张晓晗 抄绘）

（三）建造

锦授堂为砖木结构，为适应地区炎热多雨的气候特点，屋基比较高，外墙多为夯土墙，房屋主体部分为青砖墙，屋内多用土坯墙分隔。木穿斗构架，每檩下落柱或每隔一檩立柱，柱与柱之间采用穿枋联系起来，屋顶形式多为悬山顶，小青瓦屋面，两侧分别有两个凸起的过亭，为歇山顶（图 2-2-8，图 2-2-9）。

（四）装饰

锦授堂的木雕和石雕不但技艺精湛且格调高雅，体现人们精巧的构思。隔扇门窗透雕或浮雕各种吉祥的动物图案，屋檐斜撑多雕成吉祥动物形态，檐枋上主要彩绘山水图案。（图 2-2-10~图 2-2-12）

图 2-2-8 檐口装饰 1
（来源：湖南省住房和城乡建设厅提供）

图 2-2-9 檐口装饰 2
（来源：湖南省住房和城乡建设厅提供）

图 2-2-10 窗格
（来源：湖南省住房和城乡建设厅提供）

图 2-2-11 雀替 1
（来源：湖南省住房和城乡建设厅提供）

图 2-2-12 雀替 2
（来源：湖南省住房和城乡建设厅提供）

二、浏阳市大围山镇楚东村楚东山大屋

（一）选址与渊源

楚东村隶属于浏阳市大围山镇，大围山镇位于浏阳市东部的大围山脚，距省会长沙市110公里，距黄花国际机场80公里，距离浏阳市区62公里，距大围山东门镇区1公里，距离白沙古镇5公里，紧邻大围山国家森林公园。楚东村接浏阳市大围山集镇，由五个村整合而成。东、北邻长鳌江村，南达大围山镇都佳社区，西抵鲁家湾村和东兴社区。大围山镇全境山地、丘岗、盆地交错，具有多种地貌。楚东村境内山地较多，山岗、天垅相间，山峦起伏相连，是一个典型的丘陵地区。地势东北高峻，向西南倾斜递降，高低起伏大，主山体脉络清晰，皆呈东北至西南走向的雁行背斜山地。岭谷平行相间，形成官渡、大瑶、北盛三个盆地和一个浏阳河谷地（图2-2-13）。

传统村落主要沿南北向山谷和东西向溪流平原布局。群山环抱、负阴抱阳，村落南部大溪河由东向西流过，土地肥沃，水源充足，形成了利于村落世代繁衍生息的优良环境，具有浓厚的中国传统"风水学"的思想。民居随山就势、错落有致、自然延伸、朝向自由、背山面水。山体之间的山谷、大溪河及其支流两侧的山谷平原形成了天然的自然景观轴线（图2-2-14、图2-2-15）。

图2-2-13　楚东山平面布局（来源：湖南省住房和城乡建设厅提供）

图 2-2-14　楚东山大屋远眺
（来源：湖南省住房和城乡建设厅提供）

图 2-2-15　建筑细部
（来源：湖南省住房和城乡建设厅提供）

图 2-2-16　建筑细节
（来源：湖南省住房和城乡建设厅提供）

图 2-2-17　建筑现状
（来源：湖南省住房和城乡建设厅提供）

（二）建筑形制

中共湘鄂赣省第一次代表大会旧址位于浏阳市大围山镇楚东村楚东山组。旧址由东西两个独立的建筑庭院组成，东西两建筑群分别建于清光绪五年（1879年）和清光绪二十九年（1903年）。

楚东山大屋坐北朝南，为南方天井式民居建筑。西侧建筑共三进三开间，呈中轴线布局，屋顶形式为悬山，覆小青瓦，东边梁上有"光绪癸卯冬，涂享公裔建"等金色字样；东侧建筑为三进五开间，呈中轴线布局，亦采用悬山顶，覆小青瓦（图2-2-16~图2-2-18）。

（三）建造

楚东山大屋整体为砖木结构，适应地区炎热多雨的气候特点，外墙多为夯土墙，房屋主体部分采用青砖墙，灰缝细密，墙基较高，地面用碎砖石夯实，并用青砖铺成席纹图案，屋内也用青砖分隔。建筑以夯土山墙承檩，室内檩下落柱或每隔一檩立柱，柱与柱之间采用穿枋联系起来，屋顶形式为悬山式，小青瓦屋面，对外大门柱枋相连处装饰雀替，采用石柱础木柱（图2-2-19）。

（四）装饰

楚东山大屋外观装饰朴素，外墙用夯土砖砌，在榫构梁架与屋顶、门窗、挑檐下部的斜撑等部位装饰有一些精美的木雕，体现了人们对美好生活的向往（图 2-2-20~ 图 2-2-22）。

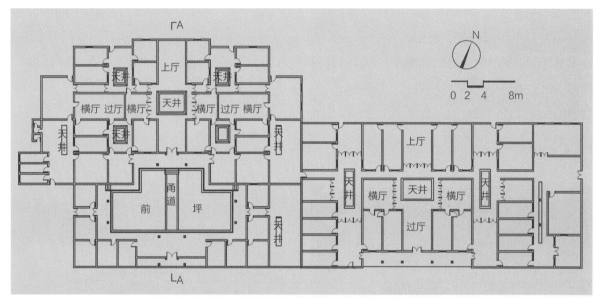

图 2-2-18 平面示意图（来源：张晓晗 抄绘）（来源：湖南省住房和城乡建设厅提供）

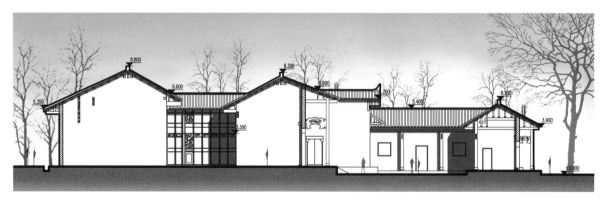

图 2-2-19 剖面示意图 自绘

图 2-2-20 窗饰　　　　　　　图 2-2-21 门雕　　　　　　　图 2-2-22 窗格
（来源：湖南省住房和城乡建设厅提供）（来源：湖南省住房和城乡建设厅提供）（来源：湖南省住房和城乡建设厅提供）

三、岳阳市平江县虹桥镇平安村冠军大屋

（一）选址与渊源

冠军大屋位于岳阳市平江县虹桥镇平安村，北连本镇枧源村。南临仙姑殿，西靠半山岭，北倚天井山，自然环境幽静，民俗风情厚重，具有独特的乡土气息。冠军大屋古朴的建筑与四周美丽的山林田野、淳厚的民风民俗融为一体。清幽自然，别有洞天。从喧嚣的城市走来，大有光阴倒转，回归久远的感触。自然而然进入"暖暖远人村，依依墟里烟。狗吠深巷中，鸡鸣桑树颠"的画境诗情之中（图2-2-23）。

冠军大屋占地面积达3000平方米，建于乾隆三十六年（1774年），距今已有两百多年的历史，是八世祖公当时的国学生李冠军所建。目前古屋内住有19户人家，大人小孩共有百余人，都是李冠军的后代。房子上下四栋，共有房间90余间，天井二十几个，从乾隆三十九年到现在已有237年了。冠军大屋是平江县建筑年代久远、规模较大、建筑工艺较精美、至今仍基本保存完好的古老大屋之一。

（二）建筑形式

大屋前有敞坪及形如半月形的水塘，有"风自前塘出，门向水中开"的雅称，夏荷盛开，清香满屋。屋后更有山峦围绕，占尽风水风光。内部天井纵横，满足通风、透光、排水、纳凉等多种功能。堂屋高敞，冬暖夏凉。屋内，四进大厅，四横厅，两学堂（私塾教室）。洞道网布，紧连各厅各房（图2-2-24~图2-2-27）。

图2-2-23 冠军大屋
（来源：湖南省住房和城乡建设厅提供）

图2-2-24 大屋天井1（左）
（来源：湖南省住房和城乡建设厅提供）
图2-2-25 大屋天井2（右）
（来源：湖南省住房和城乡建设厅提供）

图 2-2-26　大屋门
（来源：湖南省住房和城乡建设厅提供）

图 2-2-27　大屋一角
（来源：湖南省住房和城乡建设厅提供）

（三）建造

大屋占地面积 3000 平方米，大小房 98 间（80 间正房，18 间茶堂）天井 20 个。以始建者李冠军命名，冠军大屋已绵延十多代。老屋现仍居十九户人家，一百来人。冠军老屋为砖木结构，青砖扣栋，小瓦盖顶。木梁木柱雕龙刻凤，可见往日辉煌；木窗石窗刻镂鱼虫，独具艺术特色。天井纵横，颇多功能：通风、透光、排水、纳凉。

（四）装饰

建筑装饰随处可见，大屋门首有骑鼓石一对，门联一副——"春华秋实，霞蔚云蒸"（图 2-2-28）。大厅立柱挂有五副长联。大厅顶悬三块横匾——"迺居迺康"、"荣侪禄野"、"堂庚永锡"（图 2-2-29，图 2-2-30），气象庄严，均乃清之遗存。屋内横梁六椽栿底部均有莲花形雕花，镂空窗花采用祥云及"蝙蝠"图案，寓意吉祥如意（图 2-2-31~ 图 2-2-35）。

四、岳阳市岳阳县张谷英村张谷英大屋

（一）选址与渊源

张谷英村，属湖南省岳阳市岳阳县张谷英镇，位于岳阳县以东的渭洞笔架山下，地处岳阳、平江、汨罗三县市交汇处，距离长沙、岳阳分别约 150 公里和 70 公里，为中国保存最为完整的江南民居古建筑群落，以其始迁祖张谷英命名，至今已存在了 500 多年。2001 年 6 月 25 日被公布为全国重点文物保护单位，2003 年被评为中国历史文化名村。张谷英村建筑规模之大，建筑风格之奇，建

图 2-2-28 "春华秋实，霞蔚云蒸"门联

图 2-2-29 "荣侪禄野"门联

图 2-2-30 "堂庚永锡"门联

图 2-2-31 横梁雕花

图 2-2-32 镂空窗

图 2-2-33 大屋屋顶

图 2-2-34 大屋门枕石

（来源：湖南省住房和城乡建设厅提供）

图 2-2-35 天井麻石排水沟

图 2-2-36　张谷英村（来源：湖南省住房和城乡建设厅提供）

筑艺术之美，堪称"天下第一村"。张谷英村至今已存在 500 多年，保留 1700 多座明清建筑，有"民间故宫"之称（图 2-2-36）。

相传明代洪武年间，江西人张谷英沿幕阜山脉西行至渭洞，见这里群山环绕，形成一块盆地，自然环境优美，顿生在此定居的念头。张谷英是位风水先生，他经过细致勘测后，选择了这块宅地，便大兴土木，在此处繁衍生息，张谷英村由此而得名。

多年以来，张谷英村几经沧桑，基本上保留了原状。比较完整的门庭有"上新层"、"当大门"、"潘家冲"三栋，规格不等而又互相连接。每栋建筑都由过厅、会面堂层、祖宗堂屋、后厅等"四进"及厢房、耳房等形成的三个天井组成。顺着屋脊望去，张谷英村整个建筑就变成了无数个"井"字。厅堂里廊道栉比，天井棋布，工整严谨。

（二）建筑形式

张谷英大屋建筑群自明洪武四年由始祖张谷英起造，经明清两代多次续建而成，至今保持着明清传统建筑风貌。大屋由当大门、王家塅、上新屋三大群体组成。肖自力先生曾说，其"丰"字形的布局，曲折环绕的巷道，玄妙的天井，鳞次栉比的屋顶，目不暇接的雕画，雅而不奢的用材，合理通达、从不涝渍的排水系统，堪称江南古建筑"七绝"（图 2-2-37~ 图 2-2-39）。

张谷英大屋四面环山，负阴抱阳，呈围合之势。地势北高而南低，有渭洞河水横贯全村，俗称"金带环抱"。河上原有石桥 58 座。大屋砖木石混合结构，小青瓦屋面。占地五万多平方米，先后建成房屋 1732 间，厅堂 237 个，天井 206 个，共有巷道 62 条，最长的巷道有 153 米。总体布局体现了中国传统的礼乐精神和宗法伦理思想。村落依地形呈"干支式"结构，内部按长幼划分家支用房。采取纵横向轴线，纵轴为主"干"，分长幼，主轴的尽端为祖堂或上堂，横轴为"支"，同一平行方向为同辈不同支的家庭用房。主堂与横堂皆以天井为中心组成单元，分则自成庭院，合而贯为一体（图 2-2-40）。

图 2-2-37　当大门（来源：湖南省住房和城乡建设厅提供）

图 2-2-38　院落
（来源：湖南省住房和城乡建设厅提供）

图 2-2-39　当大门入口
（来源：湖南省住房和城乡建设厅提供）

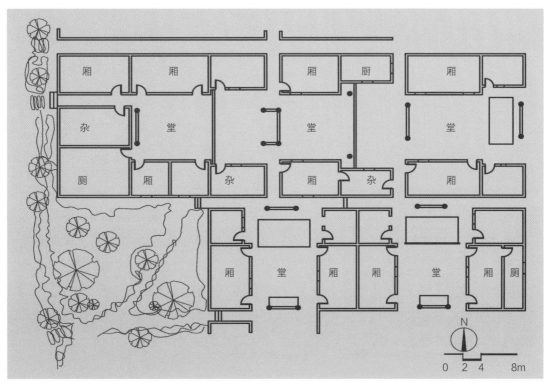

图 2-2-40　张谷英村西头岸平面示意图（来源：张晓晗　抄绘）

（三）建造

湖南东北地区"丰"字形大宅的形成与地形、气候和民族文化传统有关。湘东北地区整体上为丘陵地貌，气候夏热冬冷。民居建筑整体布局，节约了用地。天井院落式布局有利于形成室内良好的气候环境。此地居民多为明清时期的江西移民，他们带来了江南和中原地区的文化和营造技术。明清时期此地战乱频繁，大屋聚族而居适应了地区社会形势的发展。

张谷英大屋是"丰"字形大宅民居的典型代表，其他大屋民居的"丰"字形空间形态不如张谷英大屋的整体性强，多是在中间主轴线两侧增加与主堂屋空间平行的侧堂屋，即建筑群由多个"丰"字组成。清代中叶以后的大屋民居主轴线上的房间两端多用马头墙，外观上明显突出了主体建筑的地位（图2-2-41~图2-2-43）。

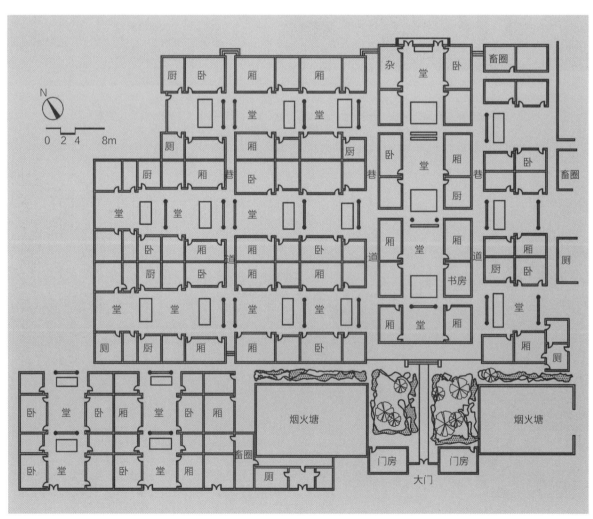

图 2-2-41　平面示意图（来源：张晓晗　抄绘）

图 2-2-42　建筑细部（来源：湖南省住房和城乡建设厅提供）

图 2-2-43　建筑山墙（来源：湖南省住房和城乡建设厅提供）

（四）装饰

张谷英大屋是典型的明清江南庄园式建筑，建造技艺精美，特色鲜明。如其"王家塅"的入口处理，是在第二道大门的左右山墙上设置封火墙，采用形似岳阳楼盔顶式的双曲线弓子形，谓之"双龙摆尾"，具有浓厚的地方色彩。内部装饰富有情趣，题材丰富。屋场内木雕、石雕、砖雕、堆塑、彩画等装饰比比皆是，令人目不暇接。雕刻字迹，线条清晰；图纹多样，栩栩如生；彩面生动自然，反映生活。梁枋、门窗、隔扇、屏风、家具等一切陈设，皆是精雕细画。题材如"鲤鱼跳龙门"、"八骏图"、"八仙图"、"蝴蝶戏金瓜"、"五子登科"、"鸿雁传书"、"松鹤遐龄"、"竹报平安"、"喜鹊衔梅"、"龙凤捧日"、"麒麟送子"、"四星拱照"、"喜同（桐）万年"、"花开富贵"、"松鹤祥云"、"太极"、"八卦"、"禹帝耕田"、"菊竹梅兰"、诗词歌赋、"周文王渭水访贤"、"俞伯牙摔琴谢知音"等，雕刻精细，绝少有权力和金钱的象征，而是洋溢着丰收、祥和、欢歌的太平景象，民族风格极浓，具有很高的艺术研究价值（图2-2-44~图2-2-47）。

图 2-2-44　窗格1
（来源：湖南省住房和城乡建设厅提供）

图 2-2-45　窗格2
（来源：湖南省住房和城乡建设厅提供）

图 2-2-46　雀替
（来源：湖南省住房和城乡建设厅提供）

图 2-2-47　屋檐
（来源：湖南省住房和城乡建设厅提供）

五、益阳市安化县江南镇洞市陈氏花屋

（一）选址与渊源

陈氏花屋为洞市老街民居，地处黑岩山、蜡烛山的山谷之间，属雪峰山脉东端大熊山区域，周围群山逶迤，山上植被丰富。周边山体为砂砾岩，土壤为山地黄棕壤，土层深厚。由于洞市老街地处湖南中部，属于亚热带季风湿润气候，四季分明，有温度低、雨水多、湿度大、日照少，日温差较大的山区气候特征，为全县的多雨中心、暴雨中心、低温中心之一。植被以杉、松、楠竹及灌木共生为主，覆盖率较高（图2-2-48）。

洞市村落道路穿越平坦耕地，老街则从公路向南延伸，形成了"一主二次"的道路格局；另有道路蜿蜒于山腰，与老街另一端口相连。公共建筑沿道路呈零散分布。洞市老街由一条蜿蜒曲折的青石板街道和两侧80余栋木结构房屋组成。青石街道南北走向直通山顶，北通梅城、邵阳等地，南通资江岸边；是古代安化从陆路通往境外进行商品贸易的重要通道。老街形成很早，兴盛于明代，现存民居多为民国至新中国成立初期建造的商铺和居民住宅。

洞市村落民居按照传统风水学中的负阴抱阳、藏风聚气的原则选址，村落民居依山就势，错落有致地分布在青石街道两侧，山脚下有一条小溪蜿蜒流过，远处四面环山，洞市老街融入青山绿水中，环境天人合一、风水极佳。

（二）建筑形制

陈氏花屋原来是梅山地区方圆百里最大的民居建筑群，属于典型的天井式院落，占地4880平方米，坐势朝向山水，选址极为考究。此花屋始建于光绪五年，前后耗时九年，用工数万人，花

图2-2-48　洞市村（来源：湖南省住房和城乡建设厅提供）

费纹银数十万两,其少量砖墙上的古砖上烧制有"光绪六年陈五芝"字样。建筑由三座四合院组成,共有三大天井,一百零八间房,内设有"聚星堂"、"议事厅"、"洞宾府"、"用膳房"。房屋与其附属建筑马棚、杂屋数栋相连,排水设施巧妙,明沟暗渠排污通畅,防火措施严谨,随着时代变迁,现仅存以聚星堂为主的少量房屋。

现存面积509平方米,面阔三间,结构典型,采用双层穿斗式木结构房屋,一层当中采用封闭式堂屋,左右为卧室,二层无出挑,立面简洁大气。作为汉族南方天井院落式民居的代表,其与地形、气候、环境相适应,建筑坐北朝南,布局灵活,大门开向风水较好的朝向,内部空间规整,以堂屋为中心,讲求均衡。通过天井(或院落)、廊道组织空间。"口"形平面,由两正屋两横屋围合,中间的庭院空间较小,但通过天井和廊道组织各自的空间,使公共空间和私密空间十分分明,具有四合院的平面特点(图2-2-49)。

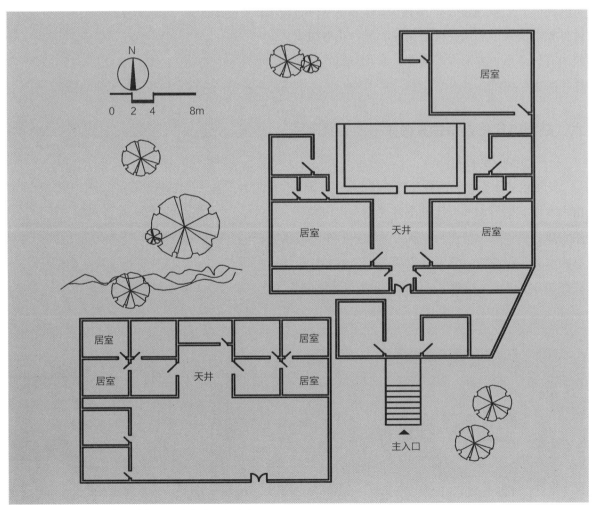

图 2-2-49 平面示意图(来源:张晓晗 抄绘)

（三）建造

相对于独栋民居，陈氏花屋的天井式院落居住人口较多，由于家庭收入较高，集中力量建造，故建造技术水平相对较高，尤其体现在建筑内部的建筑材料与装饰方面。建筑为土木结构，受环境与条件限制，内外以木板墙居多，室内空间较高大。房屋内部为穿斗式木构架，公共空间用抬梁式木构架，由于所处地区炎热多雨且经年高温时间长，木板墙下砖石基较高，地面用青石板铺砌。外檐用"七"字式挑檐枋，出檐较远，多设檐廊，屋顶为悬山式样，采用小青瓦屋面。尤其值得注意的是在堂屋开间通过短梁和立柱的重新搭接，划分出优美的入口视觉比例，具有其独特性。陈氏花屋原为三进大院落，很多内部装饰、排水及防火均为清代建造。现存建筑可识别出的是两座围合的院落空间，院落内设有排水沟渠，保证建筑内部排水通畅。

（四）装饰

该宅色彩淡雅清新，建筑除堂屋门及内部有所装饰外，其他地方装饰很少。充分利用木材本身的纹理、色泽、质感，不加掩饰，以显示木材的自然之美。花屋内木雕雕有各种人物故事和花木，件件精湛美观；二层栏杆上由龙、凤、花鸟组成"福"、"禄"、"寿"等木雕，极具艺术价值。建筑内有长条形、方形木雕窗花，窗花图案复杂精巧，有格纹、拐子纹、回纹、卷草纹等不同种装饰（图2-2-50）。

六、益阳市安化县南金乡将军村滑石寨陈宅

（一）选址与渊源

陈宅隶属于安化县南金乡将军村滑石寨，陈氏宅院是滑石寨最古老的房子，建筑位于毗溪东岸，由大木坳、蛇形山和介沫冲围合成的一个山坳里，地势狭小。房屋前后树木丛生，板屋掩映，自然天成，整体顺山势布局。陈宅所处滑石寨地处湖南中部，属于亚热带季风气候，四季分明，具有雨水多、湿度大、气温日差较大的山区气候特征，毗溪为境内主要河流。寨中以山地为主，海拔在280米以上，植被以杉、松、楠竹及灌木共生为主，覆盖率较高（图2-2-51）。

图 2-2-50 各式木雕窗花（来源：湖南省住房和城乡建设厅提供）

图 2-2-51　滑石寨（来源：湖南省住房和城乡建设厅提供）

南金乡至将军村的公路从山脚通过，主干道路沿河平行分布，既增强了与水的亲密联系，又串联了传统村落的各部分，沟通内部，便于交通。建筑群则分布于有机生长、深入山林中的次一级道路周围。陈宅所处的滑石寨中，从山脚到山腰共建有木屋 30 栋。

陈宅坐北朝南，背靠蛇形山（靠山），左为老屋冲（青龙），右为凉山拜（白虎），形为太师椅，毗溪（玉带水）在滑石寨前绕过，风水闭合性较好。自然形成了一个巨大的盆罐，山水环抱必有气，聚"养吾浩然之气"。格局积淀了浓郁的传统文化色彩，又隐含着许多科学和美学的成分，属于典型"山地型"选址。

（二）建筑形制

陈宅始建于 20 世纪 30 年代，为典型的"L"形独栋正堂式民居，总面积 431.6 平方米，一层 215.8 平方米，主体结构为典型的木穿斗式，面阔三间，房屋右侧建有坡屋，做厨房用，左侧为新建砖混结构卫生间。二层以挑枋向外挑出，一方面扩大了二层的使用面积，另一方面也为一层的围合隔扇提供具有保护作用的檐下空间。原始一正一横的组合方式，使正屋、杂屋明确划分，且构造简单，有利于进一步发展（图 2-2-52，图 2-2-53）。

一楼封闭式堂屋，堂屋两侧的房屋为正房，正房分为前后两部分，前部分设伙房，后部分为卧室，供冬天全家人烤火，在堂屋角部开门通向屋后，陈宅堂屋两侧各有一间正房，故称为"三大间"。室内有转角楼梯通二楼，有隔间三。二层空间为储藏室，无木质隔板围合，空气流通，较干燥，用于存放东西、阴干粮食，还有很好的隔热散热作用。建筑整体保存完好，与环境相得益彰。建筑整体就地取材且适应当地建筑的结构要求，屋面干铺小青瓦，与木材的使用相得益彰（图 2-2-54~ 图 2-2-56）。

图 2-2-52 村内建筑 1
（来源：湖南省住房和城乡建设厅提供）

图 2-2-53 村内建筑 2
（来源：湖南省住房和城乡建设厅提供）

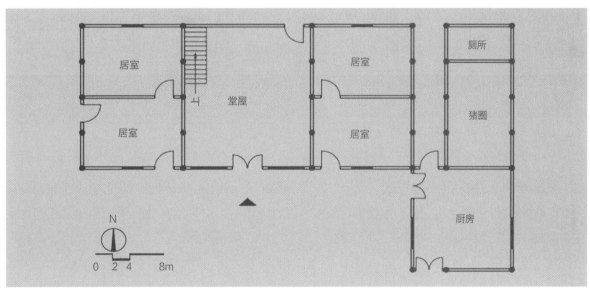

图 2-2-54 平面示意图（来源：张晓晗 抄绘）

图 2-2-55 立面示意图（来源：张晓晗 绘）

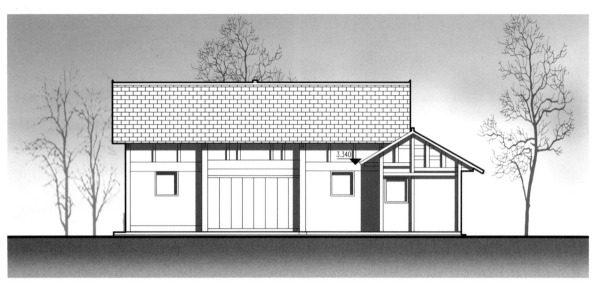

图 2-2-56　立面示意图（来源：张晓晗　绘）

（三）建造

该地区林木茂盛，故建筑就地取材，使用木、石材、生土等自然材料建成。房屋内部为穿斗式木构架，由于地区炎热多雨且经年潮湿时间长，墙下砖石基一般较高，室内设阁楼储物和隔热，地面用素土夯实，屋顶为悬山，建造两层，且在二层出挑外廊，满足家庭晾晒和储物要求。由于本地木材、石材丰富，屋顶辅以杉树皮，以增加檐口的出挑长度，基础采用石砌，兼顾安全、经济和美观。建筑屋顶由挑枋称重，铺用热传导效果较好的小青瓦。房基、台阶、天井使用青、红石铺就。

（四）装饰

建筑从室外到室内简洁大气，无雕花栏杆、柱础石雕、垂花柱等精致装饰，但建筑利用山间本地木材、石材的搭接堆砌方式创造出朴实、美观、自然、大方的乡野建筑风格。建筑色彩主要是木材和石材的自然色，整体风格自然和谐，典雅朴实。穿斗式的建筑结构暴露在外，是室内空间独特的装饰，营造了淳朴自然的美的感受（图 2-2-57，图 2-2-58）。

七、衡阳市衡东县甘溪镇夏浦村萧家大屋

（一）选址与渊源

衡东县位于湖南东部偏南，居湘江中游的衡阳盆地与醴攸盆地之间。东连攸县，南与安仁县、衡南县为邻，西濒湘江与衡山县隔水相望，北与湘潭、株洲接壤。夏浦村位于衡东县中部甘溪镇的中南区域，北临大源塘村，南接大岳村，西临洣水，东靠金觉峰，距离县城约20公里。夏浦村人文及自然景观丰富且较为集中，是锡岩仙洞—洣水风景名胜区中重要的休闲观光旅游点（图 2-2-59）。

图 2-2-57　陈宅建筑细部 1
（来源：湖南省住房和城乡建设厅提供）

图 2-2-58　陈宅建筑细部 2
（来源：湖南省住房和城乡建设厅提供）

图 2-2-59　夏浦村（来源：湖南省住房和城乡建设厅提供）

　　传统建筑村落位于衡东县甘溪镇夏浦村西部，居洣水二级台地与丘陵山地接合处，目前古村基本保存完整，属于较大的清代建筑群落。村中遗存大量精美的建筑构件，承载着丰富的古代建造工艺，同时表现出浓厚的地方文化信息，是非常珍贵的古代建筑遗产。村落坐东朝西，以萧家大屋为中心，四进七横，占地约 20 亩，清代道光二年建造，建筑采用砖木结构，青灰色瓦顶，前低后高院落式布局。另在大屋北侧吴家屋场尚存，大屋后山上谭公庙仍在。萧家大屋依洣水而建，乡村公路至甘溪镇接 S315 线。

（二）建筑形制

萧家大屋为锁头形院落布局，坐东南朝西北，衡东地方民居典型之一。大屋为砖、石、木结构，人字形屋面，院落整体前低后高，沿中轴线深三进，中轴线两侧各布厢房二栋。中轴第一进锁头形屋，高一层，前为檐廊，大门居中，大门内为过厅，厅后为下天井，井周边立柱出廊，第二进为中厅，宽三间，高一层，前立檐柱两根，中立金柱四根，柱上出"七"字架支撑屋顶，天棚正中出藻井，硬山屋面盖小青瓦，两侧以三字山墙封护瓦顶。第三进为祖堂，面宽三间，高二层，中为堂屋，堂后设神龛，堂屋上无梁架，山墙搁檩，硬山屋面盖双坡瓦顶，堂左右为次间（图 2-2-60~ 图 2-2-64）。

大屋各厢房均宽一间，高一层，长与大屋深一致，分布于中轴线两侧，各厢房之间以长条形天井相隔。整座大屋环环相扣，外实内松，动静相宜，阳光空气舒适宜人，穿行院内，晴不顶日，雨不湿鞋。大屋正前方锁头形制，其半围合之态，有利于院落聚气和纳气，从而达到人兴财旺的目的，这也表明了传统风水文化对传统建筑的影响（图 2-2-65，图 2-2-66）。

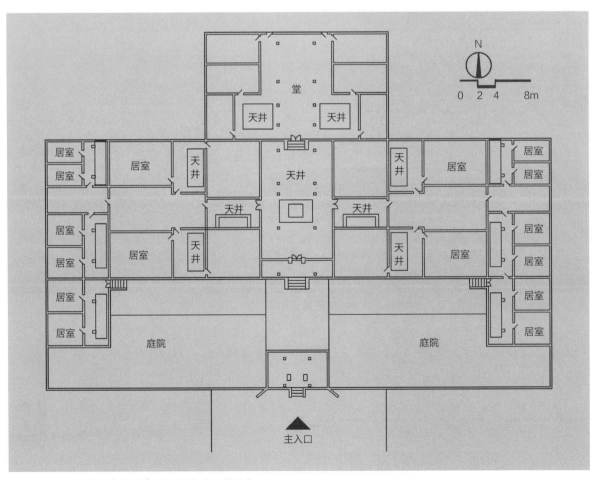

图 2-2-60　平面示意图（来源：张晓晗　抄绘）

图 2-2-61 萧家大屋 1
（来源：湖南省住房和城乡建设厅提供）

图 2-2-62 封火山墙
（来源：湖南省住房和城乡建设厅提供）

图 2-2-63 萧家大屋 2
（来源：湖南省住房和城乡建设厅提供）

图 2-2-64 萧家大屋 3
（来源：湖南省住房和城乡建设厅提供）

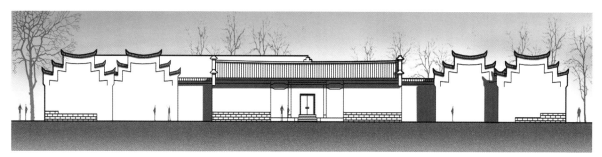

图 2-2-65 建筑立面示意图（来源：张晓晗 绘）

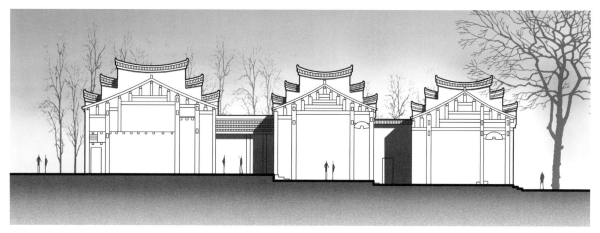

图 2-2-66 建筑剖面示意图（来源：张晓晗 绘）

（三）建造

大屋建筑为典型的湘东南锁头形结构，大屋的梁架均以实木加工，圆中带方，屋面正脊两端升起上扬，屋两侧三字山墙弧线形态优雅，这些建筑特征彰显了衡东地区清代中期建筑特点。

（四）装饰

建筑整体色彩简洁，以朱红、粉白、青色砖、黛色瓦为主要基调。装饰多使用木雕和灰塑工艺。造型朴素，表现出典型的地方特征（图 2-2-67，图 2-2-68）。

八、衡阳市衡东县高塘乡高田村田垅大屋

（一）选址与渊源

该传统村落位于衡东县高塘乡高田村北部，居洣水南岸，以田垅大屋、围墙新屋、九魁公祠、高头新屋等构成村落。各大屋均为砖石木结构，四合院布局，建造工艺为地方传统风格，建筑形式有祠堂、祖屋、民居、独体建筑和院落建筑等。时代从清至民国，现为该县保存较完整、建筑规模较大、形式内容多样的传统村落。距离县城 50 公里，距衡炎高速（G72）线高速互通口约 20 公里，乡道 315 由东至西贯穿而过，周边主要有洣水风景名胜区位于村落西北面（图 2-2-69，图 2-2-70）。

该传统村落为单氏先人于明代进行修建，基地选择在洣水南岸二级台地，倚虎形山北坡营建，后逐步增建民居、祠堂、庙宇，即形成了规模较大的传统建筑群落。从建筑类型看有传统公共性建筑和民间宅第院落，从文化内容看属于典型的湘东南风格，村落因地制宜与自然完美结合，充分表现了江南古村韵律，目前传统村落基本保存完整（图 2-2-71，图 2-2-72）。

（二）建筑形制

田垅大屋为院落式建筑，衡东地方民居类型之一，为三进院落式宅第建筑，坐北朝南，面阔三间，高二层，整体由吞口门厅、下天井、中厅、上天井、后堂组合而成。

吞口屋——田垅大屋门厅与大屋同向，屋宽三间，处大屋第一进，前出檐廊，大门居中，门向与建筑呈 30 度角分布，门内为过厅，厅后为下天井。下天井，处于一进至二进之间，分布于中线两侧，井上纳二坡水入内，井下设暗沟排水。中厅处建筑中轴线中部，方向与大屋一致，前后与天井相连，中厅面阔三间，高二层，主要用于家族主办大型活动。天井长方形，位于中厅与后堂之间，上纳四坡水，下设暗沟排水，这一空间可采光换气。后堂，宽三间，高一层，屋面属于硬山式，屋前檐立檐柱两根，檐上卷棚封顶，屋中立金柱四根，柱上出七字架支撑屋顶，天棚正中出藻井，屋两侧外墙施金字山墙。屋内后檐墙处设神龛，该屋装饰华丽，为大屋最庄重部位（图 2-2-73）。

（三）建造

民居整体属于砖石木结构，前低后高，深三进，宽三间，中轴线上檐墙内收，形成吞口状，大门与建筑呈 30 度角分布。第一进为吞口屋，高一层，前为檐廊，大门居中，大门内为过厅，厅

图 2-2-67 建筑构造细节
（来源：湖南省住房和城乡建设厅提供）

图 2-2-68 窗格
（来源：湖南省住房和城乡建设厅提供）

图 2-2-69 高田村布局图
（来源：湖南省住房和城乡建设厅提供）

图 2-2-70 高田村
（来源：湖南省住房和城乡建设厅提供）

图 2-2-71 田垅大屋 1
（来源：湖南省住房和城乡建设厅提供）

图 2-2-72 田垅大屋 2
（来源：湖南省住房和城乡建设厅提供）

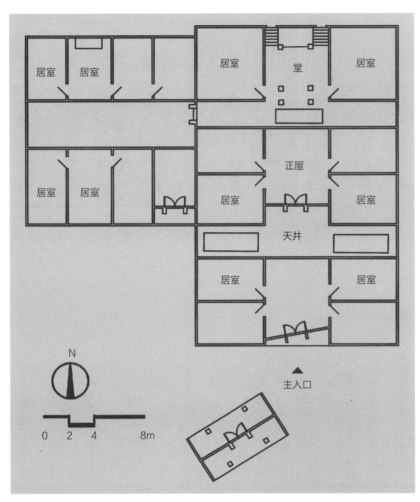

图 2-2-73 平面示意图
（来源：张晓晗 抄绘）

后为下天井，井周边立柱出廊，第二进为中厅，宽三间，高一层，屋无梁架，山墙搁檩，左右外墙施三字山墙。第三进为后堂，宽三间，高一层，屋面硬山，屋前檐立檐柱两根，檐上卷棚封顶，屋中立金柱四根，柱上出"七"字架支撑屋顶，天棚正中出藻井，屋两侧外墙施金字山墙。屋内后檐墙处设神龛，后堂左右为次间。厕所、杂物间位于建筑主体的周边建筑中，因地制宜。这些建筑结构简单，多数是一间分隔为二间用，盖双坡悬山顶。整座建筑样式和营造技术表现出衡东地方特征（图 2-2-74，图 2-2-75）。

（四）装饰

田垅大屋内部装饰简洁大方，色彩以白灰色和吉祥朱红色为主，有少数花板中填五彩或金银色。装饰以木雕、石雕为主，如额枋、门枋、拼花板、檐廊花板、雕花隔断、雕花神龛、镂空雀替、二方连续如意花封檐板等。外装饰主要表现各山墙榍头龙首形状，屋上堆瓦脊，两端鸢尾，脊中部采用品字堆瓦造型等，表现手法有写实和抽象两种（图 2-2-76，图 2-2-77）。

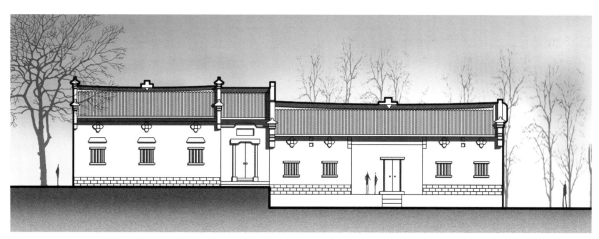

图 2-2-74 立面示意图（来源：张晓晗 绘）

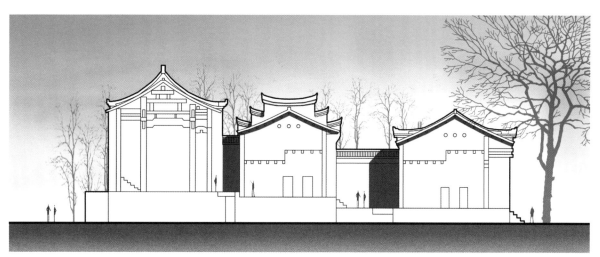

图 2-2-75 剖面示意图（来源：张晓晗 绘）

图 2-2-76 屋脊
（来源：湖南省住房和城乡建设厅提供）

图 2-2-77 装饰彩绘
（来源：湖南省住房和城乡建设厅提供）

九、衡阳市衡东县高塘乡高田村新大屋

（一）选址与渊源

高田村地处衡东县永乐江畔由泥沙堆积、河流改道所形成的高田湾内，面临永乐江，南靠虎形山。高田村河湾外围为山丘地貌，虎形山，山林植被丰富。永乐江由东向西流经高田村境内，村内还有河滩湿地及高田湾水田，自然环境优美。

高田村传统村落聚于高田湾区域，背倚虎形山北坡，面临涞水支流永乐江南岸高田湾，自然景观要素主要包括山林、农田、湿地、河流等类型。各类自然景观要素顺应地势依次展开，形成了湾内良好的山水景观格局。整体村落选址位于永乐江畔高田湾内，属于典型的"依山靠水"型村落选址类型。

（二）建筑形制

新大屋为院落式建筑，衡东地方民居类型之一，平面形制为大型多进院落。外伸锁头新大屋为三杠三横院落式宅第，建筑坐南朝北，面阔七间，高二层，整体由内凹锁头屋门厅、下天井、中厅、左右厢房组合而成。内凹锁头屋门厅，与大屋同向，屋宽三间，处大屋第一进，前出檐廊，大门居中，门内为过厅，厅后为下天井。下天井，处一进至二进之间，平面长方形，周边立廊柱，出回廊。下设阴沟排水。中厅处建筑中轴线中部，方向与大屋一致，前后与天井相连，面宽三间，高一层。该厅用于家族主办大型活动场地，目前第三进倒塌，暂时作祖堂屋（图2-2-78，图2-2-79）。

耳门，位于内凹锁头屋两侧，门向与大屋一致，形状结构与大屋相同。厢房高一层，深一间，宽与大屋进深一致，方向分别面向大屋中轴线而立，各厢之间以小型天井相隔。大屋五杠厢房，共计房屋40间，私厅7个（图2-2-80，图2-2-81）。

（三）建造

建筑材料主要是砖、石、木，前低后高，深三进，宽中轴线两侧各布三厢，整体正面以三字山墙和金字山墙依次排开，中轴线前端由内凹锁头和外伸锁头组合。第一进内凹锁头屋，高一层，前为檐廊，大门居中，大门内为过厅，厅后为下天井，井周边立柱出廊，第二进为中厅，宽三间，高一层，中厅为堂屋。堂后设神龛，中厅屋上无梁架，山墙搁檩，硬山屋面盖双坡瓦顶，堂左右为次间，第三进倒塌，结构不明，大屋厢房宽一间，高一层，长与祠堂深一致，分布于中轴线两侧，各厢房面对中轴线，各厢之间以长条形天井相隔。建筑样式与营造技术表现出衡东地方特征（图2-2-82~图2-2-84）。

（四）装饰

新大屋内装饰虽朴素但依然体现古时工艺之精巧，大屋的木雕与石雕多采用如意纹之类的吉祥图案，颜色多施以灰白或朱红，少数在花板中填五彩或金银色。额枋、雀替之类的构造装饰或

图 2-2-78 新大屋 1
（来源：湖南省住房和城乡建设厅提供）

图 2-2-79 新大屋 2
（来源：湖南省住房和城乡建设厅提供）

图 2-2-80 屋脊 1
（来源：湖南省住房和城乡建设厅提供）

图 2-2-81 屋脊 2
（来源：湖南省住房和城乡建设厅提供）

图 2-2-82 立面示意图（来源：张晓晗 绘）

图 2-2-83 剖面示意图（来源：张晓晗 绘）

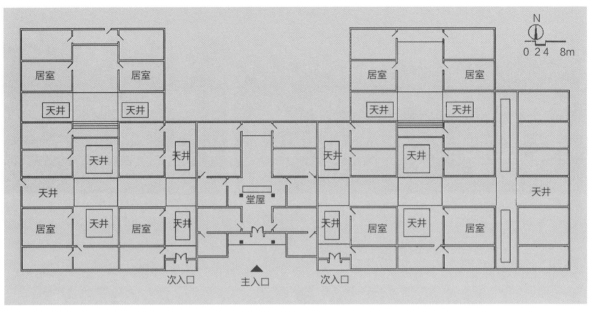

图 2-2-84　平面图示意图（来源：张晓晗　抄绘）

图 2-2-85　雀替（来源：湖南省住房和城乡建设厅提供）

镂空或彩绘，檐板采用二方连续如意花描绘，门枋、拼花板、檐廊花板、雕花隔断、雕花神龛之类也是精雕细琢，美不胜收（图 2-2-85）。

十、邵阳市邵东县杨桥乡清水村荫家堂

（一）选址与渊源

荫家堂位于湖南邵东县杨桥乡清水村，始建于清道光三年，是封建社会晚期由商家大户所建造的深宅大院，它见证了该地区富商的荣耀浮沉，反映了时代的沧桑变幻，是历史留下的动人画卷，它深刻体现出了中国传统思想、地域美学和湘商文化，是湘西南地区宝贵优秀的建筑财富。它规模庞大，共计 108 间正屋，又被当地人称为"一百零八间"，荫家堂属于封建社会典型的深宅大院，极具特色，历经百年其整体结构仍保存完整，古风依旧。邵东商业发达，荫家堂非官僚府邸，而是商人豪宅，体现出湘西南地区民营经济的发达（图 2-2-86，图 2-2-87）。

荫家堂背枕燕王山，左右为凤凰山、黄土山，二山呈马蹄形包裹着荫家堂；前有塘，蒸水河蜿蜒曲折形成玉带环抱之势，其正门中轴线正对着千米外的佘湖山（南岳衡山七十二峰之一），并将其作为"对家山"，更有始建于唐朝的云霖祠与其遥相呼应，荫家堂所在区域为风水绝佳之所。其选址不仅仅达到了极佳的风水要求，同时也是完全的坐北朝南。屋前的池塘水波潋滟，且田野开阔，整个选址依山傍水，为独特的民俗景象，同时兼顾了地形、朝向以及自然景色，其平地型选址十分成功（图 2-2-88，图 2-2-89）。

图 2-2-86　荫家塘（来源：湖南省住房和城乡建设厅提供）

图 2-2-87　清水村
（来源：湖南省住房和城乡建设厅提供）

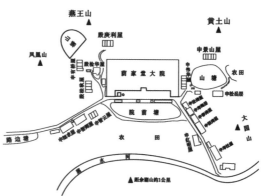

图 2-2-88　荫家堂周边环境示意图
（来源：文物局提供）

图 2-2-89　荫家塘（来源：湖南省住房和城乡建设厅提供）

（二）建筑形制

自古以来等级观念就影响着传统民居的空间形式，商贾之家家族庞大，更加注重长幼尊卑有序，因此荫家堂的建筑布局遵循了这种礼制观念，形成了当地民居在平面布局、院落高低等方面的特色。荫家堂老屋坐北朝南，二层砖木结构，采用"外庭院内天井"的格局。正前方为开阔院落，建筑内部北高南低，天井院落为纵横轴线布局，天井之间为并联排列，从而构成纵四进、横连十一排的平面布局形式。四进的纵向堂屋为荫家堂主干，中轴线对称，两侧各有四排住房和一排杂屋。四条风雨廊横贯其中，廊约长200米，平面上严整对称，阴阳有序，且主次明确，规模庞大。堂屋位于中轴线上并和院落串联成为主轴，为家族祭祀先祖以及举行家族性活动之所。主轴线从南向北依次设正门、戏台以及四进院落式堂屋。最北端的堂屋为老屋精神核心，现仍为申氏家族公用的祠堂，终端放置花板神台用来供奉祖先和神灵，神台上方悬挂题有"荫家堂"三个字的巨匾纪念先祖。中轴线上的堂屋最为高大，庄严肃穆，荫家堂立面的封火山墙极富韵律和节奏感，烘托了中轴线的至高地位（图2-2-90）。

（三）建造

荫家堂中轴线堂屋的左右两侧各自延伸四纵列、两层高的厢房以及一个纵列的杂屋，每一个纵列的厢房与堂屋一致，分为四进，由此，三条连贯东西厢房以及中轴堂屋的走廊得以形成，即建筑内横向交通流线。厢房布局对称规整，家族以辈分高低为标准，按中为贵、北为尊原则进行房屋分配。内部108间房屋通过走廊相互连接，形成建筑内部连贯的交通系统。厢房纵列之间则形成一纵四进的天井院，每一纵天井院的地面高度由北向南而逐渐降低，最南端则各设一个南门通向宅外，对外交通同样便捷（图2-2-91，图2-2-92）。

天井不仅是公共交流场所，同样也是重要的采光源和通风口。南方素有"四水归堂"的风水观念，天井还担负了建筑内部的排水功能。荫家堂南北外墙均高出屋面，雨水则通过屋檐流入到天井，再由天井排到室外水渠。全宅天井共有44个，呈纵横轴整齐排列，从而形成老屋内部庞大壮观的天井院落群。每纵列院落里又分布了三至四个大小不一的天井，井底以排水孔相连，均为北高南低走向，排水顺畅。由于老屋具备了良好的朝向，严整的天井群以及畅通的交通系统，建筑内部有着天然风道和自然光源，因此，湿热地带的老屋气候上常年温度适宜，具有良好的室内居住环境。

（四）装饰

荫家堂内部装饰反映出封建社会的富商的审美情趣、艺术追求以及价值取向，老屋内部装饰集中在梁枋、墙头、门窗、门槛、柱础、天井条石等处，木制浮雕精雕细琢形成了丰富精湛的内部装饰式样。由于老屋规模庞大，且内部人口众多，因此在中轴线设置了一个主入口以及6个次入口，7个入口从南外墙依次展开，主入口向外敞开具有内凹性，门前地面铺装石板，强调老屋的轴线感。轴线上的堂屋为老屋装饰的重点所在，院内戏台雕刻精致美观，封火山墙翘角高昂，并以彩画进

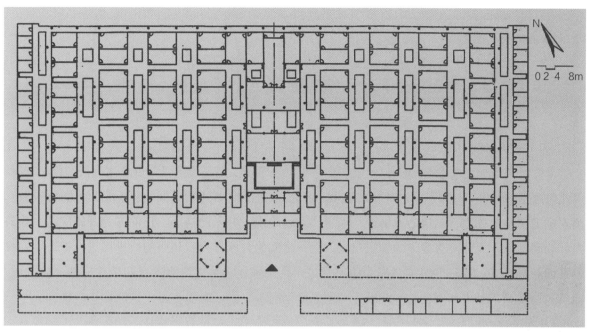

图 2-2-90　平面示意图（来源：文物局提供）

四进正堂立面

三进立面

二进立面

全院一进十一横立面

图 2-2-91　荫家堂立面示意图（来源：文物局提供）

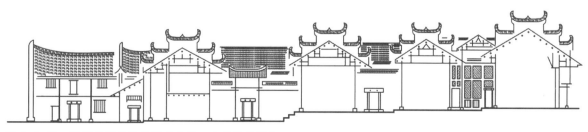

图 2-2-92　荫家堂剖面示意图（来源：文物局提供）

行装饰，极具南方民居特色。堂屋几处梁柱交界处现存少量木雕龙狮装饰。更富趣味的是，飞檐翘角的屋顶上竟然用石刻加彩画塑造出了两个英式的座钟，这种西洋化装饰，也彰显了修建者对外探索的深远目光，也寓意着商业需对外开放和交流。大门精雕细琢以强化主入口，而在两翼厢房人字屋顶中凸显，以突出门户（图 2-2-93，图 2-2-94）。

图 2-2-93　封火山墙（来源：唐维训　摄）

图 2-2-94　屋脊装饰（来源：唐维训　摄）

十一、邵阳市绥宁县李熙桥镇李熙村于家大院

（一）选址与渊源

　　于家大院位于湖南省邵阳市绥宁县李熙桥镇李熙村，西、北临山。李熙村村东与石阶田、浆塘两村相连，南靠金子里，西接滚水，北抵长寨、苏洲，村域总面积 1.2 平方公里。村境内蓼水河（武阳河）、洛水河（白玉河）、扶水河（唐家坊河）三水交汇，S221 省道、李白公路（李熙桥镇至白玉乡）、李唐公路（李熙桥镇至唐家坊镇）三路交接，依山傍水，文化遗存丰富，人居环境和谐，水源丰沛，交通也相当便利（图 2-2-95）。

　　李熙村历史悠久。从文物考古的角度而言，李熙村发端于 2000 多年前的商周时期。从文献史迹追溯，李熙村建制于南宋于宗嘉定十三年（1220 年）。据《绥宁县志》等史料记载，唐朝太宗时期，峨眉道人李熙山云游至此，见此地风光迤逦，人杰地灵，便长期在玉清观和真人寨安身修炼，并广修弟子，四处化缘，带领当地百姓在白玉河上修建了一座风雨桥，后人为纪念他的丰功伟绩，便将此桥命名为李熙桥，李熙桥地名由此而来。李熙村现共留存有 25 座建于清代乾隆五年至同治十二年（1740 年—1873 年）的窨子屋。窨子屋格局基本一致，铁桶一般的四面高墙，方方正正围成"一颗印"的形状，每间屋子都标有建造年代的印记。登高远望，院内屋顶砖瓦层叠，檐角错落起伏，十分壮观（图 2-2-96，图 2-2-97）。

图 2-2-95　李熙村（来源：湖南省住房和城乡建设厅提供）

图 2-2-96　李熙村（来源：湖南省住房和城乡建设厅提供）

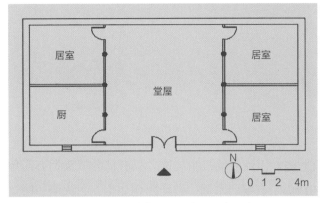

图 2-2-97 平面示意图（来源：张晓晗 抄绘）

图 2-2-98 于家大院入口
（来源：湖南省住房和城乡建设厅提供）

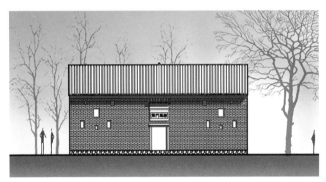

图 2-2-99 立面示意图 1（来源：张晓晗 绘）

图 2-2-100 门匾（来源：湖南省住房和城乡建设厅提供）

（二）建筑形制

于家大院，又称黄道堂，始建于明清，现存建于乾隆五年（1740 年）至光绪十五年（1890 年）的古迹 25 栋。建筑全部坐北朝南，采用砖石结构，条石板巷穿过寨门，两层民居排列有序，设计周全，形成四纵八横的建筑格局（图 2-2-98）。

单体建筑周围铁桶一般的四面高墙，方方正正围成"一颗印"的形状，室内呈"一"字形三开间布局。正中为堂屋，堂屋西侧为杂屋和厨房，南侧是大小不同的两个卧室；房前为明沟，宽 50~60 厘米，深 70~80 厘米，均为石砌，明沟后为走廊。

（三）建造

建筑总体结构采用木架穿斗式，屋顶从四围成比例地向中心低斜，小方形天井可吸纳阳光和空气。外墙较为封闭，为保持墙面完整而少有门窗。

院落防火设计别具一格。院内的窨子屋，一律只在南墙开窗，北、东、西墙一般只开通风孔或小窗，墙体都高过瓦檐，两侧山墙鳌头高耸，即使一家失火，只要把堵孔专用的鼻孔砖往通风孔一放，就隔断了火势。

人行道均为花岗岩铺成不规则图案。排水和排污渠分为上、下两层，明、暗两线。尤其是每栋房屋的正面墙体上都醒目地刻有修建年代，是一处颇具规模、保存较为完好、极具人文和科学价值的古建筑群（图 2-2-99，图 2-2-100）。

（四）装饰

外围是高墙包围，以青砖砌成，用于防火防盗，因而外墙极少装饰，只有部分墙头拥有简单的彩绘。山墙飞檐翘角，窗花构图精美，工艺精湛；石雕、木刻、彩绘栩栩如生，封火墙、防盗窗设计巧妙。各家窗花图案都不相同，花、鸟、兽等栩栩如生，阴阳、雌雄双双对称，分外美观（图2-2-101）。

十二、湖南省武冈市双牌镇浪石村刘家老宅

（一）选址与渊源

刘家老宅位于湖南省武冈市双牌乡浪石村，总面积370公顷。浪石村位于武冈市东部，地处武冈、新宁、邵阳、隆回、洞口五县交界处，故有"鸡鸣五县"之说，该村距武冈城60公里，距隆回县城30公里。这里群山环抱，一湾小溪由西面群山脚下发源，从村前蜿蜒而过。

公元1409年，王氏祖先王政海看中了李家坝这块风水宝地，从外地迁居于此，因见后山石板层层翻起，其形如浪，亦取"浪人至此，如石生根"之意，改村名为"浪石"。后来，浪石逐渐繁荣了起来，成为周边各县的经济中心、交通枢纽，石板大路四通八达，商贾如云，直到新中国成立初期这里仍是周边地区的贸易中心，素有"小南京"之誉。从现存的古迹亦可窥见当年的繁华（图2-2-102）。

（二）建筑形制

建筑为独栋正堂式，呈"一"字形三开间布局。正中为堂屋，居中设神龛，雨雪天气大门紧闭，屋内生火，老小围而坐之，其乐融融；堂屋西侧为杂屋和厨房，南侧为大小不同的两个卧室；屋外檐廊深远，形成积极的灰空间，是天朗气清时一家人主要的活动空间（图2-2-103，图2-2-104）。

图2-2-101　立面示意图2
（来源：张晓晗　绘）

图2-2-102　浪石村
（来源：湖南省住房和城乡建设厅提供）

（三）建造

刘家老宅是砖木结构，建筑主体为木，屋顶为硬山，两侧有高大的砖砌封火墙。封火墙为双头马头式山墙，翘角似龙、似凤，形态逼真，惟妙惟肖。墙上开门洞，门簪以石雕龙头装饰。门枋高 180~200 厘米，皆由整方青石砌成，阴刻对联。平房梁架为木质穿斗式，高约 6 米，面阔三间、进深二间（图 2-2-105，图 2-2-106）。

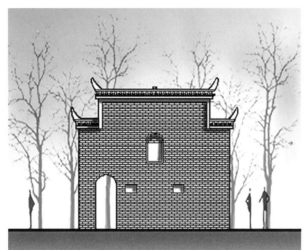

图 2-2-103　立面示意图（来源：张晓晗　绘）

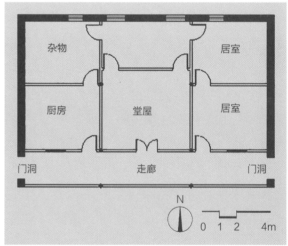

图 2-2-104　平面示意图（来源：张晓晗　抄绘）

图 2-2-105　封火山墙（来源：湖南省住房和城乡建设厅提供）

图 2-2-106　刘家老宅（来源：湖南省住房和城乡建设厅提供）

（四）装饰

刘家老宅两侧封火墙头均饰以石雕，进门两侧各有一正方形石礅，每个石礅雕刻两面，或仙鹤，或山羊，或鱼，或花，还有一种近似麒麟的"避邪畜"。门槛高30厘米，刻有双龙护宅图，正面与石额虽不是同一个平面，却共同构成一个完整的图案，精美异常。地面用桐油、石灰、黄土夯成，坚而不硬，平而不滑。大门均有高30~50厘米的地袱，上为六抹隔扇门，雕有花格窗棂，有浮雕，有镂空花雕，或龙凤呈祥，或飞禽走畜，或奇花异草，或人物典故。门额下沿阴刻太极八卦图，正面中部浮雕双龙戏珠图，两侧浮雕鲤鱼跃龙门，下端则为"苏武牧羊"、"姜太公戏麒麟"图案，幅幅惟妙惟肖，令人叹为观止（图2-2-107）。

图2-2-107 入口装饰
（来源：湖南省住房和城乡建设厅提供）

十三、永州市富家桥镇干岩头村周家大院

（一）选址与渊源

干岩头村位于湖南省永州市零陵区西南部，隶属富家桥镇。村落形成于明代，村域面积4.93平方公里，村落建筑占地面积9.94公顷，全村总人口为836人，共248户，村落为山地地形。

古村选址讲究贴近自然，讲究以山为脉，水为血。干岩头南、东、西三面环山（锯齿岭、青石岭、打鸟岭－鹰嘴岭），群峰矗立，山峦起伏，宛如天然屏风，增强了村落的隐蔽性；进、贤二水蜿蜒于高山大谷之中，村前汇流后，向北流注潇湘。古村逐步形成周家六大院子。

干岩头村周家大院规模庞大，共六个院落。分别是：明代宗景泰年代，周佐以孝佬称间时在锯齿岭下、贤水河畔创建的老院子；自明万历至崇祯年间相继建成的"红门楼"和"黑门楼"；至清道光初年，由周尹东再建"新院子"；另有周希圣之九代世孙周崇傅之子于清光绪二十八年建成"子岩府"；光绪三十年（1904年）周俊卿后裔四兄弟建成的"四大家院"。

周家大院占地百余亩，从整体布局来看六大院落呈北斗形状分布，建筑井然有序、层楼叠院、错落有致。在北斗星形柄上，依次坐落着老院子、新院子、红门楼、黑门楼、四大家院五个大院，在斗的位置上坐落着子岩府。六大院落在格局上既各自独立成院，又相互和谐连接（图2-2-108，图2-2-109）。

（二）周家大院新院子

1.建筑形制

周家大院有正、横屋180多栋，大小房间1300多间，游亭36座，其间有回廊、巷道，大小天井136个，总建筑面积达4.5万平方米。新院子建于清道光初年，是老院子分支。新院子结构一正

图 2-2-108　千岩头村
（来源：湖南省住房和城乡建设厅提供）

图 2-2-109　屋顶鳞次栉比
（来源：湖南省住房和城乡建设厅提供）

图 2-2-110　新院子立面图（来源：湖南省住房和城乡建设厅提供）

三横，正屋东西横屋不对称，西面一间东面两间。正屋大门前有庭坪一块，坪前砌照墙，又开前大门。正大门后设中门。东面第二排横屋第三栋以东，筑书堂屋一座，自成独立四合院。该院前栋为私塾先生住房，后栋为学生读书之地。后基于原有院落格局，在西面增加了一横，目前新院子已经形成了一正四横结构（图 2-2-110）。

明朝的 3 座大院，均为盝顶、穿斗式梁架及硬山顶式砖木结构。每座宅院依山势高低次第而建，前有旷坪，后有天井，院内铺设青石地板。建筑以正屋为中心轴线，构成"丰"字形平面布局，井然有序。建筑群外部封闭，内部呈现向中呼应的趋势，产生一种强烈的凝聚力和向心力的意蕴（图 2-2-111，图 2-2-112）。

2. 建造

新院子建筑结构为穿斗式，青砖墙，并辅以木墙，屋顶形式为硬山。新院子中，主要道路以大块青石铺砌，错缝相接，布局灵活自由，横竖结合。屋顶为具有典型湘南民居特色的坡屋顶，灰瓦、雨坡、封火墙等也独具特色，封火墙高低错落，为两叠式或三叠式。天井主要为青石板铺砌，天井排水沟在院内自成系统，再与外界相连（图 2-2-113，图 2-2-114）。

3. 装饰

建筑多为花窗，外形美观，构造复杂，固定于墙上，不可开启，精致的雕刻和镂花，组成了一组组丰富优美的图案，或简洁明快，或复杂精细。马头墙墙体由青砖砌成，大多有三跌，墙顶由砖出挑墀头顶做人字形小青瓦面，几组翘角并列，显得轻巧、别致（图 2-2-115~ 图 2-2-118）。

（三）周家大院老院子

1. 建筑形制

"老院子"建于明代中期约公元 1450 年—1500 年，是始建年代最早的院子，为明代进士周希圣之父周佐所建。院落内从正屋、门楼大门向两边伸展为门房、更房，而后是一进大门，石质门槛、

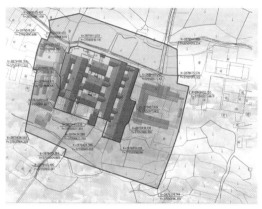

图 2-2-111　新院子选址图
（来源：湖南省住房和城乡建设厅提供）

图 2-2-112　新院子平面图
（来源：湖南省住房和城乡建设厅提供）

图 2-2-113　正房
（来源：湖南省住房和城乡建设厅提供）

图 2-2-114　院落空间
（来源：湖南省住房和城乡建设厅提供）

图 2-2-115　建筑内院（来源：湖南省住房和城乡建设厅提供）

图 2-2-116　窗户（左）
（来源：湖南省住房和城乡建设厅提供）
图 2-2-117　柱础（右上）
（来源：湖南省住房和城乡建设厅提供）
图 2-2-118　木雕（右下）
（来源：湖南省住房和城乡建设厅提供）

图 2-2-119　老院子位置图（左）
（来源：湖南省住房和城乡建设厅提供）
图 2-2-120　老院子平面图（右）
（来源：湖南省住房和城乡建设厅提供）

门墩，石抱门式。进大门，又设中门，而后天井，入二进大厅屋、天井，三进为正堂屋，三进三开间，中轴对称分布（图 2-2-119，图 2-2-120）。

由于历史悠久且年久失修，现存的仅有老院子的主体建筑，两侧厢房建筑已毁坏。

2. 建造

老院子为木构承重建筑，砖木结构，青砖外墙，部分外墙为土墙。建筑高度低于新院子屋脊线，屋顶多采用硬山式，上铺青瓦，封火山墙多只做一跌（图 2-2-121）。

3. 装饰

建筑细部雕刻精美，独具风味。窗花形式多样，主要为方格窗，外墙窗主要为石窗，内部房屋为木窗，外墙窗上方有雨坡。柱础上雕花精美，墙面石灰抹灰，木雕繁多，雕刻精美（图 2-2-122~图 2-2-124）。

图 2-2-121　老院子立面图（来源：湖南省住房和城乡建设厅提供）

图 2-2-122　建筑细部（来源：湖南省住房和城乡建设厅提供）

图 2-2-123　屋顶形式（来源：湖南省住房和城乡建设厅提供）

图 2-2-124　石雕（来源：湖南省住房和城乡建设厅提供）

十四、永州市宁远县禾亭镇小桃源村裕后堂

（一）选址与渊源

小桃源村位于湖南省永州市宁远县禾亭镇东部。东、南两面与太平镇的平下、章家村相邻，西、北两面与本镇的琵琶岗、猫仔凼相靠，距禾亭镇政府约9公里，距宁远县城约25公里，是禾亭镇最偏僻、海拔最高的行政村。属于亚热带季风气候，降水较丰富。以山地为主，属丘陵地区。全村内青山连绵，但无水系。小桃源村占地面积约50亩，分布较为集中且顺山势布局。全村有583人（图2-2-125）。

村落四面青山环绕，只有一条悠长的小道通往外面，宛如陶渊明的《桃花源记》中所描述的"世外桃源"。盆地近似于蛋形，条带状的小桃源建筑屋群依着蛋形分布，是风水学上的"聚风聚气"的特征，并通过天人合一的传统哲学观达到"地形有利"。现存最早的建筑建于明代，历史风貌良好。

裕后堂位于古建筑群中部偏东，建于明代，长约26米，宽约13米，面积331.85平方米，是小桃源村现存占地面积最大的民居。平面中轴对称，有两个天井，建筑整体保存完好，清晰可见的青砖墙体、高耸的马头墙、别致的坡屋顶、古色古香的木门木床，是小桃源村历史建筑的典型代表。

图 2-2-125　小桃源村 1（来源：湖南省住房和城乡建设厅提供）

图 2-2-126　小桃源村 2
（来源：湖南省住房和城乡建设厅提供）

图 2-2-127　小巷
（来源：湖南省住房和城乡建设厅提供）

在人民公社化时期，该建筑作为食堂使用，建筑一侧还保留了一个大柴房。人民公社化运动结束后，裕后堂继续作为民居使用。如今，房主人常年在外务工，房子交由乡人看管，里面堆满了柴禾和农具，虽然当时的陈设早已不复存在，但屋顶房梁上留下的片片烟熏痕迹依然能使人感受到当年全村人热火朝天吃大锅饭的热闹景象（图2-2-126，图2-2-127）。

（二）建筑形制

小桃源镇的建筑有着"青砖白檐坡屋顶，木门木窗马头墙"的特点。独立的建筑多以院落式组织，院落方正，平面中轴对称，间间相连、户户相邻的格局又体现了对宗法血缘关系的维护。

裕后堂是村中最大的民居院落，强调中轴线，突出围合感和私密感，体现"礼乐"和鸣的宗法伦理观、"天人合一"的"中正"审美观和阴阳有序的"四象"时空观，是中国自古以来社会哲学的反映。建筑前留有空地，称屋前坪，村民在坪上进行各种生活娱乐活动，坪既是集体交流的场所，也是生活活力的发生器（图2-2-128，图2-2-129）。

裕后堂院落方正，平面中轴对称，最里一进为堂屋和正房，前面分布厢房和耳房，其结构体现了儒家宗法制度下尊卑有序、嫡庶有别的秩序。院中多天井，用以透气、采光和排水。天井连天井，厅堂连厅堂，浑然一体，屋宇绵延，檐阔衔接，整体结构严谨，规模宏大，布局巧妙，设计别具一格。

（三）建造

该建筑由砖、木、石、瓦等材料构成。砖是青砖，木是本地采伐的杂木，石为本地采集的花岗石。砖墙上砖与砖之间粘合紧凑，木结构为本色或涂以黑漆。建筑为穿斗式结构，砖石建筑，封火墙厚重（图2-2-130）。

（四）装饰

建筑有隔扇门，门窗雕刻精美，古韵犹存。马头墙独具地方特色。门窗罩作法精美，挡雨遮阳（图2-2-131，图2-2-132）。

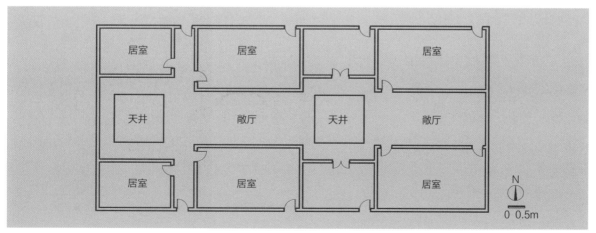

图2-2-128　平面示意图（来源：张晓晗　抄绘）

图 2-2-129 天井
（来源：湖南省住房和城乡建设厅提供）

图 2-2-130 马头墙
（来源：湖南省住房和城乡建设厅提供）

图 2-2-131 隔扇门
（来源：湖南省住房和城乡建设厅提供）

图 2-2-132 砖墙
（来源：湖南省住房和城乡建设厅提供）

十五、永州市祁阳县潘市镇龙溪村李家大院

（一）选址与渊源

　　龙溪村位于湖南省永州市祁阳县潘市镇，东邻潘市镇三居委会，南接董家埠村，西倚桐木村，北靠苏木村。村落距祁阳县城30公里,距潘市镇政府仅1.2公里。村域有衡昆高速公路和县道祁(阳)羊(角塘)公路由东北自西南穿境而过。地势西高东低,为丘岗平地地形（图2-2-133,图2-2-134）。

　　龙溪村始建于明弘治年间，最初为一正两横四合院格局，至明天启六年（1626年），建成上、下两院，与老屋院南北对应而立。清咸丰二年（1852年），经李氏祖孙十三代人的陆续拓展营建，形成了由老屋院、上下院、吊竹院和品字书屋组成的民居宅院，完成了它由家居宅院到聚居村落

图 2-2-133　龙溪村格局
（来源：湖南省住房和城乡建设厅提供）

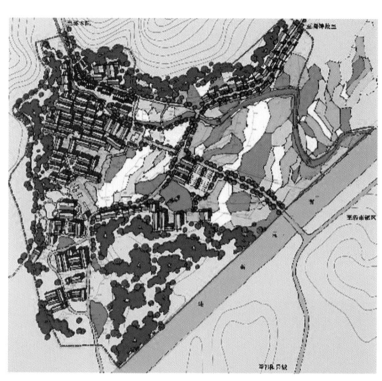

图 2-2-134　龙溪村（来源：湖南省住房和城乡建设厅提供）

的发展进程。因村院以北有一条自西向东蜿蜒绵长、常年流水不断的龙溪故名"龙溪村",又因宗族血缘关系,历代相传聚居于此的皆为李姓子孙,人们又习惯地直接称之为"龙溪李家大院"。

龙溪李家大院古民居建筑群坐落于山环水抱之中,背枕连绵起伏如龙腾飞的象牙山,又有龙溪水经村,自西而东流向湘江。村前田野广阔,阡陌纵横,田园染绿。龙溪村地处暖带绿阔叶林红壤地带,山林面积广阔,竹木资源丰富,大院背山面水而筑,体现了建筑与山水和谐相处的湘南民居特色。

（二）建筑形制

龙溪村李家大院始建于明弘治十一年,历经 350 余年建成,大院由 500 多间房屋组成。整体布局呈"一村两院,一祠一溪"的格局。占地面积 22406 平方米,现存古建筑面积 11098 平方米,由上院、下院、新屋院、品字书屋、李氏宗祠组成。李家大院分上、下两院。建筑与整体环境协调,巧妙利用地势,依山傍水,布局灵活。上下槽门和正堂屋都是同一条视线,形成上下两条齐头爬行的长龙,充分体现了"天时、地利、人和"。房屋布局纵横有序,讲究通风透气,正、横屋之间有阶巷四达。龙溪李家大院原由老屋院、吊竹院、上、下院和品字书屋组成。现存的李家大院仅仅指上、下院和李氏宗祠,全院大部分房屋为直向排列,呈长方形,东西长,南北短,户户相连,井然有序。整个上下院是一个相互联系的整体,有游亭、巷道或檐廊相通。

李家大院内有一座封闭式的赏花大厅,四周加围墙,一条门出入。中间设餐饮桌式平台一个;两侧为客人和陪护人住房。厅后墙上半截全是七彩玻璃花窗。大厅前檐阶下,是一长方形大花园,石板铺地,方条石压边,四周一排排一层层的方条石架上,摆满各色品种的盆花。整座花厅显得清幽秀俊（图 2-2-135）。

图 2-2-135　建筑近景（来源：湖南省住房和城乡建设厅提供）

（三）建造

李家大院的上院与下院的地势落差 2~3 米不等，沿线都有大门过亭，顺坡势砌有石级上下相通。下院房子的结构、布局及工艺，与上院风格相似。

李家大院的上院左端，用大方石砌有三口相通的大方井，按水位高低严格分为饮水井、洗菜井和洗衣井。现堵塞无用，却使院后山脚、房前、屋后到处出现渗水井口，长年不涸。

龙溪李家大院的李氏宗祠，原是李氏族人祭祀祖先、集会和娱乐的场所。始建于清咸丰二年（1852 年），砖木结构，木柱梁架，砌青砖，盖青瓦。前后共 3 栋，两端为封火山墙。

正堂屋空间高大、空旷，是两侧横堂屋所不及的。正堂屋轴线上分布有多个游亭，联系两侧的天井（院落）。李家大院的祠堂位于村前，是全村的核心。村落按照"房份"的分支，分上下两院。最多的"王"字式院落空间为四进四厅，三个游亭。游亭两边为木板屋，称为"木心屋"。正堂屋是家族的公共活动空间，上下两院的祭祀及红白喜事分别在各自的正堂屋里举办。横堂屋没有祭祀供奉的功能，仅起到交通联系的作用，是与其他建筑的横堂屋功能的最大区别。

李家大院的横屋都是依山势而建，一栋栋整齐排列（图 2-2-136）。砖木结构，砌青砖，盖青瓦，圆木柱，石柱础，木梁架，木花窗，雕梁画栋。两端山墙飞檐翘角，中间大厅以游亭连接，通光透气。两侧有天井，为石板铺底，条石砌阶，还装有花孔地漏排水。所有房间地面都以方形砖墁砌，

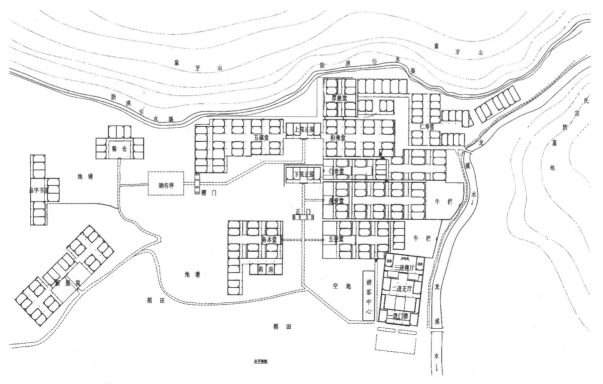

图 2-2-136　龙溪村平面图

或冻以印有花纹图案的石灰混泥土"蜡地"。正屋横屋布局严谨，巷道四通八达，全铺以四方石板，两边配以长形压条石。建筑屋顶由挑枋承重，铺用热传导效果较好的小青瓦。

以李家大院的闺房为实例，依山势而建，与其他横屋整齐排列。闺房五开间，共两层，每层八个房间（图2-2-137）。闺房为砖木结构，青瓦屋面，砖砌外墙，圆木柱，石柱础，木梁架，木花窗，雕梁画栋。硬山墙，为三跌。其木雕石刻，柱础、窗花等多姿多彩，墙顶也有线的艺术表现，特色鲜明，充分体现了古代工匠丰富的想象力和创造力。高度为两层，带有浓郁的地方色彩，属于重点风貌建筑（图2-2-138）。

（四）装饰

龙溪李家大院，简朴淡雅，是典型的明清江南庄园式建筑，特色明显。现保存完好的上、下院民宅，特别是李氏宗祠，集中突显了中国古代建筑的精美绝伦的装饰艺术和独树一帜的民俗文化及包含其中的地方特征。主体建筑以硬山为主，飞檐翘角，层楼叠院，错落有致。这些建筑的装饰构件，无论是雕梁画栋，抑或是木刻的雀替、驼峰、桃檐、牵杊、花格门窗，装饰艺术精美，石雕、木刻、泥塑、彩绘等各类寓意吉祥富贵的动植物图案以及历史人物故事随处可见，题材多样，反映了人们对美好生活的向往。建筑中无论是翼角堆塑、墙头彩绘，还是石雕的石狮石象、门槛柱础，无一不是精雕细琢，其形象逼真、神情生动，具有很高的审美情趣和艺术价值。山墙或正中的漏窗有圆形或方形"寿"字泥塑格窗，或粉有"心"形装饰图案，极像一块玉佩坠吊其间，别具一格，生动美观；全大院有木雕花窗252个，倾其所有的雕刻手法，精心雕刻着花卉、动物、虫鱼、鸟兽等，五花八门，形形色色，各具风姿；檐柱石础，形状各异，有鼓形、南瓜瓣形、六角形、八棱形、方形等，且雕刻着诸如花鸟虫兽、吉祥如意等异彩纷呈的图案纹饰，如"龙凤呈祥"、"福禄寿禧"、"麒麟送子"、"平安富贵"、"喜上眉梢"、"鱼跃龙门"、"马上封侯"、"八仙祝寿"、"太极"、"八卦"、"摇钱树"、"聚宝盆"等（图2-2-139~图2-2-146）。

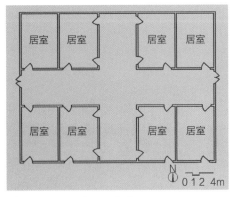

图 2-2-137 平面示意图
（来源：张晓晗 抄绘）

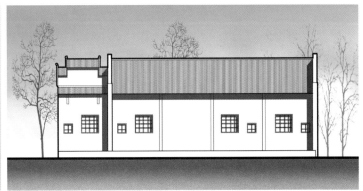

图 2-2-138 闺房立面图
（来源：张晓晗绘）

　　该建筑装饰精美，寓意丰富，乍看简朴淡雅，是典型的农人生活居所。但是，他们在弘扬优秀传统建筑文化和家族门风方面，却极为大胆活泼地倾注了他们所有的思想智慧和艺术匠心。建筑的装饰构件精雕细琢，其形象逼真、神情生动，具有很高的审美情趣和艺术价值。比如，游亭四角上翘，其上部四周装饰以木雕花团的格窗，下部两侧为木制格扇。众多游亭，具体的雕饰内容，绝不千篇一律，雕饰手法也各有千秋，绝不雷同；山墙两坡装饰的泥塑和彩绘，内容多为古代戏曲故事，至今色彩明丽，可圈可点。精美的石雕柱础共有239尊，具有极高的美学价值和历史研究价值（图2-2-143~图2-2-146）。

图2-2-139　整齐的屋脊
（来源：湖南省住房和城乡建设厅提供）

图2-2-140　游亭、山墙和飞檐
（来源：湖南省住房和城乡建设厅提供）

图2-2-141　石板铺地
（来源：湖南省住房和城乡建设厅提供）

图2-2-142　屋脊
（来源：湖南省住房和城乡建设厅提供）

图 2-2-143　抱鼓石上石狮雕
（来源：湖南省住房和城乡建设厅提供）

图 2-2-144　门枕石
（来源：湖南省住房和城乡建设厅提供）

图 2-2-145　神兽木雕
（来源：湖南省住房和城乡建设厅提供）

图 2-2-146　窗花
（来源：湖南省住房和城乡建设厅提供）

十六、郴州市桂阳县魏家村官厅

（一）选址与渊源

桂阳县龙潭街道昭金魏家村，位于桂阳县县城西向，距县城 5 公里。县道公路从魏家村南侧绕过，加强了魏家村的可进入性。村落坐北朝南，始建于宋嘉定六年（1214 年），距今 798 年。占地面积 50 余万平方米，现有人口 800 余口，现存清代单体房屋其建筑特色属客家风格，保持良好的有 50 余家。

村庄依山而建，布局紧凑，得其风水福地，与大自然完美结合。东、西、北三个方向均被群山环抱，似一朵被群山托着的花朵，含苞待放。整个村落布局有序，街道青石铺就，屋内青砖墁地；历数百年沧桑，神采依旧，保持着客家民风，体现渊源深厚、甚为珍贵的文化内涵（图 2-2-147）。

图 2-2-147 魏家村 1（来源：湖南省住房和城乡建设厅提供）

魏家村是中国传统村落空间历史遗存的缩影，凝聚了古代劳动人民的勤劳和智慧。村内有宗祠、官厅等代表性建筑，保留较好风貌的传统建筑有魏氏公祠、官厅和小官厅。村巷均用青石板铺就，户户相连，巷道以梯形为主，形成多变的巷景。其中魏明信官厅规模非常宏大，结构科学严谨，是全村的代表性建筑。

（二）建筑形制

官厅为魏喻义衣锦还乡，在此置办的家业，同治二年在此建立官厅，官厅在"文化大革命"期间住了 27 户农户，二楼每间房间互通，建筑保存完好。整个建筑为三进内天井式民居，前为荷塘，后有花园。由于年久失修，现在只有两户人家居住，经住户介绍，原先建筑入口前厅为昆曲戏台，与二楼相连，再通过天井入内，两边是房屋（图 2-2-148，图 2-2-149）。

（三）建造

官厅建筑结构为抬梁式，屋顶悬山样式，青瓦屋面，砖砌外墙。高度为 2 层，是清代的建筑，带有典型的清末建筑风格；带有浓郁的地方色彩，属于重点保护风貌建筑（图 2-2-150，图 2-2-151）。

（四）装饰

1. 窗

窗户为木制窗，绝大部分是带有典型清朝特色的花窗。建筑上的窗开的高而小，不直接对外开启，体现了防御的功能。窗户棂格的装饰图案丰富多样，各户不同，各种基本形式相互嵌套衍生出的图案，形式丰富多样，充分体现了其经济实用和美观相结合的特点（图 2-2-152）。

图 2-2-148　魏家村 2（来源：湖南省住房和城乡建设厅提供）

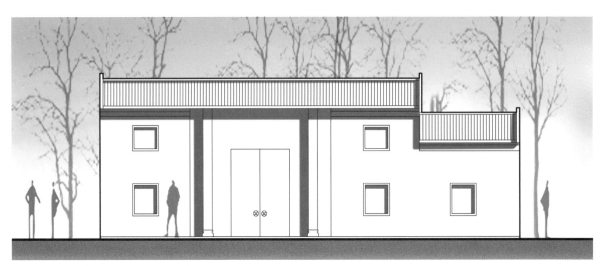

图 2-2-149　官厅正立面示意图（来源：张晓晗　绘）

图 2-2-150　屋面顶棚
（来源：湖南省住房和城乡建设厅提供）

图 2-2-151　官厅
（来源：湖南省住房和城乡建设厅提供）

图 2-2-152　窗格造型（来源：
湖南省住房和城乡建设厅提供）

图 2-2-153　马头墙
（来源：湖南省住房和城乡建设厅提供）

图 2-2-154　柱脚石雕刻（来源：
湖南省住房和城乡建设厅提供）

图 2-2-155　山墙墙绘
（来源：湖南省住房和城乡建设厅提供）

2. 马头墙

在聚族而居的村落中，民居建筑密度较大，不利于防火的问题比较突出，而高高的马头墙，能在相邻民居发生火灾的情况下，起着隔断火源的作用，故而马头墙又被称为封火墙（图 2-2-153）。

3. 浮雕

浮雕见于门条石、门槛石、柱脚石上，天井池内，木质门头上也有圆形木雕。其木雕石刻、柱础、窗花等多姿多彩，造型古朴大方，雕刻精致，墙顶也有线的艺术表现，特色鲜明，显示出古村落丰富雅致的生活情调，充分体现了古代工匠丰富的想象力和创造力。门头上内容多为太极八卦，天井池内多见云纹，其他部分上则内容丰富多彩，多以植物、动物、人物为主，体现平安、吉祥如意等愿望，颇具特点（图 2-2-154）。

4. 墙绘

古建筑的墙绘主要分布于建筑的门头及建筑外侧靠近屋檐的地方，内容多见云纹和花草。即使因年代久远，墙绘损毁得较为厉害，但仍然可见其生动活泼的流线，既寓意吉祥和繁荣，又有良好的装饰性（图 2-2-155）。

十七、郴州市桂阳县洋市镇庙下村民居实例

（一）选址与渊源

庙下村位于洋市镇东面15公里处，现整个村落东西长800米，南北长500米；占地面积达6万平方米，建房面积5万平方米。东临郴州市区，西邻洋市镇，北与永兴县板梁交界；东、南、西三面青山环抱，北为田园旷野。村前留置有300余平方米的休闲坪，坪内古柏参天，坪前有一500余平方米的大水塘；村前、村中流水潺潺，村庄沉入绿水青山之中，真可谓是水欢鱼跃，鸟语花香。距桂阳县城36公里，离郴州市区域30公里；京广高速铁路从乡东部穿过（图2-2-156）。

庙下村古民居群位于桂阳县洋市镇庙下村，始建于北宋大中祥符（1008年）年间，盛世于明

图2-2-156　庙下村1（来源：湖南省住房和城乡建设厅提供）

代永乐年间后。村落坐南朝北，整个村落占地面积达6万平方米，建筑占地面积约有5万多平方米，居住500余户，1600多人，民房300多栋。庙下村足有千年历史，村落中尚存有古民居215栋，约占全村总面积的五分之四（图2-2-157，图2-2-158）。

　　整个古民居群落布局有序，以四条纵向的巷子和一条横向的大街共同形成一个"册"字形。村西南为一区，谓"南阁"，布置一公祠。村中为二区，是明代建筑区，建筑祠堂和钟楼，留置休闲小广场，场内置有凉亭。村东部较大，区形为"王"字形，有130多栋民居，错落有致；东北角建造大祠堂，祠堂前建60多平方米的照墙，墙壁上置有10块石碑，祠堂前后近千余平方。在这些古民居中，绝大部分是清代建筑，明代民居有10余栋（图2-2-159，图2-2-160）。

图 2-2-157　庙下村 2
（来源：湖南省住房和城乡建设厅提供）

图 2-2-158　村内建筑
（来源：湖南省住房和城乡建设厅提供）

图 2-2-159　村落道路
（来源：湖南省住房和城乡建设厅提供）

图 2-2-160　村落小巷
（来源：湖南省住房和城乡建设厅提供）

（二）建筑形制

庙下村是古时传统村落空间历史遗存的缩影，凝聚了全部庙下村劳动人民的勤劳和智慧。民居整体错落有致，大街小巷，纵横交错，街道街面，都是青石板的条块建制，宽敞整洁，美观大方。村中的建筑，出于风水和朝向的考虑，门与门上屋檐檐口线有一个夹角，成为庙下村独一无二的特点。该民居具有湘南特色，内置天井、走廊、神堂；前开大门，侧置耳门；门前宽敞，砌有照墙，建制槽门，门有字匾。

该民居一层正中为堂屋，堂屋三层通高，两侧分布卧室和客厅，一条走廊将前后分隔，后布置卧室，二楼有仓库和卧室，三楼为阁楼，作仓库（图 2-2-161）。

（三）建造

庙下古村落建筑群风貌保留较好，该民居实例为清代建筑，高度三层，三层为阁楼，为穿斗式木结构，青砖砌筑外墙，青石板铺地，带有浓郁的地方色彩。

（四）装饰

庙下村建筑精美，细部装饰富有当地特色。木雕、泥塑、石雕有各种形态的动物和花卉，工艺精湛，非同凡响；马头栋宇，恢弘雄伟；飞檐翘角，栩栩如生。其中，门上花窗固定于墙上，不可开启，纤细的根格、精致的雕刻和镂花组成了一组组丰富优美的图案，其中雕刻内容为神话、故事人物或自然景致。建筑大门为双扇板门，材料坚固，防御性强。门上有铺首衔环，做法精美。门前两侧有门枕石，雕有纹饰（图 2-2-162~ 图 2-2-165）。

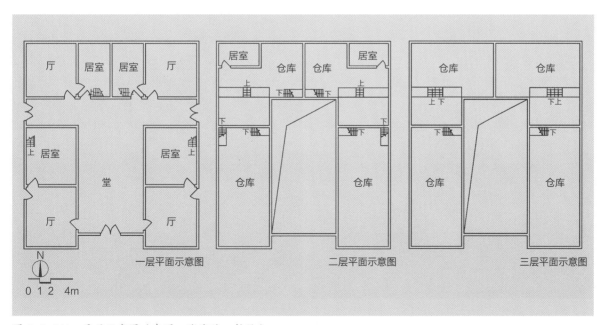

图 2-2-161　平面示意图（来源：张晓晗　抄绘）

图 2-2-162　窗格木雕
（来源：湖南省住房和城乡建设厅提供）

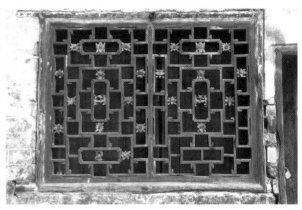

图 2-2-163　窗格样式
（来源：湖南省住房和城乡建设厅提供）

图 2-2-164　门锁
（来源：湖南省住房和城乡建设厅提供）

图 2-2-165　立面装饰
（来源：湖南省住房和城乡建设厅提供）

十八、郴州市汝城县外沙村民居实例

（一）选址与渊源

湖南省郴州市汝城县外沙村地处汝城县城西面约7公里处。西临岭秀乡，南与延寿、三星镇接壤，北靠马桥乡，东为城郊乡。省道324线穿村而过。村民多是明代太子太保朱英后裔，自明代迁徙以来，朱氏不断在此生息繁衍，逐步形成以朱氏血缘关系为主的聚落家族村庄。村庄与天马山隔河相望，背靠金星山，浙水河自东向西绕村而过，100多栋古民居以朱氏宗祠为中心，按照中国传统风水"五位四灵"的模式，围绕朱氏宗祠及主巷道整齐排列，充分体现古人"天人合一"的建筑理念和人与自然和谐统一的生存理念（图2-2-166）。

外沙村保存完整的古民居有100多栋，面积共计6500多平方米。从整体布局来看，巷道、沟渠构成了村落的基本骨架，祠堂等公共建设成为村落中最重要的公共活动中心和精神中心，井台、朝门、广场是人们日常交往的活动空间，庙宇、楣杆石是文化旌表性物质载体（图2-2-167）。

图2-2-166　外沙村（来源：湖南省住房和城乡建设厅提供）

图 2-2-167 外沙村太保里（来源：湖南省住房和城乡建设厅提供）

（二）建筑形制

全村 100 多栋古民居的建筑形制均以面阔 3 开间，青砖"金包银"硬山顶，一重封火墙为主；体量均以开间 11 米，进深 8.9 米为主；巷道用青石板、河卵石砌排水沟，走向、平面布局都保持一致；并按照"前栋不能高于后栋，最高不能超过祠堂的旧习"建造。民居屋顶形式皆为硬山，以青灰色为主调，青砖青瓦，色彩清淡而朴素，既是"儒家布衣白屋"的思想体现，也是"不要谁夸颜色好，便留青气在人间"的人生哲学的执意追求。形制方正竖直，有稳重、踏实、端正之感，是儒家传人堂堂正正做人，凡事讲究礼仪的品德规范的物化。冲出屋面的马头墙与屋顶形成块面与线条的强烈对比，既简洁又明朗。民居中心突出，规划严整，布局严谨，充分表现建筑理性的光芒，而感性表露的分寸把握也很得当，体现强烈的儒家思想倾向和对个性的严格规范。

民居平面构成以单座房屋为基本单元，采用"一明两暗"三开或五开间的平面形式。中间一间为堂屋，是住宅中最重要的房间，一般位于住宅的中轴线上，是会客、就餐、祭祀的地方。堂屋开间一般为 4~5 米，进深 7 米。堂屋楼面稍高，后隔出一截作为后堂（接堂背），设有楼梯上堂屋阁楼。接堂背与堂屋之间一般以木板相隔，也有用砖墙相隔的。堂屋两侧为侧屋，侧屋各隔成两部分，后半部分作卧室（俗称屋间），前半部分为厨房（俗称灶下），另一侧为杂物间（图 2-2-168~ 图 2-2-171）。

（三）建造

建筑为穿斗式结构，砖石墙，建筑结构为典型的砖木建筑，主要材料运用上，屋顶为小青瓦、琉璃瓦，墙体为砖墙，内部装修为木材。屋面是双坡木屋架，加盖小青瓦。屋顶大多是悬山式，在山墙内除墙外，一般不设木构架，而把砌墙一直砌到檐口，在檐口上铺瓦，并做砖封檐。屋顶脊尾一般用砖或瓦叠成高高翘起的样子（图 2-2-172，图 2-2-173）。

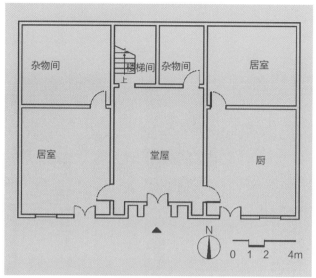

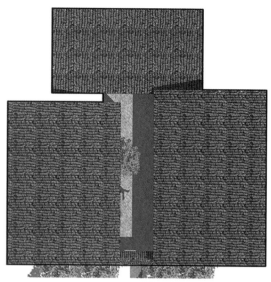

图 2-2-168 平面示意图（来源：张晓晗 抄绘） 　　图 2-2-169 民居院落示意 自绘

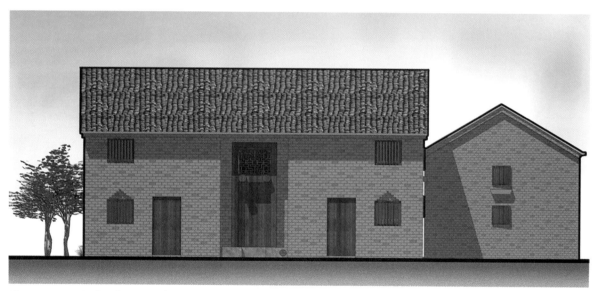

图 2-2-170 民居院落立面示意图 1 自绘

图 2-2-171 民居村落立面示意图 2 自绘

图 2-2-172　建筑沿巷联排（来源：
湖南省住房和城乡建设厅提供）

图 2-2-173　典型砖墙建筑
（来源：湖南省住房和城乡建设厅提供）

图 2-2-174　马头墙（来源：湖南
省住房和城乡建设厅提供）

图 2-2-175　门楼
（来源：湖南省住房和城乡建设厅提供）

（四）装饰

民居建筑有一重马头墙，既为防火，又为美观，马头墙一般做成"卷草"向上翘起，马头墙
墀头有一个人物雕像，使整个建筑轻巧灵动，美观别致，且有深刻寓意。

古民居大门门仪上方有讲究的门罩，用青砖迭涩外挑几层线脚做成门罩，加以垂柱，雕刻梁
枋，饰以鳌鱼花脊；书香门第则在门梁上的墙面嵌上镶边的字牌或书写字牌，衬以彩画、砖雕花板，
显得非常华丽。

大门的门簪浮雕各种八卦等吉祥图案，并饰以彩绘，雕工高超，犹如龙的眼睛，特别吸引人
的眼球（图 2-2-174，图 2-2-175）。

古民居的窗是直棂窗，简洁，明快。窗檐常用砖做成迭涩状或半圆形，同时，后期的窗檐受
西洋建筑的影响，窗檐饰以圆形的曲线山花，曲线两端分别挂着一个柱头"灯笼"，美丽秀观，体
现中西合璧的建筑风格。有一栋"人"形倒"蝠"（福到了的谐音）窗檐，别有一番风味。

图 2-2-176 花窗形式 1
（来源：湖南省住房和城乡建设厅提供）

图 2-2-177 花窗形式 2
（来源：湖南省住房和城乡建设厅提供）

　　大门上的窗户是花窗，外形美观，构造复杂，充分利用棂条间相互榫接拼联组成各种精美的图案，这些图案取材广泛，除常见的平纹、斜纹或井字形图案之外，还有动物纹样、吉祥文字和年轮图案等，点缀一些木雕画花心、结子等小饰件，增添了不少趣味。棂阁与棂阁之间有花草、飞禽等精巧的镂空花饰，显得精巧、活泼、富有生机和灵气。在墙的转角处一般有石勒角，勒角上多刻花纹、人物图案，既加固了房子，又装饰了建筑（图 2-2-176，图 2-2-177）。

　　民居中的门、窗、梁、枋上都有一幅幅精美的雕刻作品。装饰题材内容十分广泛，大多表现当地群众喜闻乐见的事物，集中反映了人们热爱生活、积极乐观、健康淳朴的精神面貌以及对美好生活的向往。主要有三个方面：其一是有关吉祥的图案，如"吉庆有余"、"五谷丰登"、"喜上眉梢"、"平安如意"以及"福、禄、寿、禧"等；其二是历史上的英雄人物、戏剧人物、神话传说、寓言故事等，供人欣赏之余还有教化的作用；其三是直接反映当地人民现实生活的题材。

　　民居不仅建造工艺考究，木雕巧夺天工，而且十分注重砖雕装饰，在门罩、屋檐和屋脊等部位都有砖雕。雕刻技法有阴刻（刻划轮廓）、压地隐起的浅浮雕、深浮雕、圆雕（不附着任何背景，适宜从多角度观赏的完全立体的雕刻技法）、镂雕（又称透雕，是将地板或背后镂空的浮雕）、减地平雕（阴线刻划形象轮廓，并将轮廓以外的空地凿平）、砖雕，内容丰富，题材广泛，或雕福禄寿禧，或雕梅兰竹菊，或雕神仙人物，随主人的理想抱负、志趣爱好而选择题材。砖雕色彩朴实而高雅隽永。

图 2-2-178 飞檐
（来源：湖南省住房和城乡建设厅提供）

民居中石雕一般多在柱础、门敦石、抱鼓石上。雕刻手法细腻、精湛。传统民居的装饰讲究"图必有意，意必吉祥"，是古人思维观具有象征性思维特征的表现，在外沙古民居建筑中，多以福禄寿禧、长寿安康、戏文故事、花草纹样为题材，往往通过自然现象的比喻关联、寓意双关、谐音取意、传说附会等形式，使人联想到神话故事、谚语古语、历史典故、民间习俗等内容，从而抒发求吉祥、消祸害的愿望，表达对美好生活的追求和对平安如意的向往。

外沙房屋结构严整、错落有致、飞檐翘角、雕梁画栋；壁檐彩绘、木雕石刻、精致素雅，栩栩如生；历数百年沧桑而不毁，实属罕见，是民俗文化与建筑工艺的完美结合。悠久而深远的历史与优美的自然景物交融一起，穿过沧桑的岁月，依旧光彩照人。是祖国宝贵的文化遗产资源，也是发展旅游业的宝贵资源（图 2-2-178，图 2-2-179）。

十九、郴州市宜章县白沙圩乡腊元村民居实例

（一）选址与渊源

腊元村位于湖南省郴州市宜章县白沙圩乡东南部，紧邻国家森林公园——莽山，南邻洛角塘村，东与对江水村相连，北靠笆篱乡平原村，西与才口村相邻，村域总面积380平方公里。明朝早期，腊元陈氏先祖闻中公卜居迁徙至气候宜人、环境优美的腊元奠定基业，繁衍生息。腊元村通过748乡道、765乡道、088县道与外界联系（图2-2-180~图2-2-182）。

腊元村位于莽山之阴，村前有清澈如镜的绿源水河，后有郁郁葱葱的后龙山岭（官帽山），整体形象又像观音坐莲，用风水学观点总结有四句话，"头戴纱帽岭、脚踏雷家塘，左边功德挂匾，右边蝴蝶飞山"，是个山清水秀、古韵悠悠的风水宝地。一幢幢古老的民居散布在乐水

图2-2-179 门簪
（来源：湖南省住房和城乡建设厅提供）

图2-2-180 腊元村
（来源：湖南省住房和城乡建设厅提供）

图 2-2-181　腊元村总平面（来源：湖南省住房和城乡建设厅提供）

河的上游，它们依赖这自然的山与水，有的临水而建，有的依山而造。

村落呈方格网状布局，村中民居大多数为东北朝向，建筑朝向面向"气口"。建筑群占地
64620 平方米，整体上坐西朝东，腊园古村的单体古民居均为青砖墙小青瓦两层砖木结构，先后建
成房屋 200 栋，厅堂 200 个，天井 200 个，共有巷道 70 条，最长的巷道有 500 米。

古村由上陈家、下陈家、老虎冲、谭师公四大群体组成。村内建筑规模宏大，整个建筑规划
格局是户与户各分，墙与墙相连，四面八方都是巷道，置身其中可以看到两侧湘南民居特色的高
墙夹峙的巷道，巷巷相似又道道不同，村子古民居多联排建筑，布局比较整齐，青砖墙夹成小巷，
见巷见墙不见宅（图 2-2-183）。

（二）建筑形制

腊园古村的基本单元，是由正房、左右厢房和前面房墙围合的带天井的厅屋组成，其规模不大，
但也并不局促，很紧凑实用。外观也十分朴素，青砖墙小青瓦，封闭、安静而舒适，山墙多为封火山墙。
这里的天井较小，小到只剩下一线天，堂屋里大白天都比较暗黑，可以解释的理由是湘南夏季十
分炎热，屋外空气的温度很高，而屋内比较阴凉，夏季要防止内外空气交流，所以村民们采用这
种小天井的方法来抗暑。

图 2-2-182　村落街道（来源：湖南省住房和城乡建设厅提供）

图 2-2-183　屋顶细节（来源：湖南省住房和城乡建设厅提供）

　　古村落建筑多以单幢房屋组合成群体而出现，所以建筑上就具有多种类型，而由于这里的古民居是对外封闭的内向型住宅，故腊园古村落采用的是互相紧邻的建筑形态，这样导致古村落建筑密度很高，村子的景观以小巷为主，仿佛整个村子是由巷子组成的。曲折的小巷里似乎只有两侧的墙连绵伸延，而并无单体住宅显现，住宅消失在没有个性的绵长高墙之后，只有比较精致的青砖门头作为点缀。少数民居的大门开在房墙中央，对着正房的厅堂，但大多数因为与街巷的关系而把大门开设在侧面，经厢房进宅。由于门是一组建筑的出入口（如宗祠、寺庙），它自然处在该建筑的显著位置，形式当然讲究。跨入门槛，通常由天井、正厅、鼓扇、道齿、左右厢房组成。若以正厅为轴，则左右均衡对称，体现了儒家中庸和谐的思想（图2-2-184）。

（三）建造

　　腊园古村的单体古民居均为青砖墙小青瓦两层砖木结构的清中晚期建筑风格，穿斗式木结构，单脊硬山顶，双垛封火墙，瓦面两倒水，街道平直，小巷曲折，石板铺地。

（四）装饰

　　腊元村古建筑群落属于典型的湘南民居风格，都是清一色的青砖黛瓦马头墙，在整齐划一中又追求变化，每栋建筑的门匾、斗拱、砖雕、木雕、石雕等构思精巧、千变万化。

图2-2-184　村内建筑（来源：湖南省住房和城乡建设厅提供）

　　雕梁画栋，是大屋建筑美的重要组成部分，令人目不暇接的雕画，栩栩如生。腊元的雕刻涵括木雕、石雕、灰塑、灰雕。木雕体现了湖湘木雕质朴的艺术风格，石雕以浮雕形式为主，有体现龙凤高贵贤德的龙凤雕，有寓意贤士云集的凤凰双飞雕，有体现腊元仙人崇尚耕读的人物雕，有寓意权威、富贵的双龙雕，有寓意平安、多子多福的公鸡、莲花、瓜果组图雕。显露出当地居民祈求天地仁和、健康长寿、子孝孙贤、家庭和睦、五谷丰登、家族兴旺的愿望。

　　腊元古民居非常注重"门文化"，门槛上有精美的石雕，门楣是镂空的木雕，门匾更是古建筑文化的精华，每户都刻有自己喜欢的精短格言，绘以山石花草等。格言有"人文蔚起"、"青屋藏书"、"和为贵"、"谦受益"、"忠厚传家"、"春华秋实"等，字体有的古朴苍劲、有的行云流水，体现了腊元人重道德礼仪、耕读传家的文化（图2-2-185~图2-2-189）。

　　腊元古建筑之妙还在于一方小小的天井，天井不仅仅有通风和采光的用途，更重要的是它寄予着腊元人浪漫的文人情怀，天井的墙壁是一件精美的艺术品，墙壁构建精美，并配有绘画、浮雕、诗词、楹联等，雅韵逼人（图2-2-190）。

图2-2-185　门匾1
（来源：湖南省住房和城乡建设厅提供）

图2-2-186　门匾2
（来源：湖南省住房和城乡建设厅提供）

图2-2-187　屋脊装饰
（来源：湖南省住房和城乡建设厅提供）

图2-2-188　石雕
（来源：湖南省住房和城乡建设厅提供）

图 2-2-189　窗窗花雕刻
（来源：湖南省住房和城乡建设厅提供）

图 2-2-190　天井
（来源：湖南省住房和城乡建设厅提供）

图 2-2-191　板梁村 1（来源：湖南省住房和城乡建设厅提供）

二十、郴州市永兴县板梁村刘绍苏厅

（一）选址与渊源

板梁村位于湖南省郴州市永兴县高亭镇境内，东邻高亭镇窝黄村，南接金坪村，西靠马田镇水源村，北壤马田镇塘前、红星村，对外交通十分便捷。村域总面积 3 平方公里，人口 2380 人。板梁村历史地名称营盘，后荣卿公将地名定为板梁（图 2-2-191）。

板梁古村落隐于黛绿青山之中，村落内小桥流水相连。村落背山面水、负阴抱阳，随坡就势，藏风聚气；村落整体依清泉而建，水绕村而流，坐东朝西，选址遵循"枕山、环水、面屏"的理想风水模式。建筑群占地 5.94 公顷，砖木石混合结构，檩条椽子灰瓦屋面，先后建成房屋 1762 间，建筑面积 39600 平方米，有巷道 61 条，共 3300 余米，有古桥、古井、古塔、凉亭、河流等历史文化要素 18 个。

板梁古村由分别以上、中、下三个宗祠为核心的三个建筑板块组成的三大群落构成，分为上、中、下三大房系，是典型的部落式建筑群体布局。建筑规模宏大，主要由祠堂、私塾、民居、古桥、古塔、古井、庙宇、古商街、古驿道、半月明塘等构成。村落随坡就势，造型师法自然，巷道、溪流、

图 2-2-192 板梁村 2（来源：湖南省住房和城乡建设厅提供）

建筑布局紧凑通融，空间变化颇有韵致。村中石板古巷连绵 3000 余米，纵横相连，既结实又美观，并有良好的排水性，即便是雨天也能保证路面干净清爽，自古就有"雨雪出门不湿鞋，设客五十不出村"之称（图 2-2-192）。

（二）建筑形制

刘绍苏，清代人，三品京官，其厅建于清光绪壬辰年（1892 年）。刘绍苏厅坐落在下村，坐东朝西，不但是板梁村重要保护房屋，还被评为省级文物保护单位。刘绍苏厅以天井为中心，是一座典型的湘南地区古民居，正房面阔 3 间，深三进，房屋 12 间，面阔 10.5 米，进深 26.65 米，檐高 5.3 米，占地 360 平方米，建筑面积 560 平方米，由前后天井、坎门、台阶、主厅、前厅、门厅、上房、下房、厢房、厢廊、厨房等构成（图 2-2-193~ 图 2-2-196）。

在刘绍苏厅中，越靠近轴线（堂屋）的住房等级越高，同时还存在左尊于右，正房尊于厢房，中进尊于上下进的规定。民居三开间三进，有着相对确定的使用位序：中进厅堂为主厅堂，主厅堂的左侧的第一间正房称"上大房"，是家中辈分最高的长辈（祖父母）的居所；位于主厅堂右侧的第一间正房称"上二房"，居住着家庭的管理者（父母）；位于主厅堂前与其隔着天井的厅堂为下堂（门厅），下堂左侧第一间正房称"下大房"，住大儿子；下堂右侧第一间称"下二房"，住二儿子；未出嫁的女儿居住在主厅堂后面一进正屋的正房中，可以避免外人窥视。刘绍苏厅平面在此基础规模上进行扩大，最后一进盖成两层。二楼是小姐绣楼，而一楼则居住其他的儿子（图 2-2-197~图 2-2-199）。

图 2-2-193　民居细节
（来源：湖南省住房和城乡建设厅提供）

图 2-2-194　立面雕刻
（来源：湖南省住房和城乡建设厅提供）

图 2-2-195　天井院落 1
（来源：湖南省住房和城乡建设厅提供）

图 2-2-196　天井院落 2
（来源：湖南省住房和城乡建设厅提供）

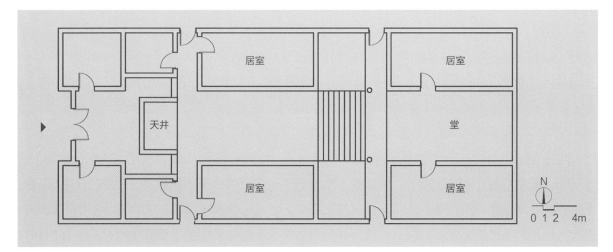

图 2-2-197　古民居（刘绍苏）平面示意图（来源：张晓晗　抄绘）

图 2-2-198　古民居（刘绍苏）剖面示意图（来源：张晓晗　绘）

图 2-2-199　古民居（刘绍苏）立面示意图（来源：张晓晗　绘）

（三）建造

　　刘绍苏厅建筑结构简单、朴实，采用南方多用的穿斗式结构，屋面为檩条椽皮小青瓦，青砖铺地，内、外墙为清水砖墙，并存在木墙。屋顶形式为硬山顶，朴实无华。

（四）装饰

　　刘绍苏厅装饰色调素雅淡秀，墙体有彩绘，屋角突起的马头墙异彩纷呈，檐饰彩绘，砖雕、雕花格窗交相辉映，斑驳的灰墙黛瓦，隐现建筑当年的生机与昔日的辉煌。刘绍苏厅采用对称布局，构筑严谨，装饰用的木雕、石雕工艺精美且装饰华丽，室内存留的家什也很齐全，是村落中保存最完好的建筑物（图 2-2-200~ 图 2-2-204）。

图 2-2-200　门格栅
（来源：湖南省住房和城乡建设厅提供）

图 2-2-201　院内石阶
（来源：湖南省住房和城乡建设厅提供）

图 2-2-202　室内家具
（来源：湖南省住房和城乡建设厅提供）

图 2-2-203　室内砖石铺地
（来源：湖南省住房和城乡建设厅提供）

图 2-2-204　壁画（来源：湖南省住房和城乡建设厅提供）

二十一、怀化市鹤城区芦坪乡尽远村陈氏老宅

（一）选址与渊源

陈宅坐落于鹤城区芦坪乡尽远村，村庄北部和南部主要为丘陵和山地，中部地势较为平坦，以耕地为主。地质土壤主要以红壤、黄壤为主，土层深厚，结构疏松，保水保肥性好，有机质含量较高，植被以杉树种居多。气候属亚热带季风气候区，区域内四季分明，夏无酷暑，冬无严寒，气候适宜人群居住。

全村为一个集中院落，辖6个村民小组，三面环山，负阴抱阳，藏风聚气，北靠信号山，东依走马田山，西临团山一带，古村坐北朝南，依山而建。在村口建有5个出口，巧妙设计、修建了两座坚固的隘口。隘口一夫当关，万夫莫开。隘口与北边的尽远古村建筑群三角鼎立，相得益彰。

建筑群交通便利，县、乡两级公路贯穿村落民居群并向东南延伸，两条次级道路有机向内部生长，沟通内外的联系，形成了复合贯通的道路格局；整个村落布局合理、错落有致，形制规整，工艺考究。古巷道、古井，古建筑的门楣、门柱，墙头上的书画、雕刻，内容风格各异，反映出不同时代风貌和不同主人的理想情趣，形成一个颇具规模的明清古建筑群，其内部建筑单体分布在石板墁铺的村落道路两侧，远远望去有如佛手握珠之状，山野环抱，山水相依，青瓦白墙与荷塘交相辉映（图2-2-205，图2-2-206）。

图2-2-205 尽远村
（来源：湖南省住房和城乡建设厅提供）

图2-2-206 村内建筑
（来源：湖南省住房和城乡建设厅提供）

（二）建筑形制

陈宅地处怀化境内，与侗族文化交融密切，故建筑上不但表现汉族民居的典型特点，也体现出侗族地面式住宅建筑的特色。建筑建于明末清初，为独栋正堂式民居建筑，四排四柱，三开间二进深，楼高两层，一楼有堂屋、卧室以及杂物间，二楼为仓库和客房，楼的一端另配偏厦，设楼梯上楼。建筑整体结构为穿斗式木结构，在两端另砌砖墙起封火作用。

一层为封闭式堂屋，供家庭内部日常生活起居，堂屋两侧的房屋为正房，三者均分为前后两部分，堂屋后部及左边被卧室环绕，堂屋右侧则前部分设杂物间，后部分为厨房，供全家人饮食制作需求，卧室之间彼此联系，并同时与堂屋相连，关系紧密，出入方便；厨房则与杂物间相连便于取存食品；建筑同时向屋后开两门加强了与后院空间的联系。

位于室内角部的楼梯通向二楼，二层有三个隔间，用作储藏室，无木质隔板围合，空气流通，较干燥，用于存放东西、阴干粮食，还有很好的隔热散热作用。建筑整体保存完好，与环境彼此融合。建筑多数就地取材且适应当地建筑的结构要求。屋面干铺小青瓦，与木材的使用相得益彰（图2-2-207）。

（三）建造

房屋内部为穿斗式木构架，由于地区炎热多雨且全年潮湿时间长，墙下砖石基一般较高，室内设阁楼储物盒隔热，地面用素土夯实，屋顶形式为悬山，建造两层，且在二层留出檐下空间，加强通风，满足家庭晾晒和储物要求。由于本地木材、石材丰富，屋顶辅以杉树皮，以增加檐口的出挑长度，基础采用石砌，兼顾安全、经济和美观。由于材料或砖石垒砌，或木料支撑，建筑整体风格自然和谐，典雅朴实（图2-2-208）。

（四）装饰

受经济条件限制，民居建筑材料大多为原木、自然石，就地取材，量材而用，色彩淡雅清新。建筑除堂屋门及内部有所装饰外，其他地方装饰很少。如堂屋内镂空木雕花窗，纹饰精美，精湛美观；二层木梁上突出的雕花木雕，极具艺术价值。穿斗式的建筑结构暴露在外，是室内空间独特的装饰，营造了淳朴自然的美的感受（图2-2-209，图2-2-210）。

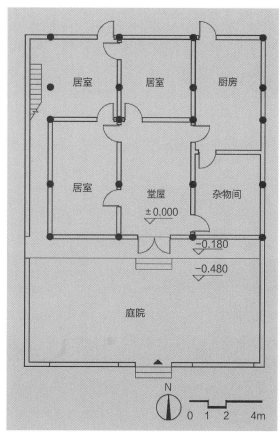

图2-2-207　平面示意图（来源：张晓晗　抄绘）

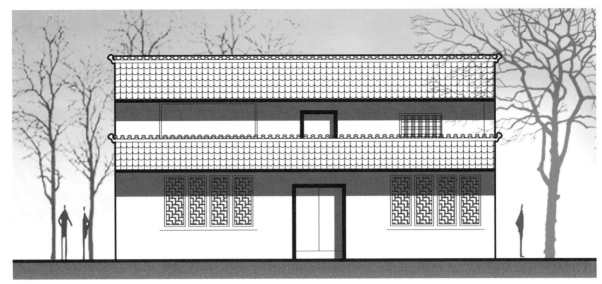

图 2-2-208　立面示意图（来源：张晓晗　绘）

图 2-2-209　入户门（来源：湖南省住房和城乡建设厅提供）

图 2-2-210　顶棚（来源：湖南省住房和城乡建设厅提供）

二十二、湘西土家族苗族自治州泸溪县达岚镇岩门村康家大院

（一）选址与渊源

康家大院地处湖南湘西泸溪县达岚镇岩门村古堡寨。村内主要聚居着汉族、土家族及苗族。明朝初年，朝廷为了加强对湘西苗民的控制，在凤凰、吉首、泸溪等地修筑数百里苗疆边墙和各类古堡、关卡，古堡寨即当时在岩门设置的用来抑制苗民抵抗活动的建筑群，是湘西地区苗疆防御边墙的重要节点。寨内现仍存有壕沟、高墙、望眼、窄巷等防御工事。古堡寨内圈为徽派建筑风格，外圈为修筑于土垒之上的苗族风格吊脚楼群。康氏族人于明朝经多次迁徙至此，至今已在此生活 25 代计 600 余年（图 2-2-211）。

（二）建筑形制

康家大院建于明代永乐二年（1404 年），位于古堡寨建筑群中心位置，占地 30 多亩，形似城堡，被古堡寨其他建筑拱卫于内圈。现保存较好，康氏家族居住于此。墙高院深，共计四处大门，

图 2-2-211 岩门村（来源：湖南省住房和城乡建设厅提供）

图 2-2-213 巷道（来源：湖南省住房和城乡建设厅提供）

图 2-2-212 屋顶（来源：湖南省住房和城乡建设厅提供）

图 2-2-214 柱廊（来源：湖南省住房和城乡建设厅提供）

院内相互连通，路径蜿蜒复杂，四通八达，别有洞天（图 2-2-212~ 图 2-2-214）。

整体形制院中套院，呈"回"字形，有五座独立建筑，包括三间二到三层正屋，为硬山顶式砖木穿斗式结构。正屋中设堂屋，作祭祖会客之用。院落两侧设厢房，楼梯外露。外院较宽敞，内院仅留细小天井，作采光、通风、排水之用（图 2-2-215，图 2-2-216）。

（三）建造

建筑整体为砖石木材混合构造，经 600 年风雨仍保存完好。湘西地区特殊的地理位置造就了特殊的房屋形态。内院房屋四面竖起封闭、高大的封火山墙，屋顶均向内放坡，中间为开放式天井，俯瞰如同地坑，形成"窨子屋"。"窨"即为"地下室、地窖"之意。安全性高，防御能力强，功能复合齐全。房屋用片石砌 1 米左右基角，后用青砖砌至顶，覆以黑瓦，檐边粉白，檐牙高翘。

康家大院还受到赣派建筑影响，屋顶两侧建有马头墙即封火墙。马头墙的构造随屋面坡度层层叠落，以斜坡长度定为三阶，也就是俗称"三叠式"，墙顶挑三线排檐砖，上覆以小青瓦，并在每只垛头顶端安装搏风板，再在其上安"座头"。

图 2-2-215　天井（来源：湖南省住 图 2-2-216　屋脊（来源：湖南省住房 图 2-2-217　窗格（来源：湖南
房和城乡建设厅提供） 和城乡建设厅提供） 省住房和城乡建设厅提供）

图 2-2-218　木雕（来源：湖南省住 图 2-2-219　南屋梁枋花牙子及、牛腿（来源：湖南省住房和城乡建设厅
房和城乡建设厅提供） 提供）

图 2-2-220　建筑柱下均有石柱础，上雕刻花纹瑞兽（来源：湖南省住房和城乡建设厅提供）

图 2-2-221　岩排溪村全貌（来源：湖南省住房和城乡建设厅提供）

建筑砖墙墙面以白灰粉刷，墙头覆以青瓦，两坡墙檐，白墙青瓦，明朗而素雅。

（四）装饰

康家大院整体保存完好，装修精美，梁、枋、窗、瓜子垂、石柱础等处均浮雕有繁复细致的花纹，内容多反映当地神话传说以及描绘民族精神图腾的纹样，彰显着匠人的手艺与当年屋主人的富足（图 2-2-217，图 2-2-218）。

大宅由院落分隔为南屋和北屋，南屋邻内院，用材及装饰较北屋精美。北屋厢房的花窗纹样多变，内容融合了汉苗文化，成就了生动的建筑木雕艺术。在建筑木构件门、窗、栏杆、额枋、撑拱、花牙子等处，多饰有图腾及花纹雕刻，技法多样，包括浮雕、透雕、刻划等（图 2-2-219，图 2-2-220）。

二十三、湖南省湘西土家族苗族自治州古丈县岩排溪村吊脚楼

（一）选址与渊源

岩排溪村位于湖南省湘西土家族苗族自治州古丈县高峰乡东部，与怀化市沅陵县毗邻，平均海拔 478 米，属喀斯特岩溶峡谷、隘谷和嶂谷地貌。

据说在明末清初，黄氏一支名叫"打虎匠"的先人，为了躲避瘟疫，从沅陵县太常村几经奔波，最后来到岩排溪安居扎寨，披荆斩棘，开造梯田，并修筑九条长达 15 公里的引水龙渠，将"九龙之水"引来灌溉良田，真正做到水旱无忧。在劈悬崖时，曾有"一升岩粉一升钱（铜钱）"之说。因村东头天生巨大排排平滑斜石板，村名"岩排溪"由此而来。

岩排溪村是典型的传统聚落形态，全寨共 130 户、598 人，是土家族、苗族、汉族 3 个民族文化碰撞的聚居地。岩排溪村历史悠久，人文历史演变脉络清晰，民族文化底蕴深厚，村庄古朴典雅，民风淳厚，具有强烈的民族及地方特色。先后被评为全国少数民族特色村寨、中国传统村落（图 2-2-221~ 图 2-2-223）。

图 2-2-222　村落远景图 1
（来源：湖南省住房和城乡建设厅提供）

图 2-2-223　村落远景图 2
（来源：湖南省住房和城乡建设厅提供）

（二）建筑形制

岩排溪民居建筑颇具特色：寨内建筑多为明清古民居，多为庭院式吊脚楼、转角楼、三合院（俗称双手推车式）式，吊脚楼最高达三层，富于变化，具较高的美学价值；建筑前廊设"美人靠"。为防匪盗偷袭，还筑有护宅土围墙，墙壁有枪眼和瞭望窗、瞭望孔。据悉，由于岩排溪居民惜地如金，平坦之处已开辟为梯田，而房屋常常建筑在偏坡上，故大门之外往往是一个较为陡悬的高坎，为保障行人和小孩安全，本地居民独创了一种建筑模式"美人靠"。这种做法与黔东南民居类似，而湘西其他地区不常见；建筑室内设"火床"的做法也别具特色，为酉长席地而坐的实物见证；建造中使用的立柱均为方形，堂屋两侧装板为"印壁"式，与立柱构成一个完整平面，光洁整齐，没有一点拼接痕迹，这种做法在其他地区比较罕见（图 2-2-224~ 图 2-2-227）。

（三）建造

本地居民独创了一种建筑模式，街沿之外，再用柱枋接上一个宽四五尺左右的延伸带，与正屋屋檐搭接，铺上木板，外置栏杆靠座，并配有吊瓜作为装饰，美观大方，这使得街沿与外延木板成为一个较宽阔的整体，上有青瓦遮雨，此为"美人靠"。担负起交流的场所功能，出入大门有个较为宽松的空间，每家每户之间的来往就在"美人靠"上进行。平时，靠座上可休息乘凉，休闲娱乐，每逢红白喜事，这美人靠就是大摆宴席的理想场所，将吊脚楼的空间延伸和"美人靠"的平面延伸有机结合，实现了建筑的美学价值和实用价值的完美融合（图 2-2-228~图 2-2-230）。

（四）装饰

在建筑工艺上，岩排溪独创了一种名叫"捶印壁"式的装修工艺。这里的建房木柱，通常修整成四方形，正屋两侧装板均为"印壁"。"印壁"事先按尺寸做好后，再安装上去，使立柱与"印壁"构成一个完整的平面，油上桐油，光洁若镜，看不到一丝一毫的痕迹，此乃其他地区所罕见。村落内开垦梯田、开渠引水，无论旱涝收成都有所保障，多数村民家境殷实，常常引得兵、匪、盗垂涎，为防匪盗偷袭，这里的民居建筑有高大的护宅土石围墙，壁有枪眼和瞭望窗口，兼有防卫、防火、居住多种功能（图 2-2-231）。

图 2-2-224　双手推车式建筑形式
（来源：湖南省住房和城乡建设厅提供）

图 2-2-225　美人靠
（来源：湖南省住房和城乡建设厅提供）

图 2-2-226　道路（来源：湖南省住房和城乡建设厅提供）

图 2-2-227　建筑与道路（来源：
湖南省住房和城乡建设厅提供）

图 2-2-228　建筑近景（来源：湖南省住房和城乡建设厅提供）

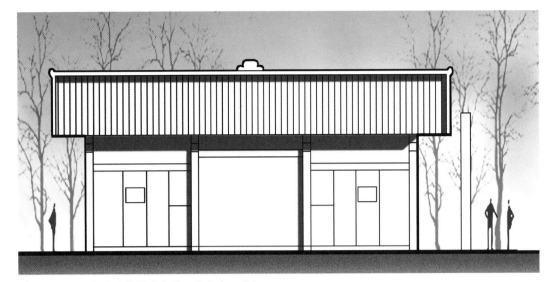

图 2-2-229　立面示意图（来源：张晓晗　绘）

图 2-2-230　剖面示意图（来源：张晓晗　绘）

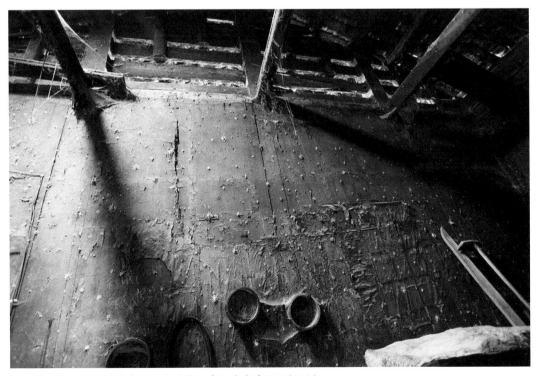

图 2-2-231　捶印壁（来源：湖南省住房和城乡建设厅提供）

第二章 参考文献

[1]   石静. 湘南传统建筑民居建筑符号及生态性研究[D]. 湖南大学，2003.

[2]   湛先文. 湘南古村落保护规划研究——以龙溪古村为例[D]. 中南大学，2011.

[3]   伍国正. 湘东北地区大屋民居形态与文化研究[D]. 昆明理工大学，2005.

[4]   何峰. 湘南汉族传统村落空间形态演变机制与适应性研究[D]. 湖南大学，2012.

[5]   肖湘月等. 湘中南地区传统大户宅第探析——邵东县荫家堂老屋[J]. 中外建筑，2010.

[6]   唐晔. 湘南汝城传统村落人居环境研究[D]. 华南理工大学，2005.

[7]   汤毅等. 历史文化名村汝城县金山村的景观特色分析[J]. 中南林业科技大学学报：社会科学版，2011.

[8]   李哲. 湖南永兴县板梁村建筑布局及形态研究[D]. 湖南大学，2007.

[9]   许建和. 地域资源约束下的湘南乡土建筑营造模式研究[D]. 西安建筑科技大学，2015.

[10] 乐地. 湘南民居中吉祥图的运用与研究[D]. 湖南大学，2004.

[11] 潘莹. 江西传统聚落建筑文化研究[D]. 华南理工大学，2004.

[12] 郭宁. 长沙地区特色餐饮建筑空间环境研究[D]. 湖南大学，2007.

[13] 求索. 岳阳张谷英村明清民居建筑的活化石[J]. 资源导刊：地质旅游版，2015.

第三章 | 湖南土家族
传统民居

- 土家族传统民居综述
- 土家族传统民居实例

第一节　土家族传统民居综述

一、基本概况

　　土家族原属古代"蛮人"的一种，先人是古代的巴族。目前主要分布在湖南、湖北、贵州和四川四省交界的部分地区。根据我国第六次人口普查数据，全国共有土家族人口数为8353912人，占全国少数民族人口的7.34%，仅次于壮、回、满、维吾尔、苗、彝族，在全国少数民族中人口排第七位，其中湖南2632452人，占全省少数民族人口的40.18%。湖南省土家族主要有湖南湘西的永顺、龙山、保靖、古丈、凤凰、吉首、泸溪、大庸、桑植、慈利、武陵源等县市区；湖北鄂西的来凤、鹤峰、咸丰、宣恩、恩施、利川、建始、巴东、长阳、五峰等所辖的各县、市、区以及常德市的石门、怀化市的沅陵、溆浦等县。现今湘鄂渝黔边土家族聚居区域，在古代属黔中郡、武陵郡的范围，现在主要为重庆的石柱、酉阳、秀山、黔江、彭水等县，贵州的沿河、印江、思南、铜仁、德江、江口等县。

　　湖南地区土家族主要分布在湖南省的湘西地区，这一地区统称为"武陵源"，古称"武陵"。武陵山脉位于重庆、湖南、贵州、湖北四交之地（东经108°00′~110°00′，北纬27°00′~30°00′），面积约为10万平方公里。该山脉为东西走向，呈岩溶地貌发育，全长约420公里，一般海拔高度1000米以上，最高峰为贵州的凤凰山，海拔2570米，主峰为贵州铜仁地区的梵净山。贵州的铜仁地区，所辖县市为：铜仁市、万山特区、松桃苗族自治县、玉屏侗族自治县、沿河土家族自治县、印江土家族自治县、德江县、石阡县、江口县、思南县等；湖南省张家界市，辖桑植、慈利两县和武陵源、永定两区；湖南省的湘西州，辖吉首市、龙山县、永顺县、古丈县、保靖县、花垣县、凤凰县、泸溪县。"武陵地区"是以武陵山脉为中心，以土家族、苗族、侗族为主体的湘鄂渝黔四个省（市）毗邻地区，共有9个市（州），总面积为15万多平方公里，有土家族、苗族、侗族、白族、回族和仡佬族等30多个少数民族。

　　土家族地区有数千条大小不一的河流纵横环绕在其周围，著名的有清江、楼水、唐岩河、酉水、武水、乌江等河流水系。这些河流的流向各异，有的西入乌江，有的南汇沅水，有的北注长江，但无论是大河还是小溪，最后都汇集于长江。武陵山脉是乌江、沅江、澧水的分水岭，主脉自贵州中部呈东北—西南走向，主峰梵净山高2494米。该地区气候属亚热带向暖温带过渡类型，平均温度在13℃~16℃之间，总体上说土家族地区属亚热带季风湿润气候，温湿多雨，水热同期，夏无酷暑，冬无严寒，雨量丰沛，四季温和。雾多湿重，风速小，日照充分。但由于地属山地地形，高山和平地间气候的垂直差异明显：山顶是亚寒带气候，山腰是温带气候，山下是亚热带气候，气候情况随着海拔高度的变化而有所不同。

二、历史文化

土家族,史籍中称谓较多。秦汉时,以其崇拜白虎被称为"廪君种",或以使用武器特征称为"板楯蛮",或以其人呼"赋"为"賨"而称为"賨人";属巴郡"南郡蛮"和"武陵蛮"的一种。此后,多以地域命族,被称为"溪蛮","楼中蛮","巴建蛮","信州蛮","阳蛮"等。宋代,出现了区别于武陵地区其他族别而专指土家的"土民"、"土蛮"、"土兵"等名称。以后,随着汉人大量迁入,"土家"作为族称开始出现。湘西土家族聚居区因水路交通的便利而能与外界有着广泛的联系。从土家族聚居区周边文化圈上看,土家族位于中原文化、滇黔文化和巴蜀文化的交界地带。其中,滇黔文化是以"山地"为发展空间,以帝瑶、百越等众多南方少数民族为主体,其主要生产方式以"渔耕"为主,由于受到地形的影响,其建筑形态多以干阑式为主。巴蜀文化是以"平原"为发展基质,带有浓烈的农耕文化色彩,该文化自秦以后深受中原文化的影响,其建筑形态以合院为主。由于土家族聚居区地理位置的特殊性,其建筑文化受到滇黔文化、中原文化、巴蜀文化的共同影响。

虽然土家族文化在与其他民族的文化交流融合过程中不断地整合与变迁,但其依然保持着许多自己民族特质,其文化底蕴特色鲜明。土家族有自己的语言、独特的民族传统节、民族服饰、民族风俗习惯等。如信仰"土老司"、"梅山神",过"社巴节"等节日,着装上面的"西兰卡普",以及歌舞方面的"摆手舞"、"茅古斯"与"梯玛神歌"等,都有别于其他的民族。这些土家民族工艺与民族艺术不仅是土家儿女日常生活的一部分,也极具艺术表现力。

三、民居建筑形态

(一)基本特征

湘西土家族彭姓世袭土司王位达数百年之久,直至清康熙年间"改土归流",因此其政治地位较高,汉化影响较深,生活习俗和居住形式已与汉族差别较少。土居多近城镇,聚族结寨而居,规模形制较苗居为大。并以姓氏为寨名。入寨通道原设有坚固寨门,寨中心常辟大坪,为集会议事之用,其旁有碾坪,为演武场地。也有的在寨中建置摆手堂,为公共娱乐、祭祀活动场所。经过长期的发展和融合,明清时期土家族民居基本上形成了较为稳定的形态。

目前,对于土家族民居的分类方法较多,基本上由三大部分组成:三开间正屋,吊脚楼,辅助空间。通过这三个基本部分的演绎和组合,土家族民居基本上可分为独栋式、组合式和合院式三种类型。

一般住房以三五开间一字形木构悬山瓦房为主,但两侧突出歇山或重檐厢楼,形成凹形平面,耸立山坡成为其显著标志和特色。内部房间的使用颇近汉族,与苗居有所区别。中为堂屋,供祭祀、婚丧喜庆活动,也是织锦用房。左右为"人间"(正房),以中柱为界分前后两室,左前室有火塘,视为神圣,不准踏脚,以免猥渎神明祖宗;左后室为长者居住。右边"人间"为晚辈住室。

正屋端头接披水做灶房、畜圈、厕所等。两端厢房则下做仓库，上作书斋、客房、闺房、绣楼之用。各室多用板壁分隔。除堂屋外，其余多铺楼板，设置阁楼，供储藏之用，或兼作卧室。室内应用桌椅、床柜等家具，已与汉族无异。木构架以穿斗为主，用料较大，多用满瓜满枋，挑枋呈弧形上挑，刚劲有力，承以雕饰构件，十分突出。构架中尚留有"抬檐耸脊"（即"举折"）、"升山垮斗"（即"生起"）与"四面八抓"（即"侧脚"）等早期传统作法，表现出木构的稳定、轻盈的生动造型。坡地建房，多无台基，或台基甚低，只将地面稍做平整，便立木柱。柱下用石垫平，柱脚全部用穿枋连系，形成整体框架，较为坚固。城镇大宅亦多封火外墙的"印子屋"，以天井过亭组合，有"三进两亭"以至"五进四亭"的，起伏的封火墙、高耸的过亭、精致的装修显示其突出地位。沿街民居亦多与店铺结合，柜台外露，饰以雕花栏杆等。沿河则多成悬挑的吊脚楼形式，构成山城的景观特色。家族民居总是在中心建造正房，基本上是正房 3 开间，悬山屋顶，出檐深，为长边方向进入，在单侧设置吊脚楼，这种情况下平面多为 L 字形。也有两侧都配置吊脚楼的情况，平面形成 U 字形。猪、牛、山羊等家畜棚与厕所一般设置在与主屋稍微分开的地方，其中家畜用房也有设置在吊脚楼的底层的情况。总的来看，土家族民居由以下要素组成：

1. 正屋

正屋是土家族民居的主体部分，也可作为独立的民居形式。正屋一般采用三开间，也有少量四开间、五开间甚至更多开间的形式。堂屋是精神中心，通常设置在正房的中央部位，较其他房间稍宽，屋内供奉"天地国亲师"牌位，许多仪式在此进行。堂屋两旁的房间称为"人间"，呈对称布局，由中柱将其分隔成前后两间，前面是火铺屋，一般用木地板铺就，高出地面约 30 厘米，中间用条石围合出一米见方的火塘，兼具炊事和采暖两项功能；后部房间则作为卧室使用。一般从堂屋进入卧室都必须先通过设有火塘的房间。如果堂屋比较宽敞，人们会在其后增设一间杂物间，通常做法是将厨房或杂物间放置在建筑两边的偏厦。清改土归流以后，伴随着汉文化的强制传播，三开间正屋这种新的民居形态开始普遍出现。它不仅结合了土家族传统的生活方式——火塘，还很好地继承了汉族民居三开间的布局形式。这不仅反映了外来建筑形式的地域适应性，也反映了民居的实用性（图 3-1-1）。

2. 吊脚楼

吊脚楼是土家族民居的标志性建筑形式，该形式早在周朝以前便已在湘西形成。尽管土家族建筑文化在汉文化的冲击下不断变迁，其诸多文化特征消失，但从吊脚楼这一可识别性较高的建筑形式上不难看出，它是对土家族传统文化的一种传承与发展。吊脚楼不仅反映了土家族的传统文化、审美需求和民居的实用性，也是对地形的积极适应。吊脚楼一般不单独存在，通常与正屋结合而建，位于正屋的右侧或左侧，抑或是在其两侧都有吊脚楼。吊脚楼一般是上下两层，也有少量三层楼的情况，底层架空，外走廊挑出，其较为开放的空间组织与封闭的正房形成鲜明对照。与正屋相比，土家族吊脚楼特色一般表现为其外伸悬挑楼阁较多。由于吊脚楼具有可利用悬挑梁获得较大空间

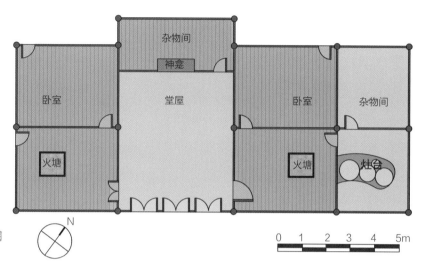

图 3-1-1 土家族民居布置图
（来源：张艺婕 绘）

这一特性，这类建筑形式能较好地适应河岸、陡坡等较为苛刻的建设条件，利用自然地形的高差起吊，在临空一面悬挑出走马廊，形成了形态各异的底层架空的形式。而在无地形可用的情况下，则在正屋两侧做吊脚楼，将正屋上层穿枋加长，以承托向外延伸的部分。无论建筑的平面怎样变化，土家族传统民居中外伸悬挑的楼阁都比较多。由于地形平整和商业建筑的原因致使城镇老街两侧的商业建筑较少利用走马廊外，几乎所有的土家族传统建筑都喜爱结合地形的高低设置这种特殊的外伸悬挑楼阁——走马廊，其楼阁飞檐翘角，点缀在青山绿水之间非常别致。

3. 厢房

厢房一般是作为合院建筑中前后两进建筑的联系部分，有的合院民居中还利用厢房或过厅部分作为建筑的次入口，如龙山县里耶镇长春村胡家大院。

4. 披

披是指依附于主体建筑，或从主体建筑延伸出来的单坡房屋。这种房屋比主体建筑低矮，或沿着主体建筑的屋顶顺延，一般作为辅助用房。披在合院建筑中基本不用，一般加在正屋的两侧，作为厨房或杂物间。

5. 天井

天井是宅院中房与房之间或房与围墙之间所围成的露天空地的称谓，是四面有房屋、三面有房屋另一面有围墙或两面有房屋另两面有围墙时中间的空地。它是南方房屋结构中的组成部分，一般位于单进或多进房屋中前后正间中，两边为厢房包围，是进深与厢房等长，宽与正间同，地面用青砖嵌铺的空地，因面积较小，光线为高屋围堵显得较暗，状如深井，故名天井，不同于院子。土家族"冲天楼"是天井的特殊做法。位于湖南省湘西土家族苗族自治州龙山县苗儿滩镇树比村的土家冲天楼是目前唯一存留的冲天楼建筑范式，其做法是在天井顶部伸出两座重檐小楼。屋面与升高部分之间形成的高差不仅可以起到采光遮雨的作用，还丰富了整座建筑的造型特征。

（二）平面形制

土家族人民根据使用功能的要求，在地形条件和经济条件的限制下，充分发挥人民的创造性和智慧，逐渐形成了以下三种基本的平面形式：

1. 一字形——其开间按一字形横向排列，面阔通常为三间，造型朴素，简洁实用，是土家族民居最基本的形式。正屋中间为堂屋，不设天花，暴露屋顶梁架。堂屋为全家族共有的空间，其内设有神龛，用以祭祀祖先神灵。堂屋一般被作为起居空间使用，同时也可作为完成一些简单农活的场所。堂屋两侧的房间呈对称布局，以中柱分隔成前后两间，前为火塘屋，后为卧室，一般会设天花板形成阁楼。

2. L形，又称"钥匙头"。此类住宅以一字形正屋为主体，在一头尽端，向前加一两间厢房，其平面造型状如钥匙，故有"钥匙头"之称。厢房与正屋垂直，故也称"横屋"，它使房屋从"一字形"扩展成"L形"，并成为土家族民居最普遍的一种比较固定的类型。其正屋基本不变，主要的变化在厢房，通常做成吊脚楼形式。

3. U形，又称"三合水"、"双吊式"或"撮箕口"。这种形式的房屋平面一般为三开间的一字形正屋，与其左右两端对称厢房形成的吊脚楼，组成"三面闭合，一面看天"的簸箕形状。

（三）结构特征

土家族民居中的木结构部分都采用穿斗式木构架，一般沿进深方向立三至五柱，每两柱之间宽2至3步距，每檩下面都有瓜柱支承，瓜柱（也称短柱）又都承托在挑檐穿枋或挑檐穿枋下面的锁扣枋上（图3-1-2）。柱数加瓜数称几柱几瓜，是表示房屋进深的尺度。立柱与瓜柱之间用横向穿枋联结，除居中的脊檩外，一般每左右一檩间用一根穿枋联结，当檩距较大时，也有一檩间用两穿枋联结的。同时，不论采用一檩一穿或一檩两穿，都是"满瓜满枋"，即每一根瓜柱全部都落在最底下的一根枋上，每一根枋都通贯两端。这种结构方式极具规律性，构架中的柱、瓜柱和穿枋按照建筑进深的大小，呈现出明显的组合规则，常见的有三柱四瓜、三柱六瓜、五柱四瓜、五柱八瓜等（图3-1-3）。虽然这种结构形式较为死板，缺乏灵活性，但这种构架是穿斗式构架中整体性最强、最严谨的结构方式。相对于正房而言，吊脚楼的结构方式稍稍灵活一些，但是构架体系仍然是"满瓜满枋"。

除杂房外，土家族木构民居的出檐都较深，以达到防潮防湿的效果。正屋檐部一般伸出两檩，都从穿斗屋架中伸出挑枋承托檐檩，一般是用长短两根上弯挑枋分别承托两檩，也有采用棺墩式的。在挑枋的营造上，土家族民居有独到的处理手法。尤其是檐口处和吊脚楼下面的挑枋，出挑深远，且端头大、往上翘，该做法是木构建筑中绝无仅有的。富有浓郁民族特色的土家转角楼，下部都是由三面挑出的走马廊支承，挑枋都采用弯木制作，由挑枋承托左右廊梁的端部，在廊梁交接处即挑枋端部上立柱。我国木结构房屋的一个重要特点就是榫卯技术，在建造木结构建筑时可以不用任何胶结材料和铁钉，这一建造技术充分体现了我国各族人民的勤劳智慧。

土家族的平面形制示意　　　　　　　　　　表 3-1-1

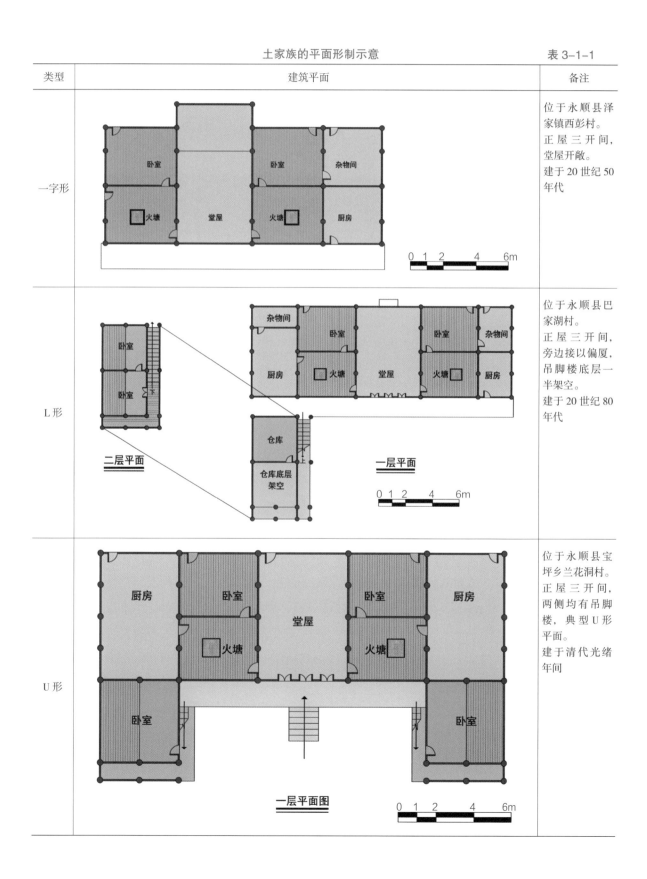

类型	建筑平面	备注
一字形		位于永顺县泽家镇西彭村。 正屋三开间，堂屋开敞。 建于 20 世纪 50 年代
L 形		位于永顺县巴家湖村。 正屋三开间，旁边接以偏厦，吊脚楼底层一半架空。 建于 20 世纪 80 年代
U 形		位于永顺县宝坪乡兰花洞村。 正屋三开间，两侧均有吊脚楼，典型 U 形平面。 建于清代光绪年间

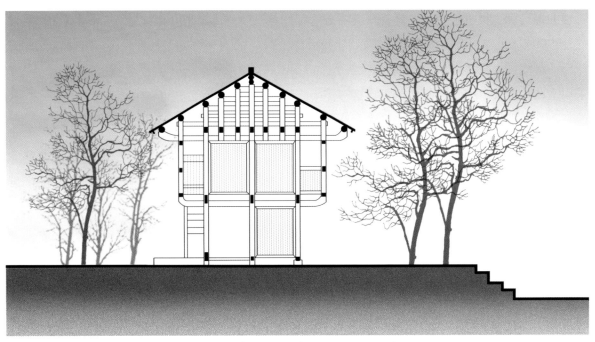

图 3-1-2　保靖县迁陵镇龙溪村王发明住宅吊脚楼构架（来源：张艺婕　绘）

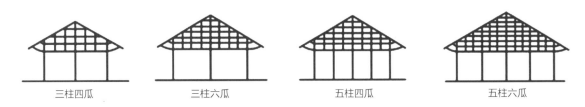

图 3-1-3　土家族房屋柱网排列方式（来源：张艺婕　绘）

　　湘西土家族民居的围护构件和承重结构基本上都是由木材构成，其建构技术与施工工序已发展得相当成熟：檩、穿枋、柱等的尺寸都有一定的规格，事先按尺寸做好，到现场加工安装即可。

（四）材料与装饰

　　土家族民居建筑细部的精美雕琢自其等级限制取消后，充分反映了土家工匠对美的追求和其成熟的技艺。土家民居为减少建筑结构的单调、僵直感，丰富其建筑造型艺术，不仅在立面装饰上吸收了如斗栱、雕刻、卷棚等诸多的汉族建筑元素，也通过对吊脚下的"瓜子垂"、走廊栏杆、门窗花格、门头饰、柱础、屋梁等细部赋以各种线形造型的花纹图案装饰，展现了土家族特有的个性和审美。其中窗户是建筑装饰最为精彩的部分。窗户上的木雕窗花以及圆形、菱形、长方形、多边形等各式窗格都是用三分宽的木条装饰而成。土家族居民重视吉利祥瑞的观念也在各式各样的窗花图案上得到很好的诠释：如人们为展现对幸福美好生活的向往，通常会将龙形符号或百鸟图雕刻于门窗之上；又例如桃子的图案常与寿有关，蝙蝠的图案表示福气等。除此之外，土家吊脚楼的走马廊也极具特色，尤其是悬挑的走马廊外侧栏杆，其装饰艺术令人惊叹。除了直棂栏杆外，土家族居民常用万棱条、回纹等纹路装饰栏杆，并以"瓜子垂"对其柱顶收头。吊瓜有金瓜形、球形、八棱、六棱之分，其末端的圆锥形雕饰为吊金瓜。"瓜子垂"也常用在挑枋骑下，悬挑柱子采用垂花柱形式，柱子之间用月梁连接，使吊脚楼显得活泼、轻盈，也在细部上取得统一。丰收的谷物常常被土家族居民晾晒在走廊的地板上或悬挂在栏杆上及楼板下，为吊脚楼增添了缤纷的色彩。在房屋中大面积使用的木构件与经过精雕细琢的栏杆、门窗相比，反而体现了不事雕琢的粗犷性格，极具反转的美感。墙壁通常由八分厚的木板构成，光平耐用。除集镇商店铺面的门窗外，土家族民居的窗口一般都开得不大。厅堂门的细部在处理手法上显得较为朴实，没有过多的装饰，普通人家的门房多以实拼板门构成。马头墙被广泛应用于湘西传统城镇民居、村寨大户人家的住宅及祠堂中，其形式灵活多样。墙体通常由青砖砌成，高出屋脊的部分做成平行的阶梯，或成弓形，或呈鞍形，或呈梯形，具体形式皆由主人和工匠的喜好来决定。为丰富马头墙的装饰效果，人们常采用黑色与赭红描绘的弧形曲线对其线脚进行刻画。土家族民居也引入了南方民居中常见的建筑元素，如漏窗格门、回廊、敞厅等。从封火山墙的处理、门窗花饰中祈福的吉祥图案、堂屋里的装饰符号等细部与装饰风格可以看出土家族与其他各族民居的文化交流与融合。总的来说，土家民居的装饰风格简洁有序而又不失细腻，既重美观、又讲实用，最终成就了土家民居朴实自然的形象美。

第二节　土家族传统民居实例

一、湘西土家族苗族自治州古丈县红石林镇老司岩村杨家大宅

（一）选址渊源

　　杨家大宅地处湖南湘西古丈县红石林镇北部的老司岩村（图3-2-1）。该村地处旅游胜地芙蓉镇和老司城之间，位于猛洞河、王村坐龙峡、红石林的中心区域，属于中亚热带山地湿润气候，寒武系喀斯特地貌。地形南高北低，东、北、西三面环绕自古沟通巴蜀的酉水（图3-2-2）。

　　史料记载，"大明中叶，因地理位置独特，船梭帆飞，车水马龙"，曾经的老司岩村作为过通酉水西至巴蜀、北通湖湘的必经之地，是土司王城的前哨点，老司城通往外地的重要水码头。故吸引商贾云集于此，清朝中期到达顶峰，人口数千人，有"王村一条街不抵老司城墙岩"之说。村内土家族、汉族居多。经历史变迁，曾经繁盛的张、米两家族被黄氏家族所取代，成为当地主要村民，现存老司岩村民居老宅多为黄氏家族所建。建筑依山而建，村民临水而居，种植烟叶、茶叶是他们的主要的经济来源。

图 3-2-1　村落全景图
（来源：湖南省住房和城乡建设厅提供）

图 3-2-2　村落鸟瞰
（来源：湖南省住房和城乡建设厅提供）

（二）建筑形制

杨家老宅（图 3-2-3）建于清乾隆时期，经历了清朝初期的"改土归流"运动后的土家族地区迎来大量汉人及汉文化的迁入，建筑也受到汉族建筑形式影响。

此宅为合院式三开间，即"四合水"住宅，整体呈"回"字形，建筑北侧正屋呈"一明两暗"式，正中设堂屋，供奉祖先牌位，两侧现作为仓库及厨房。中庭左右为厢房，供黄氏一家居住。合院外部西南角设"披"，即依附于主体建筑的低矮单坡房屋，作辅助用房使用（图 3-2-4）。

从平面和组成上看，"四合水"院落式民居源于三开间的基本平面模式，可以看作是由两个三开间正屋中间通过辅助连接部分组合形成。

图 3-2-3 建筑
（来源：湖南省住房和城乡建设厅提供）

图 3-2-4 天井院落
（来源：湖南省住房和城乡建设厅提供）

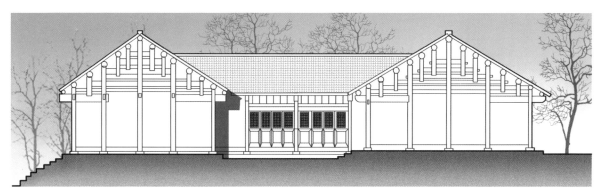

图 3-2-5 剖面示意图（来源：张艺婕 绘）

（三）建造

该地区林木茂盛，故建筑就地取材，使用木、石材、生土等自然材料建成。传统的建造材料在土家族人民的建房历史中与工匠们的聪明才智相结合，充分发挥了材料的特性，赋予土家族建筑鲜明的地方特色。

杨家老宅为木质穿斗式五柱八瓜结构，即两落地柱间设两个用于承接檩条的瓜柱。柱与瓜间通过枋连接，形成支撑建筑的系统框架，并与梁、檩、楼板等连接，形成房屋整体骨架（图 3-2-5）。

建筑屋顶由挑枋承重，铺用热传导效果较好的小青瓦。房基、台阶、天井使用青、红石铺就。

（四）装饰

该宅装饰精美，在挑枋、檐板、瓜子垂等处均装饰有各种造型的木雕花纹图案。充分利用木材本身的纹理、色泽、质感，不加掩饰，以显示木材的自然之美；同时木制装饰品体现出的坚毅、力量、强韧和本色，符合土家人崇拜自然、回归自然的心态，符合土家人师法自然的审美情调（图 3-2-6）。窗花为其中最精彩处。建筑内有长条形、方形木雕窗花，窗花图案复杂精巧，有格纹、拐子纹、回纹、卷草纹等不同种装饰（图 3-2-7，图 3-2-8）。

图 3-2-6　建筑细部
（来源：湖南省住房和城乡建设厅提供）

图 3-2-7　窗户格栅
（来源：湖南省住房和城乡建设厅提供）

图 3-2-8　窗花格（来源：湖南省住房和城乡建设厅提供）

二、湘西土家族苗族自治州龙山县靛房镇万龙村向家大院

（一）选址渊源

向家大院位于湖南湘西龙山县靛房镇万龙村（图 3-2-9）。该村地域为典型喀斯特地貌，背靠青山，三面平坦，树木葱郁，森林覆盖率达到 70% 以上。村落由多泥坪、亚木湾、昂超、太比、岩板上、苦及六个古村寨构成，村内修建的 100 米宽、长 3000 米的拦河大坝使之形成了一坝养六寨、六寨归一的总格局。

万龙村村民主要以土家族为主，田、向两姓氏为主，张、彭两姓氏为次，全村人口 1297 人，过着典型的土家族式"日出而作，日落而息"，以耕种为主要经济来源的生活。村内古建筑保存良好，民居间马头墙层层叠叠，村内空间相互重叠，多形体平面组合且户户相通，专门的内部通道可容纳全寨人自由流动或避战乱，特殊的城市脉络与建筑形式是土家族文化与历史的传统印记。

（二）建筑形制

向家大院位于万龙村多泥坪组团北侧，与池塘相邻，为清代万龙向氏大户所建民居。宅院总占地 300 平方米以上，层高 8.5 米。院落四周封以石质围墙，各八字朝门均设有高大城墙和防患亭台，并修筑有黑心角楼、封火马头墙，体现了土家族民居传统大宅建造中所注重的防御特点。

图 3-2-9　村落全景图（来源：湖南省住房和城乡建设厅提供）

图 3-2-10　建筑细节（来源：湖南省住房和城乡建设厅提供）

图 3-2-11　入口（来源：湖南省住房和城乡建设厅提供）

大院为典型的传统四合式双层院落布局。前排正为四开间单进木质穿斗结构,分布有会客厅堂、偏屋、厨卫等用房,平面呈"L"形。后排为五开间单进,设有主人主卧及厢房等。整栋民居规模宏大,气势非凡,为湘西龙山地区难得保存较好的"建筑明珠"。

(三)建造

向家大宅为传统砖木结构,围墙为砖石构造,距地面 1.5 米左右均为巨型条石砌就,预留斜枪孔以防战患。内可见外,外不可见内,设计十分巧妙。内墙主要为木质构架,穿斗式结构为主要承重形式,院内屋檐上覆小青瓦(图 3-2-10)。但时至今日,建筑围墙、朝门等典型历史元素都遭到不同程度的破坏。宅院的主体部分木构建筑被另作他用或被改建为现代建筑,院落亟待保护维修。

向家大院所代表的万龙村的门很有特点,多是两重门,第一重门为朝门,亦称为八字朝门,置于庭院外面入口处,进出方便,与正屋相衬。朝门两边筑土墙或编竹篱至屋至楼,围成庭院。平常开此门,第二重为正门,即堂屋大门,正屋装好后壁后,即安大门,大门门板为"三丘田"形制,共安六扇大门(图 3-2-11)。

(四)装饰

向家大院堂屋门匾写有"恒古墨场,吉喜满堂"等字样书画。槛联所反映的向氏家风家教,原则上是尊儒重教,耕读为仕传统思想氛围,即所谓的"忠孝廉节"。

作为民居,向家大院装饰精美,体现出屋主的富裕与显耀。院落朝门门头及外墙檐口边墙裙上,均装饰有精美的彩绘及雕刻。内容多为花鸟虫鱼或部分的人物画。院内窗户有窗花,多为方形或圆形亮窗。其上雕刻精美,图案丰富,生动多变,有直棂方格、花鸟龙凤等,均寓意美好祝福(图 3-2-12,图 3-2-13)。

除此之外,该地区还有不俗的雕刻技艺。雕刻是土家族地区传统工艺美术作品中最为丰富的一类,可分为石雕与木刻。石雕是这一地区雕刻艺术作品中所占比例最大的一种。土家族地区山高坡陡石头多,人们在长期的生产与生活实践中与石头为伴,掌握了各种雕刻技术,创造了多姿

图 3-2-12 窗格栅(来源:张艺婕 摄)

图 3-2-13 窗花格(来源:张艺婕 摄)

多彩的石雕作品。石雕的主要形式为牌坊、墓碑、柱础等，大多数为浮雕，另有部分为透雕、圆雕、线刻。单独的圆雕作品，如石佛、石马等也占有一定的比例，且影响较大。

三、湘西土家族苗族自治州龙山县里耶镇长春村胡家大院

（一）选址渊源

胡家大院位于湖南湘西苗族自治州龙山县里耶镇北部的长春村（图 3-2-14）。该村背靠八面山，前临西水河，主要民居分布在长潭河、清江溪两岸的冲积谷底。

长春村源于宋元时期，明代发展至成熟状态，现村落人口 80% 以上为土家族，村内清江古村组团主要为土家吊脚楼民居群，长潭古村组团内主要为砖木结构民居群。村内建筑融合了汉族及土家族文化特点，除胡家大院外，村内还有民国时期建筑"老人民公社"以及新中国成立初期"土家吊脚楼"等 106 栋，多坐北朝南。

（二）建筑形制

胡家大院位于长春村北侧，坐北朝南，为两进四合式砖木结构，建筑形成于清朝"改土归流"政策后，是特殊历史时期的见证。形制融合土家族及汉族文化，包含两者特点，既符合传统轴心、朝向、围合理念，又有火塘屋等传统土家族民居布置。

一进为三开间，正中间设大门。明间前部为门厅，后部为下堂，悬挂"大起人文"额匾。院落正中为供采光、通风、排水之用的天井，两侧有厢房（图 3-2-15，图 3-2-16）。

图 3-2-14　村落全景图（来源：湖南省住房和城乡建设厅提供）

图 3-2-15 建筑近景（来源：张天浩 摄）

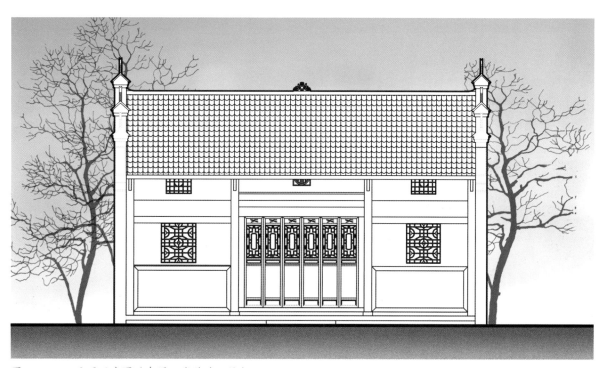

图 3-2-16 立面示意图（来源：张艺婕 绘）

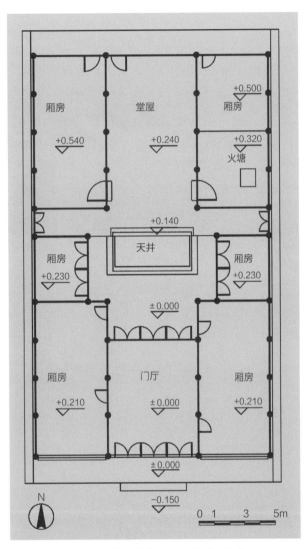

图 3-2-17 平面示意图（来源：张艺婕 绘）

二进地坪略高，进深较大，明间为上堂，是住宅中的正堂，东侧厢房前部设置有火塘。上下堂朝天井不设门窗，两厢则有隔扇门（图 3-2-17）。

院后及两侧有青砖空斗所砌马头墙，随房屋屋面坡度三层叠落，上有彩绘装饰，彰显宅主身份。

（三）建造

建筑整体为穿斗式砖木结构，外墙为石墙继砖墙，内屋为木屋架结构（图 3-2-18）。坡屋顶的屋面盖小青瓦，脊饰由小青瓦堆砌而成，脊的中央堆砌"莲花"造型。

胡家大院马头墙的构造源于赣派建筑中的"封火墙"，但并不完全相同。墙分三叠，墙顶挑三线排檐砖，上覆以小青瓦，并在每只垛头顶端安装搏风板（金花板），其上安座头。而不同于传统马头墙黛瓦白墙，白灰粉刷墙面的特点，胡家大院前面采用清水砖石，更具湘西传统风味（图 3-2-19）。

图 3-2-18 建筑细部（来源：张天浩 摄）

图 3-2-19 马头墙（来源：张天浩 摄）

（四）装饰

胡家大院内门、窗、石柱础、马头墙等处均有装饰（图3-2-20，图3-2-21）。

门窗雕刻技艺精湛，通过浮雕、透雕、刻画等技法点缀其构件，花纹多为传统故事和吉祥祝福，木工高超的技艺将花草、吉鸟、人物故事表现的栩栩如生（图3-2-22，图3-2-23）。

马头墙处的石刻装饰及彩绘，题材有树木、花卉、庭阁等。让本就具有韵律的马头墙更为增色。

图 3-2-20 木雕（来源：张艺婕 摄）　　　　　　　　图 3-2-21 砖雕（来源：张天浩 摄）

图 3-2-22 窗花（来源：张艺婕 摄）　　　　　　　　图 3-2-23 窗格（来源：张艺婕 摄）

四、湘西土家族苗族自治州龙山县苗儿滩镇六合村朱家大院

（一）选址渊源

朱家大院位于湖南湘西龙山县苗儿滩镇六合村（图3-2-24）。地处中国土家族的传统居住地——西水河支流的捞车河畔。捞车河自南向北将该村分为东西两块，河西为张家寨，而在河东，后山上的五条小溪又把该区分成了六个自然寨。丰富的水源为当地带来肥沃的田地，旱涝保收，成就了这一有名的"天下粮仓"。

据《朱姓族谱》及相关文献记载，朱姓先于明朝嘉靖年间由江西吉安迁至沅陵，数十年后约万历年间为躲避倭匪和战乱，再迁于此处定居。继朱姓后，黎姓、魏姓、张姓等家族相继到来，各占一方领地互不侵犯，形成了现在朱家寨、黎家寨、张家寨、魏家湾、河边以及新中国成立后由黎明村割划而来的"黎家寨"六个自然团寨和睦相处的村落格局。朱氏家族已有十七代人，有近四百年的历史。村内建筑历史悠久，多建于明清时代，是土家族民俗文化的结晶（图3-2-25）。

（二）建筑形制

朱家大院建于清初，共占地600平方米，平面布局呈"L"形。建筑就地取材，除围墙外均为全木构造，上刷桐油多遍，既保护木料不受风雨侵蚀，又可保留原始木材纹理特点。架构为五柱八旗。正屋两进三开间共六间，一层用木板分隔，作日常生活之用。二层仅围合而不封闭，做仓储之用（图3-2-26，图3-2-27）。

正屋右侧配有转角楼，又被称为"一头吊脚楼"或"拐头吊脚楼"。转角楼周围用万字格装饰，楼上干阑式结构是少女闺房，楼下支撑立柱围合民仓，用于家庭装粮食之用。院落四周围绕砖制院墙，院前布朝门上有木质装饰。

（三）建造

朱家大院转角楼结构体系属于穿斗式木构架，它的特点是把柱子串联起来，形成一榀榀的房架，檩条直接搁置在柱头上；沿檩条方向，再用斗枋把柱子串联起来。由此形成一个整体框架。

土家族房屋木架构建造时不建基脚，只是平整屋基，在立柱的地方，将浮土去掉，铺上方整匀称的石块。基础就地取材采用当地的片石，此砖更耐风化，更结实。地板采用石灰、黄泥等材料混制而成，具有很好的防潮、防腐蚀效果。屋面是由小青瓦、木椽子和檩条构成的。檩条搁置在柱头上，椽子固定在檩条上。然后把小青瓦铺在椽子上，瓦沿檐口往屋脊方向铺（图3-2-28，图3-2-29）。

（四）装饰

朱家大院门窗均采用木质结构。窗花朴素美观，通常有两种形式，一种仅由几根木条平行排列而成，样式简易（图3-2-30）；另一种由木条拼接形成较为复杂的方格网状，再雕刻上各式各样的鸟、兽、虫、鱼等动植物图案，形成精美的窗花，寓意吉祥祝愿。

图 3-2-24　村落全景图
（来源：湖南省住房和城乡建设厅　提供）

图 3-2-25　建筑鸟瞰图
（来源：湖南省住房和城乡建设厅　提供）

图 3-2-26　院落
（来源：湖南省住房和城乡建设厅　提供）

图 3-2-27　建筑局部
（来源：湖南省住房和城乡建设厅　提供）

图 3-2-28　建筑细部 1（来源：张艺婕　摄）

图 3-2-29　建筑细部 2（来源：张天浩　摄）

　　土家人为了避免建筑的单调和相似，通常会以雕刻和彩绘作为装饰，雕梁画栋，飞檐翘角，很有特色。大户人家的建筑构件上木雕栩栩如生，上述故事多表示生活细节或表达对未来美好生活的向往。高超的木雕技法源于土家族千年文化的不断积累，与汉文化的碰撞使其越发精彩（图 3-2-31）。

五、湘西土家族苗族自治州龙山县苗儿滩镇惹巴拉村向家大院

（一）选址渊源

　　向家大院位于湖南湘西龙山县苗儿滩镇惹巴拉村（又名捞车村），在土家语中，"捞车"是"捞尺车"的简称，意为太阳。因此，捞车河在土家语中意为"太阳河"。该村位于洗车河、靛房河交汇处，为苗儿滩商周文化大遗址的北部区。四边群山环绕，气候温和，冬暖夏凉，雨量充沛，属大陆性亚热带季风湿润气候。民居分布于河流冲击坝上。三山套三河，三河绕三寨，一桥通三域，是捞车古村的总体格局（图 3-2-32）。

　　捞车村源于明代，雍正七年（1729 年）龙山建县，此地设为捞车里，并于民国元年（1912 年）改设捞车乡，现村民多为土家族，以向氏、彭氏居多。村落森林覆盖率达 67%，故村内建筑就地取材，多为木质构造。该村最具特色的建筑为明清古建筑群，全村有明代建筑 5 栋、清代建筑 58 栋、民国建筑 34 栋，多坐北面南，依山而建，整齐有序，景象壮观（图 3-2-33）。除此之外，村内还有古式油房、摆手堂、风雨桥等特色建筑（图 3-2-34）。

（二）建筑形制

　　向家大院为传统砖木穿斗式结构，五柱八瓜，由檩将之连接，构成硬山顶屋架。建筑建于清代，正屋两进四开间，中间设堂屋供祭祀、会客和聚餐之用，左侧前进设火塘屋。右侧配土家族特色转角楼，分上下两层。平面布局呈"L"形（图 3-2-35，图 3-2-36）。建筑前有青石板坪院和朝门，环绕建筑设院墙（图 3-2-37）。

　　转角楼属于平地起吊的单吊式吊脚楼，又被称为"一头吊脚楼"或"拐头吊脚楼"。此吊脚楼并非因地形需要设置，而是为了利用更多的空间并使卧室远离下层潮湿空气，偏偏将厢房抬起高于正屋，下层作仓库，上层做厢房住人，凭借支撑木柱承受荷载（图 3-2-38）。

（三）建造

　　向家大院外墙采用砖石砌筑，内墙则使用木架构，建筑屋顶使用单檐双坡小青瓦，构成合瓦屋面。院内青石铺地，较为坚实耐用。此地森林覆盖率较高，村民取材于林，房屋中地板、墙板、窗、门等构件均为木质。木料用多遍桐油刷涂取代上漆步骤，自然材料的应用不仅达到了防腐防潮的作用，更可以展示出木料自有的肌理，体现出土家族先人的智慧。

　　"山歌好唱难起头，木匠难起转角楼，岩匠难打岩狮子，铁匠难滚铁绣球。"可见土家转角楼工艺的绝妙。吊脚楼不用一钉一铆，所有的木质构件都通过榫卯相连，木质结构特有的弹性及韧

图 3-2-30　窗格
（来源：湖南省住房和城乡建设厅提供）

图 3-2-31　石雕
（来源：湖南省住房和城乡建设厅提供）

图 3-2-32　村落全景图
（来源：湖南省住房和城乡建设厅提供）

图 3-2-33　村落鸟瞰
（来源：湖南省住房和城乡建设厅提供）

图 3-2-34　风雨桥（来源：湖南省住房和城乡建设厅提供）

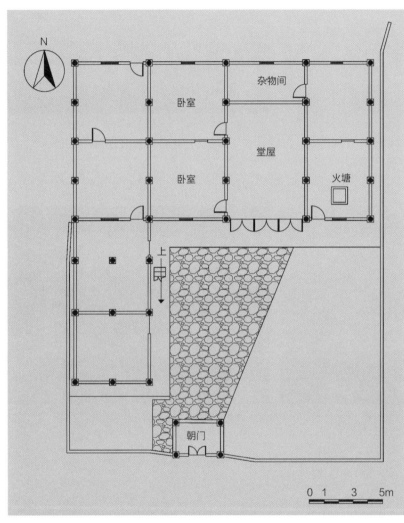

图 3-2-35　平面示意图
（来源：张艺婕　绘）

图 3-2-36　剖面示意图
（来源：张艺婕　绘）

性在榫卯的协调下能承受下压、冲击、振动等各种荷载的作用。可历百年而不倒，结构体外露，展现结构美感（图 3-2-39）。

（四）装饰

向家大院内装饰质朴，体现出土家族传统文化风格。木窗和栏杆上雕刻着花草虫鱼等图案，寓意着人们对未来的美好祝愿（图 3-2-40）。

图 3-2-37　入口
（来源：龙山县文物局　提供）

图 3-2-38　建筑细部
（来源：龙山县文物局　提供）

图 3-2-39　构造（来源：龙山县文物局　提供）

图 3-2-40　窗格栅（来源：龙山县文物局　提供）

六、湘西土家族苗族自治州龙山县苗儿滩镇树比村冲天楼

（一）选址渊源

树比村冲天楼地处湖南湘西龙山县苗儿滩镇树比村（图3-2-41）。树比村原名"树碧"，距惹巴拉土家文化风情园4公里，由小树比、大树比、狠咱龙、阿枯4个自然寨组成。该地区属亚热带大陆性湿润季风气候区，年降雨量1400毫米，多雨潮湿的气候造就了特殊的建筑形式。

村中多为王姓族人。王家自清朝迁居此地，现存冲天楼（图3-2-42）为王氏四世祖修建于康熙年间。如今已承袭至第十五代，历370余年，现仍有十余户王家人居住。

（二）建筑形制

树比冲天楼整体院落由正屋、石阶缘、岩平坝、排水沟4部分构成，占地10余亩，面阔七柱六间，进深正屋四间、拖步两间，房间总计40有余（图3-2-43，图3-2-44）。房基前低后高，房身前高后低，整体分左右两区。

前厅、后堂由青石台阶相连，均为硬山顶。堂屋为五柱八瓜木架构，设有神龛，上供家先牌位。其后厅堂为四柱八棋木架构厅堂。正屋后设两间拖步，通过磨角（又名龙眼）与两侧偏刹相连。正屋左右配有吊脚转角楼，下层架空防潮作仓库，上层作卧室。

图 3-2-41　村落全景图（来源：湖南省住房和城乡建设厅提供）

图 3-2-42　冲天楼鸟瞰（来源：湖南省住房和城乡建设厅提供）

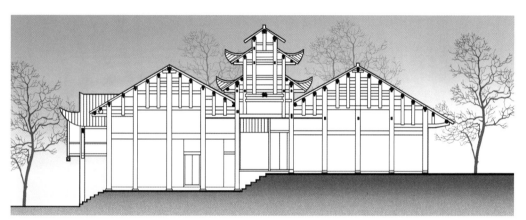

图 3-2-43　剖面示意图（来源：张艺婕　绘）

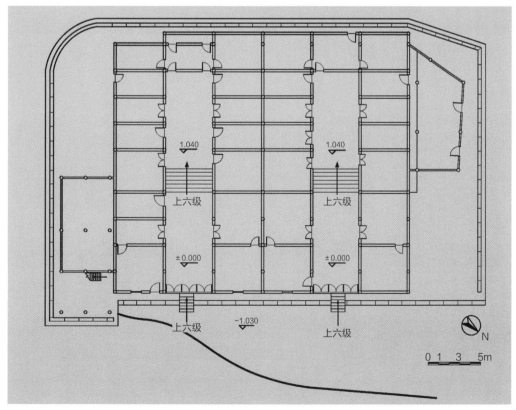

图 3-2-44　平面示意图（来源：张艺婕　绘）

图 3-2-45 建筑细部（来源：张天浩　摄）

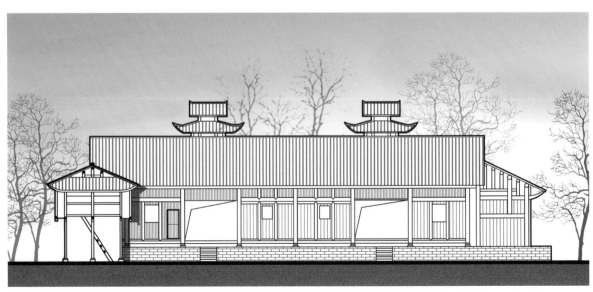

图 3-2-46 立面示意图（来源：张艺婕　绘）

冲天楼有两个凸出后厅天厅的冲天楼子，高 10 余米，为三重檐飞檐翘角穿梁结构。每重底座由四根枕木形成"口"形，成十字架梁，由四十八柱、枋、挑穿梁构架而成，其中柱（栱）、枋、挑各十六（图 3-2-45，图 3-2-46）。

冲天楼的形成源于湘西多雨潮湿的自然气候，冲天楼天厅内侧吞水面约 400 平方米，雨季排水靠冲天楼子和天井屋檐的椽槽排向左右偏房瓦面。排水系统采用了八卦构造，取阴阳轮转之势，使得这座几百平方米的楼宇终年滴水不漏，且利于采光通风，绝妙工艺让人叹为观止。除了增添冲天楼的气势和壮观外，冲天楼子的主要功能便是疏导雨水、透光纳凉、吸气排浊。

（三）建造

土家转角楼的工艺堪称一绝，而冲天楼不但包括了转角楼、四水屋、窨子屋等土家所有合体建筑工艺，还包括了土家几柱几瓜的民居结构形式，建造过程包括"炫彩、刨料、画墨、凿眼、清枋、号字、排扇、起扇、砍梁、上梁、钉椽皮、上瓦、装屋、安廊方、安岩板"等程序，木质构件众多，工程量浩大（图 3-2-47，图 3-2-48）。

冲天楼附属构建瓦作、磉磴岩、廊方、青石板的制作安装规模巨大、数量众多（图 3-2-49）。民间习俗中，还会有"请师父"、"敬神"、"上梁"等仪式。当地强势的传统农业生产能力以及繁盛的王氏家族造就了冲天楼。

（四）装饰

湘西土家族地区广泛运用优质木料做花窗。窗花多不上漆，刷涂桐油多层展示木材本质，嵌在墙内，可开启。窗花花纹复杂多样，多雕刻几何图案、飞禽走兽等，纹理精细，显示出传统木匠卓越的手工艺水平（图 3-2-50，图 3-2-51）。

图 3-2-47 建筑构造（来源：张天浩 摄）

图 3-2-48 挑廊（来源：张天浩 摄）

图 3-2-49　建筑局部（来源：张天浩　摄）

图 3-2-50　窗花（来源：张天浩　摄）

图 3-2-51　窗格（来源：张天浩　摄）

七、湘西土家族苗族自治州泸溪县浦市镇余家巷周家大院

（一）选址与渊源

周家大院（图3-2-52）位于湘西州泸溪县浦市镇余家巷。周氏家族祖先周红椿于1766年间从江西省丰城市汝南堂乌沙梗（现更名为江口）土地堡迁移到浦市。在周起荣太公的主持下，周氏家庭家发业兴，创建了周荣顺布庄、久大斋作坊、南杂、烟草等商业加工网点，并于同治年间（1862年—1874年），在浦市大正街余家巷修建此大院，至今已发展到第十代，子孙三百余人，遍布全国各地，人才济济。

（二）建筑形制

周家大院是一处重门两进式的院落，一是大门，二是院门（图3-2-53）。其建筑方位坐西北朝东南。中轴线上有大门、过厅、正厅及后庭。

大院大门后院前有块空地，地面铺着红岩石板。院内设置二进厅三天井，后有一个花园，房屋是杉木结构，木柱、木板、木窗、用桐子油油漆过，厅堂中安有神龛。从两个天井往右走过厢房的走廊，又各见一个小天井，走过小天井，各设一间小厢房；前间小厢房是来客住，后间是未出阁的千金小姐住（图3-2-54）。

（三）建造

周家大院的总体结构是外墙高耸，内部大都采用穿斗式木架形式，即用穿枋把柱子串起来，形成一榀榀房架，檩条直接搁置在柱头，在沿檩条方向，再用斗枋把柱子串联起来，由此而形成屋架。穿斗式木构架用料小，整体性强，但柱子排列密，不能形成大空间。

图3-2-52 建筑鸟瞰图（来源：湖南省住房和城乡建设厅提供）

图3-2-53 入口（来源：湖南省住房和城乡建设厅提供）

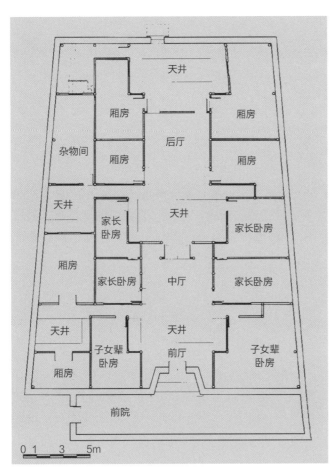

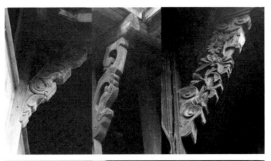

图 3-2-55 建筑装饰
（来源：湖南省住房和城乡建设厅提供）

图 3-2-54 周家大院平面示意图
（来源：湖南省住房和城乡建设厅提供）

屋顶从四围成比例地向内中心低斜，小方形天井可吸纳阳光和空气。在通风问题的处理上，将天井与穿廊相连通促进建筑内部空气流通，使深远的内部形成自然的通风系统，防止因为潮湿而造成木头的腐烂。天井的宽度与檐高的恰当比例，也是调节夏季避光、冬季纳阳的重要因素。

（四）装饰

周家大院外围均是高墙包围，以青砖砌成，用于防火防盗，因而外墙极少装饰，只有部分墙头拥有简洁的彩绘。内部门窗装饰则样式诸多，一般由简入繁，由粗变细，多有雕花画梁，其门楣、楹柱、照壁、窗格、家具均饰有龙游凤翔、云纹动物图案（图 3-2-55）。

大院进门通道用条块的青石板镶嵌，院中有一口青石水缸，被称之为"太平缸"，用于储水防火，或养鱼观赏。

八、湘西土家族苗族自治州永顺县和平乡双凤村彭家大宅

（一）选址渊源

彭宅（图 3-2-56）位于湘西土家族苗族自治州永顺县和平乡双凤村，原名双凤溪（图 3-2-56，图 3-2-57），由于双凤村地势高峻，长期与外界缺乏联系，至今仍完整保留着土家族的古老传统，其附近的民居也大都保持原有建筑样式。

图 3-2-56 双凤村远景
（来源：湖南省住房和城乡
建设厅提供）

图 3-2-57 彭宅外观
（来源：湖南省住房和城乡
建设厅提供）

村内的村舍并无统一朝向，多数都是依山边溪流而建。双凤村比较接近山顶，地势较为平坦，村中比较少有民宅修建有吊脚楼。

（二）建筑形制

彭宅是村中修建了吊脚楼的民宅之一，为一平口屋建筑，该宅正屋为三开间，排架均为五柱四瓜穿斗式结构，东边建有吊脚楼，东西面阔 18.2 米，南北进深 13.7 米，脊高 7.65 米，檐高 3.3 米（图 3-2-58，图 3-2-59）。

该宅檐低窗小，私密性强。正屋中间为堂屋，堂屋后为杂屋，杂屋后方向外突出。两侧间为居住房间，前火床后卧室，铺木地板，左边为长者居住。加建的吊脚楼，挑出部分上为闺阁下养牲口，靠北为灶房与杂屋。土家族民宅多数均将牲畜与厕所单独出来以求卫生，该宅比较少有的将牲口喂养于吊脚楼下方（图 3-2-60）。

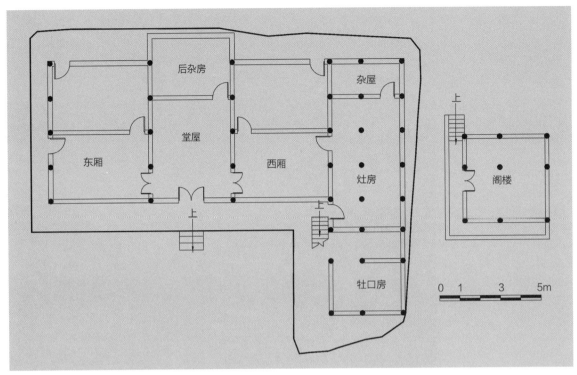

图 3-2-58 平面示意图（来源：张艺婕 绘）

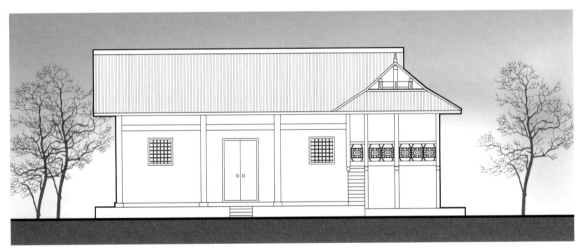

图 3-2-59 立面示意图（来源：张艺婕 绘）

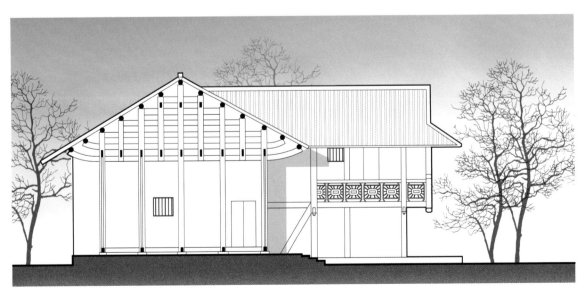

图 3-2-60 剖面示意图（来源：张艺婕 绘）

第三章 参考文献

[1] 曹玉凤. 湘西土家族聚居区传统民居变迁的文化传播学研究[D]. 湖南大学，2009.

[2] 李哲. 湘西少数民族传统木构民居现代适应性研究[D]. 湖南大学，2011.

[3] 郭思云. 农耕文化下的湘西土家族民居建筑装饰研究[D]. 湖南工业大学，2014.

第四章 | 湖南侗族传统民居

- 侗族传统民居综述
- 侗族传统民居实例

第一节　侗族传统民居综述

一、基本概况

　　湖南省侗族共有842123人，主要分布在怀化市的通道、新晃、芷江县。新晃、芷江属于北部侗族聚居区，开发较早，经济、文化相对发达。现仍然保留着古老的经济、文化生活，具有浓郁的地方特色和民族特色。怀化市靖州、会同和邵阳市绥宁县的侗族信奉多神，盛行祖先崇拜及自然崇拜，将祖先和历史英雄人物视为神，并认为"万物皆有灵"，世间天、地、日、月、大树、巨石、水井、桥梁等都是崇拜的对象。通道侗族称至高无上的神为"萨"，意为"祖婆"之意，许多村寨都建立萨堂。萨堂庄严肃穆，禁止人、畜践踏。侗族拥有丰富多彩、独具一格的传统文化艺术。侗语属于汉藏语系壮侗语族侗水语支，分南北两种方言。侗族民间文学主要包括歌、耶词、垒词、款词、传说、故事等。侗族地区有"诗的家乡、歌的海洋"的美誉，多声部的"侗族大歌"更是中华音乐的瑰宝。芦笙舞是包括多种内容和形式的舞蹈，其中有节日的自娱性舞蹈。侗戏唱腔丰富，是我国民间戏曲的剧种之一。侗族工艺品有挑花、刺绣、侗锦等，美观实用，各具特色。侗族擅长石木建筑，鼓楼、风雨桥更是造型独特，是建筑艺术的结晶，在侗族集聚的村寨，都会建有高大、古朴、典雅的木结构建筑"鼓楼"。通道侗族自治县的马田鼓楼、芋头侗寨古建筑群和坪坦风雨桥都是国家级重点文物保护单位。侗族傩戏入选了第一批国家级非物质文化遗产名录。侗锦、侗戏、侗族琵琶歌、通道侗族大戊梁歌会等入选湖南省第一批省级非物质文化遗产名录。

二、民居建筑形态

　　湖南侗族多聚族而居，寨内一般数十户，多至数百户。房屋均与廊檐相接，鳞次栉比。通道、靖州侗族喜楼居，房屋多是干阑式木楼，一般分三层，高六七米，全用榫卯嵌合，通称"吊脚楼"。新晃、芷江县的侗族人多居住在木质结构的两层长方方的开口屋中。通道县与靖州县的侗族俗称"南侗"，"南侗"的村寨布局形式和民居样式与广西、贵州两省的侗族村寨、民居样式十分相似；而新晃、芷江县的侗族俗称"北侗"，"北侗"的村寨布局形式和民居样式十分独特，与全国其他地区差异较大。"南侗"民居属典型的干阑式建筑。在侗语中，"干"为侗族的自称，"檐"在侗语中代表家或屋，"干檐"即侗人的房屋，而"檐"又与"阑"谐音，故"干檐"又被称为"干阑"。这种吊脚楼式的干阑建筑又区别于其他民族的吊脚楼，其他民族一般吊脚楼底层不架空且至少有一面直接建于在地面上，并不是完全凌空的。而"南侗"民居中，若房址所处的地面高度基本相同，便将采用底层完全架空的形式；如果选址在山坡或河岸边，其不在同一水平面上，则会采用吊脚楼形式，凌空部分用木桩支撑，"南侗"这种独特的干阑式民居已经摆脱了地面条件的限制，能因地制宜地适应居住区域内不同的地势地貌，因此"南侗"村寨大多顺应地形，沿等高线进行布局，缩窄间距，前后高差明显，视野开阔，阳光充足。

"南侗"村寨内部有大量公共建筑，类型丰富，工艺独特、精巧，在少数民族中有着重要地位。"南侗"村寨中有鼓楼、风雨桥、寨门、凉亭、戏台、萨岁坛等多种类型的公共建筑，造型别致，装饰华丽，而"北侗"村寨中公共建筑较少，鼓楼、寨门、凉亭、风雨桥也极少。"南侗"、"北侗"的民居在形式和功能布局上有很大的不同。"南侗"民居多为三层，底层架空，主要用于堆放柴火与杂物。三层也是杂物间，甚至没有墙壁围护。民居中二层承担了最大的使用功能。"北侗"民居一般多为两层，二层是杂物间，有用途的房间都在一层。"南侗"民居一般使用火塘，"北侗"每家每户都有独立的火铺间，二者在布局、功能和构造形式上都不一样。

侗族传统民居起源于古老的干阑。所谓干阑式建筑，实际上是对"人处其上，畜居其下"的居住建筑类型的通称，即用柱子将建筑托起，并使建筑下部架空。而说干阑古老则是因为干阑源于巢居，巢居又源于树栖，可以说，干阑的历史与人类一样古老，它是我国长江流域以南传统的、主要的居住方式。侗族属于古代百越民族的骆越支系，百越民族是干阑民族，因此，侗族在居住方式上承袭了祖先的习俗；同时，侗族聚居地大多选址于依山傍水之地，且山区地形复杂多变，可供居住的平地十分有限，而干阑式建筑能够极强地适应山地地形，因此，这一古老的居住习俗在侗族地区得以延续；此外，侗族聚居地区的气候土壤条件得天独厚，十分有利于速生树种的繁殖，侗区的"十八杉"，十八年成材，长势极快，一直是侗族干阑建筑用材的首选材料，材料能满足建造房屋的需要，也是侗族地区干阑式建筑得以保存并不断发展的原因。

干阑式建筑是侗族居住建筑的起源，在历史发展的过程中，侗族人因地制宜，充分利用不同的地形地势条件逐步形成了布局多样、以干阑式为主体的多样的民居类型，再加上侗族人擅于合理利用空间，尤其在空间的创造上独具匠心，使得侗族人得以充分发挥民居中各个空间的使用价值。

侗族传统的干阑式民居以木材为主要的建筑材料，屋面材料则以杉树皮或小青瓦为主。生活居住空间以满足生产活动及居住生活习惯作为主要功能，楼梯具有垂直交通功能；堂屋具有休息功能，同时也可以进行家庭手工劳作、接待来客以及部分生活功能，堂屋具有家庭标志意义，火塘可以满足日常生活功能。

（一）侗族民居的基本类型

侗族民居平面布局根据民居建造的地形地势条件进行，不同的地形条件形成了不同的建筑形态，主要包括以下几种类型：

1. "高脚楼"（吊脚楼）

高脚楼是侗族地区最为典型也是最为常见的干阑式建筑形式（图4-1-1）。房屋大多为三开间，两面设偏厦，呈四面倒水的形式，建筑多为二层，高可达三至四层。一层稍矮，不装楼板，直接立于地面，因此一层相对潮湿，主要作为堆放农具、柴火，饲养家畜家禽、安堆舂米的场所。同时，一层也有不装板壁的全开敞式以及装板壁的封闭式两种不同的处理方式。高脚楼一层通往二楼的

图 4-1-1 高脚楼（来源：吴晶晶 摄）

楼梯通常架设在主屋旁边的偏厦内，二楼作为人的生活居住楼层，二层悬挑出去的宽敞的长廊与一层楼梯相接，长廊外或设栏杆，或装齐腰的壁板，廊檐的正中设置堂屋，堂屋正中则设有神龛及供桌，堂屋的内间一般为火塘间，两侧端为卧室或接待宾客的客房。如有三、四层，则主要作卧室使用，或作为存放谷物的仓库，还设有横杆用来晾晒衣物、悬挂禾穗等。这类高脚楼在侗族山区适应性极广，当其立于山脚或缓坡辟出的台地时，底层架空的柱脚取平齐；而当其立于半坡且坡面斜度较大的斜面上，辟出平地工程量巨大时，往往采用吊脚楼的形式，即底层前虚后实，并将楼的后部直接架在坡坎上，前部则用木柱架空或者根据地势接浪柱，因为像是吊着柱子，所以称之为"吊脚楼"，它也可以当作是高脚楼的底层柱脚顺应地势而依地势不取平齐的一种处理手法，在侗族山区中，侗族人建造干阑式木楼充分运用悬空、架挑、吊脚等手法，都体现了侗族人的智慧。此外，高脚楼底层架空，开敞性空间既可用于堆放杂物，当建筑遇行走要道之时，又可退让一步而架，作为骑楼。高脚楼可以称为典型的干阑式木楼，由于其具有灵活多变、适应性强的特点，在侗族山区不仅分布广、数量多，而且同时也造就了侗族民居建筑群高低错落、跌宕起伏的气势。

2. 矮脚楼

矮脚楼多立于山脚或由缓坡辟出的台地上，顾名思义，矮脚楼与高脚楼在造型上最大的差异在于柱脚，即矮脚楼柱脚相对较矮，一般离地二尺左右，其主要功能是隔热防潮。除柱脚外，矮脚楼与高脚楼二者在内部空间要素的组合上也有较大差异。矮脚楼多为三开间，两侧设置偏厦，不计架空防潮层在内，一般为二层，一层设堂屋、火塘间及卧室，二层一半作为卧室，一半则用来堆放杂物，楼两侧的偏厦多用于煮牲畜食物或其他杂用。不重视前廊尺寸是矮脚楼的一个典型特点，矮脚楼仅通过浅浅挑出的廊檐直接进入堂屋，在矮脚楼内，宽敞的堂屋内既设置了神龛，又行使着宽廊的部分功能，成为一家人的活动劳作中心。堂屋两侧多为卧室，火塘有的设置在堂屋之后，也有少数设置在偏厦之内，至于牲畜圈则多半设置在楼后另辟出的台地上。矮脚楼主要分布在城郊的侗族地区（图4-1-2）。

3. 平地楼

平地楼指无架空防潮隔热层、直接以泥土或沙合土夯实为地面的民居楼，主要建于平缓之地，一般不设偏厦，一层作为居住层，二层楼除少量卧室外，多为开敞形式，用以堆放杂物、晾晒衣物及家庭生产等。平地楼一层的功能布局形式与矮脚楼相似。但是，平地楼通常会在屋前修砌堡坎作为宽敞的前廊空间，同时将二楼出挑防止雨水，有些平地楼会在屋前坡屋顶下接一道坡檐——二厦，从而形成可以供人休息的廊檐（图4-1-3）。

干阑式的高脚楼（图4-1-4）在侗族地区占主要的位置，矮脚楼和平地楼由高脚楼发展而来，从它们分布的地区可以判断出二者受汉文化及现代科技的影响。尽管在形态上矮脚楼、平地楼与高脚楼有一定差异，但三者有共同的元素：宽廊、火塘及空间的利用手法。

图4-1-2　矮脚楼（来源：党航　摄）

图 4-1-3　平地楼（来源：吴晶晶　摄）

图 4-1-4　干阑式高脚楼（来源：吴晶晶　摄）

　　高脚楼是侗族居住建筑的主要类型，也是侗族地区其他类型居住建筑发展演变的起源，体现了侗族传统居住建筑的本质特征，因此下文以高脚楼为例介绍侗族居住建筑的空间形态与特征。

　　（二）侗族民居的平面形制

　　南方山区炎热潮湿，"南侗"民居一般底层架空防潮，顶层空置防晒，生活功能用房集中在二层。民居主入口一般设在建筑的一侧，通过木质楼梯到达二层。二层入口处设廊，由于明间的廊多出一个进深，廊的形状呈"T"形，类似于汉字中"丁"字的形状，俗称"丁廊"。"丁廊"在民居中的作用类似于现代住宅中的起居室或客厅，属于家庭的半公共空间。平时在这聊天、休息、接待客人，还可以进行部分家庭劳作。火塘一般设置在与丁廊毗邻的房间内。火塘最初的作用是炊事和取暖，后来厨房开始使用灶台，火塘也就不再用于炊事。"南侗"民居中厨房一般较大，灶台、厨具集中放置在厨房，餐桌也放在厨房内，所以厨房也兼作餐厅的功能。卧室功能简单，床、衣柜是卧室内主要家具。上三层楼的楼梯位于住宅的另外一端，开间尺寸与一层入口楼梯相同。侗族民居有不掩门户的习惯，而三楼一般用作谷仓，存放着家庭的重要财产，因此，三层楼梯设置在民居的另一侧端，这样人就必须要穿过"丁廊"才能进入到三楼，从而也就起到了防盗作用。

　　"南侗"民居基本上都是三大间两小间五柱的平面布局，三个开间的尺寸基本相同，都在3.33米左右。在该平面基础上，经过局部变化后会产生其他几种形式，但基本的开间尺寸及功能构成的方式保持不变。并根据不同户主对住宅功能要求的不同，以上几种形式又会产生一些变化，如在基本的平面上增加侧楼和房间以满足家庭的实际需求。

　　新晃县的侗族民居是"北侗"民居的典型代表。新晃侗族民居基本平面形式为：中央为堂屋，堂屋两侧作为寝室和储藏室，后部则是火铺屋、厨房、杂物间等。

　　堂屋大门通常向内凹进形成"吞口"，有"招财进宝"的寓意。火铺屋一般设置在堂屋后方，少数民居则受地形限制，将火铺屋放置在民居主体的侧后方。由于新晃侗族每户人家必须有

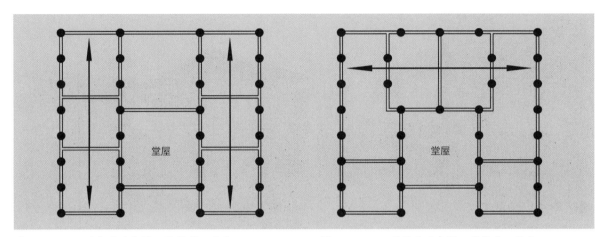

图 4-1-5　A 型平面（来源：吴晶晶　绘）　　　　　图 4-1-6　B 型平面（来源：吴晶晶　绘）

火铺，一个家庭一个火铺，一个火铺需占用一个房间，若多个家庭合住一幢房子时，民居内则会相应设置多个火铺屋。火铺屋的不同划分方式也决定了新晃侗族民居的平面布局形式：一种为前部房间与后部房间相对应，堂屋两侧的墙壁一直延伸到最后，为方便表述，称之为"A 型平面"（图 4-1-5）；另一种则是前部房间与后部房间不对应，后部的墙壁可自由设置，需要时还可划分为多个房间，称之为"B 型平面"（图 4-1-6）。一般一个家庭独居一幢房屋时，因为只需在民居后部划分出一个火铺屋，多采用"A 型平面"；而当多个家庭合住一幢房屋时，因为需要在房屋内部划分出多个火铺屋，则多采用"B 型平面"（图 4-1-7）。

（三）侗族民居的结构

　　无论是"南侗"还是"北侗"民居，其结构体系都是中国南方民居中常用的"穿斗式"木构架（图 4-1-8）。侗族的民居无论属于哪种类型，其屋架大多用数根主柱及长短不一的瓜柱用枋穿的形式串成排，再将数排相对竖立，以穿枋连成骨架，从而形成主体构架体系。其中又可分为支撑框架体系及整体框架体系两大类。

　　通过架空的柱或者桩对下部结构及上部的住宅结构起支撑作用的称为支撑框架体系。连通上部结构和下部支撑结构的结构体系则称为整体框架体系。支撑框架体系通常使用四或六根短柱来作为底架，而木柱支撑用的是密集排列的木桩作为底架。

　　侗族干阑式建筑中较常见的穿斗式结构通常为"五柱七瓜"。尾部的架构形式为悬山式，两山加披檐形成类似于歇山顶的结构样式。屋面材料一般采用青瓦、复合材料或树皮。干阑式木建筑一般以三、五开间为主，同时也有七开间或更多的。建筑的宽窄一般通过屋柱的规模进行判断，一排屋柱称为一扇，而房子的几扇几进就是根据屋柱来判断的。同时建筑的纵深可以通过屋柱的根数及屋挂的数量来确定。因此可以通过增加屋柱和屋挂的数量来扩大建筑的整体空间面积。

　　南侗地区民居中最为常见的还是上下串通的穿斗式整体框架木体系。侗族称为"整体建竖"。

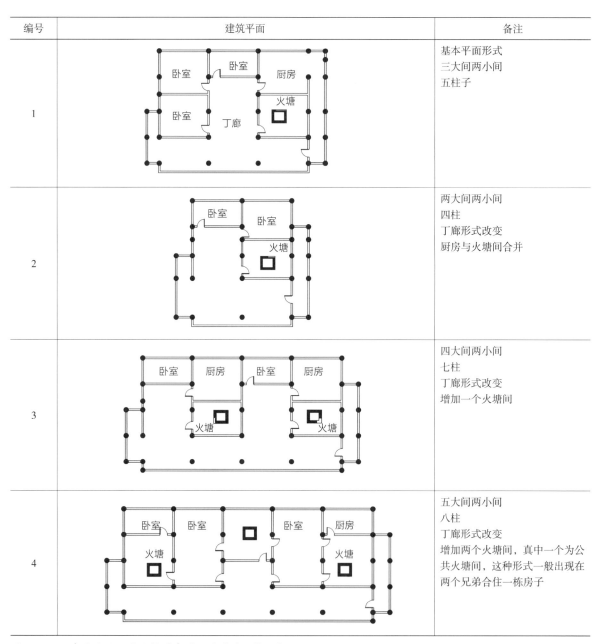

编号	建筑平面	备注
1		基本平面形式 三大间两小间 五柱子
2		两大间两小间 四柱 丁廊形式改变 厨房与火塘间合并
3		四大间两小间 七柱 丁廊形式改变 增加一个火塘间
4		五大间两小间 八柱 丁廊形式改变 增加两个火塘间，真中一个为公共火塘间，这种形式一般出现在两个兄弟合住一栋房子

图 4-1-7　建筑平面形式比较（来源：吴晶晶　抄绘）

其结构是用一根横梁将边柱及中柱串联起来，在每根长柱的上中下各部分分别凿眼穿，以枋穿连。上眼的穿枋处在天花板部位，中眼的穿枋处在铺楼板部位，下眼又称"地脚孔"，安上木枋以嵌固板壁。横向每排三、五根或七根柱串联，中柱最高，前后柱最矮，高柱与矮柱之间再加上瓜柱，穿连梁架，形成排架，将排架在水平方向上以穿枋相连，可用两排、三排、四排等串联构成一开间、两开间或更多开间的整体构架。为保证构架下部的稳定，又在柱脚之间设水平联系穿枋构件，这

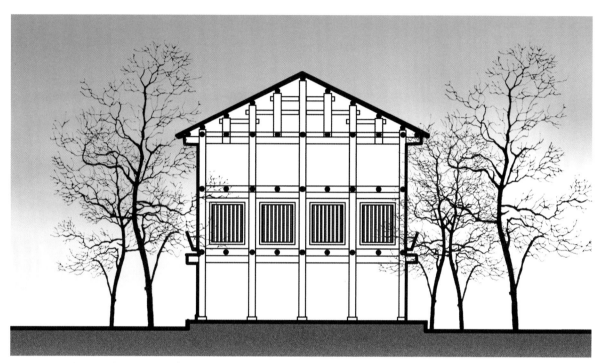

图 4-1-8　南侗民居构架原型（来源：吴晶晶　绘）

样一幢筋骨坚固的干阑式木楼的框架便形成了。这种整体性架构木楼有极好的抗震性能,不易倒塌,施工方便,并且房屋空间布置灵活。步架数量可随意增减,且每步架可按比例自由伸缩,面阔、进深、高度均可随意安排。这种房子建成后如需搬迁,还可整体拆装,十分方便。

　　"南侗"民居的屋面一般不做作举折,坡度一般为五分水,屋面覆小青瓦。民居内部柱子与柱子之间以穿枋相连,穿枋高在 200~240 毫米之间,宽高比通常为 1∶30,楼面下的穿枋上搁置楼栿用来承受楼板及其他负重,楼栿用原木加工,截面方形或圆形。"北侗"民居一般通常为纵向竖立的四品屋架,并将面阔划分为三个开间。"北侗"民居与"南侗"民居不同的是,"北侗"民居对应于"A 型平面"和"B 型平面",其构架形式也存在"A 型构架"与"B 型构架"。且由于"B 型平面"的民居后部需要自由地划分出火铺屋,为使火铺屋内部没有柱子,就必须在构架体系中去掉一根甚至两根柱子,从而形成"B 型构架"。一般情况下,"A 型平面"对应的是"A 型构架","B 型平面"则对应"B 型构架"。

　　侗族民居建筑的屋顶形式主要是双重檐和悬山式,单檐式只是少数运用在吊脚楼或其他附属建筑上。双重檐及悬山式屋顶的前半部分的上下两层屋檐称为"前上屋"和"前下屋",而后半部分的上下两层屋檐称为"后上屋"和"后下屋"。上屋与下屋之间有一定的距离。前上屋与前下屋之间的距离较宽,后上屋与后下屋之间的距离较窄。下两层屋檐之间出于通风采光的考虑没有做窗和墙。

侗族民居的屋顶有两坡悬山顶、歇山顶和四坡顶几种样式。悬山顶是最简单也是最古老的屋顶形式。侗族屋顶在做法上又包括了悬山顶加山面偏厦、悬山顶横向叠错、悬山顶前部梯厦开口等不同的形式。

至今侗族民居的屋顶材料仍有用杉木树皮代替瓦片的，但绝大多数已改用小青瓦盖顶。此外，架空的居住面层的不同屋面错位形式、山墙偏厦的拼联组合形式、半开敞廊的竖向栏杆以及出挑外露的猪嘴形或象鼻形枋头、雕刻的莲花状垂柱等，都是侗族民居外部的鲜明特征。

（四）侗族民居的材料与细部

侗族人普遍重视公共建筑的装饰，如花桥、鼓楼、萨堂、井亭、寨门等都装饰精美（图 4-1-9，图 4-1-10），而普通民居装饰却极为简朴。侗族人的民居大部分为木质结构，"干阑"式是侗族民居的典型特征，吊脚楼的第二层在第一层的基础上挑出 60 厘米左右，第三层则又在第二层的基础上再挑出 60 厘米左右，从而形成了上大下小的倒梯形木楼，与周边金字塔形的山峦彼此相契合，能够极大限度地利用空间，体现了侗族人在民居建造上的智慧。吊脚楼除为遮风挡雨设置的屋檐外，二层以上的宽廊是吊脚楼中最为凸显的部分，宽廊的支撑依靠吊脚，吊脚雕花是侗族民居仅有的装饰，也是朴实、大方的吊脚楼中最为精巧、繁密的细节。远远望去，吊脚雕花仿佛是宽廊下垂挂的一盏盏明灯，吊脚上的雕花装饰多由倒垂的柱头雕刻而成，形似葫芦、莲花、灯笼、绣球、石榴等造型，此外还有一些形态生动、独具特色的造型样式，有的雕花形如牛脖子上挂的铃铛，有的像榆耙，雕花题材取自于侗家族人生活的周围环境，灵感则来源于侗家人的日常生活。吊脚样式大都是在吊脚末尾顺势雕刻，材料直径大小有异，长度有别，雕刻材料大多就地取材，吊脚往往因雕凿造型在体积上会比上方垂柱体积略小。吊脚的雕花装饰多用圆雕和平雕，几乎不用隐雕、剔雕、透雕、贴雕、嵌雕等复杂的雕刻工艺。

侗族传统民居中的吊脚雕花深受中原文化的影响，这种形式以及雕饰题材与中原地区汉族传统建筑中的垂花有许多相似之处。深受中原文化影响的垂花装饰，除垂花本身雕饰精美外，垂花之上往往还装饰有竖材的木雕饰，这种雕饰一方面与垂花雕饰、雀替雕饰交相辉映彰显出了精致典雅；另一方面也可以遮盖垂柱上的榫眼接缝，更显得含蓄、华美；而侗族地区的吊脚装饰上，支撑长短不一的榫头，显得纯朴、直白。两种建筑装饰在功能与题材上都十分相似，一种名曰"垂花"，另一种则被唤为"吊脚"。

1. 垂莲

中原地区传统民居中的垂莲柱有方有圆，垂莲花瓣多为八瓣，最上层有的花瓣向上反卷，向下的莲瓣为两至三层，花蕊则被多层花瓣所包裹，造型精致，到莲瓣尖外翻至反转，呈"S"形。垂莲的造型体积一般会比垂柱大，因为一般采用的是比垂柱体积更大的木材进行雕刻之后再同垂柱进行衔接，从而使垂莲成为一种更为纯粹的装饰构件。侗族地区的吊脚垂莲一般是八瓣，向下的莲瓣多有三层，少则仅有一层，中心一般无花瓣包裹，花蕊外露，有的花蕊则向外高高突起，

图 4-1-9 芋头侗寨鼓楼（来源：吴晶晶 摄）

图 4-1-10 芋头侗寨鼓楼（来源：吴晶晶 摄）

图 4-1-11　垂莲柱（来源：湖南省住房和城乡建设厅提供）

类似花卉"吊金钟"，有的则向下，莲瓣形似花苞，或有的形似莲蓬，莲花瓣造型简约，仅在木头表面削切出略有弧度的块面，往往省略花瓣尖的造型，但也有的莲花瓣上下错落排列，生动而古拙、朴实（图 4-1-11）。

2. 石榴

在侗族传统民居中，石榴式的装饰构件较为常见，石榴式构件一般由三个部分组成，上层（同柱子相接）、中层（石榴式造型主体）、下层（石榴果实造型）。上层部分通常会进行简单的雕刻处理，使其与柱子的过渡更为自然。有时候柱子会被削成上大下小的"V"字形状，这样使中层的造型主体更为突出。有的会绕柱一周雕刻为鱼鳞形，并且与"V"字形态的装饰一起综合运用。石榴是中层最主要造型，其外形为饱满的球体状，有的会在表面雕有凹槽，石榴就会被凹槽分割成八块或十二块。凹槽雕刻的数量一般与上层雕刻的鱼鳞数量一致，下层造型为了突出石榴，一般会做成喇叭状。

3. 葫芦

侗族地区不同形状的葫芦有不同的叫法。细长如丝瓜的葫芦称为"蒲也"，用做水瓢的葫芦称为"蒲匡"，扁圆葫芦称为"波艮"。

葫芦样式的吊脚在侗族地区较为常见，其吊脚装饰可分为两类，一种是扁圆的葫芦，一种是瓢葫芦。葫芦样式的造型结构一般分为三层，上层与吊脚之间多用鱼鳞形雕刻作为过渡装饰，也有的会将上层削成"V"形状。中层的主体就是倒吊的葫芦造型，有的外表会被切割成多面体的形状，有的会在表面雕刻凹槽。而第三层则决定了该葫芦是蒲匡还是波艮。如果第三层的体积较小，则为蒲匡；如果第三层比第二层略小且膨胀成小球状，则为波艮。第三层造型表面有的光洁润滑，也有的呈多棱柱状，也有的葫芦造型还设计了第四层的葫芦嘴造型，花样繁多，造型生动。

4. 绣球

绣球式的吊脚在侗族地区传统民居中也较为常见，整体造型包含了圆球形、多面体球形以及菱形等。吊脚造型的上层用多层鱼鳞纹饰进行装饰，也有类似于垂莲式的翻卷花瓣造型，中层向外鼓而呈现出球状，用凹槽形进行刻痕装饰，也有的外表被削切成多面体的形状，其原理与葫芦式吊脚类似；下层则模仿真实绣球，其上系有彩带、坠子等真实绣球装饰。

5. 花篮

从外形上看，花篮式吊脚装饰相对于垂莲式、石榴式、葫芦式以及绣球式具有明显的个性，但其加工工艺与装饰手法却与其他类似，外表面多用鱼鳞、凹槽、花瓣等造型进行细节雕刻。花篮式吊脚按结构可分花盆型与花篮型两类。花盆型吊脚上层通常会用多层鱼鳞纹饰进行装饰，也有类似垂莲式翻卷花瓣的造型；中层外鼓，类似于石榴头，且多用凹槽形刻痕装饰；下层做多面梯台形，也有的做莲花座造型，体形粗壮，保持了吊脚木材本身直径大小，从而使花盆造型仍旧保持了圆柱形，彰显稳重与朴实。花篮型吊脚上层、中层造型与花盆型类似，下层造型类似于高脚酒杯，也可理解为在花盆底座下增加了石榴尊筒的造型，这种形式使花篮型吊脚在整体上形成了上大下小的锥形，层次复杂，表面纹饰加上繁密的表面纹饰，花篮型吊脚更显出其精巧、空灵的姿态。

侗族人长期生活在远离城市喧嚣，青山绿水、鸟啼蝉鸣、和谐优美的自然环境里中，在长期社会生产实践中，侗族不仅培养了与人为善、乐观豁达、积极向上的民族性格，并且产生了强烈的对美的事物的热爱和追求。在长期的历史文化的积淀中，侗族人民孕育出了不同于其他民族的审美观。这一特殊的民俗环境再加上侗族人民的聪明才智，虫鱼鸟兽等自然之物在他们的创造下都被惟妙惟肖地表现出来，充满了浓厚的乡土气息与生活气息。侗族虽然并没有产生关于艺术美的系统性理论，但仍创造了较高的欣赏价值和艺术价值，这充分体现在著称于世的鼓楼、花桥、寨门等公共建筑艺术之中。而侗族也正因为这些独具特色的公共建筑而蜚声海外，传统民居吊脚楼也凭着独特的建筑样式在建筑界占有一席之地。

第二节　侗族传统民居实例

一、邵阳市绥宁县东山镇东山村燕宁屋

（一）选址与渊源

燕宁屋位于湖南省绥宁县西南边陲东山侗族乡东山村，东经 109°89′56″，北纬 26°59′88″。东临俊头村，南接石桥村、大坪村，西侧毗邻山溪村和靖州苗族侗族自治县寨牙苗族乡，北连牛背岭村、横坡村，村域总面积 9.26 平方公里（图 4-2-1）。目前，东山村通过靖洪国防公路、东文公路、东朝公路与外界联系，距包茂高速公路 7 公里。

东山村位于青山环绕、溪水潺潺的湘西南山区（图 4-2-2）。村寨因境内楠竹繁茂，溪流纵横，原称竹溪峒。后龙宗麻平定湘西南苗乱后，落迹东山村。当时宋室衰微，无力归朝，只企盼东山再起，遂更名为东山。据《龙氏族谱》和《杨氏族谱》记载：唐代杨姓先祖就落迹于此，北宋龙

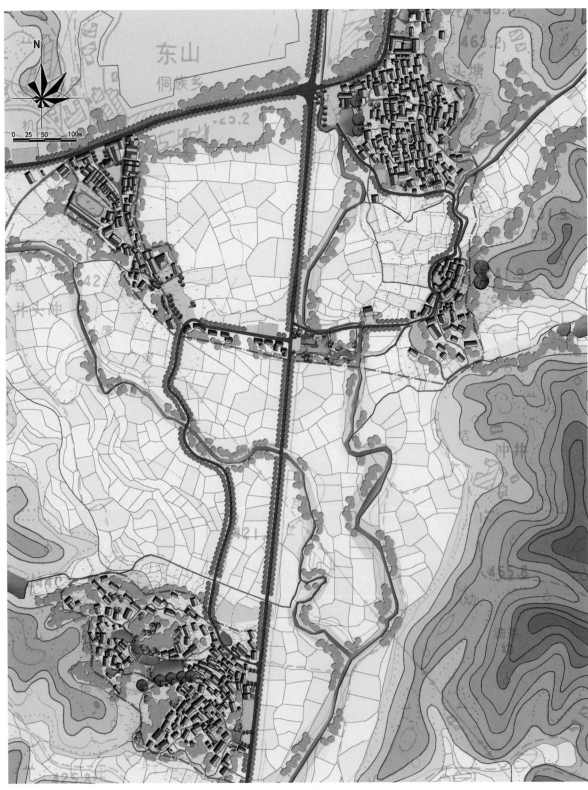

图 4-2-1　东山村平面布局示意图（来源：湖南省住房和城乡建设厅提供）

图 4-2-2 村落全景图
（来源：湖南省住房和
城乡建设厅提供）

宗麻携母率其余四兄弟宣抚苗民，然后与部分将士定居东山。东山历代先人在此开疆辟土，勤奋耕种，繁衍子孙，并广置田庄，广修宅舍，成为传统村寨的雏形。各寨子形成迄今已有1100多年的历史。

东山村由白竹团、天圣场、朝头团三大群体组成，整体布局呈"▽"形。其"▽"形的布局，曲折环绕的巷道，玄妙的天井，鳞次栉比的屋顶，目不暇接的雕画，雅而不奢的用材，合理通达、从不涝渍的排水系统，堪称湘西南古建筑"标本"。

（二）建筑形制

燕宁屋建筑形式是典型的侗族干阑式木楼，两层呈长方形，穿斗木结构，面阔三间，进深三柱，房屋对称，青瓦重檐，屋顶呈"人"字状，有较好的防水避水效果（图 4-2-3，图 4-2-4）。

（三）建造

燕宁屋为砖木结构建筑，硬山屋顶，其建筑形态融合了其他民族的特色，两侧设有高大的砖砌封火墙，在高密度的民居建筑中能够有效地隔离火灾，同时，封火墙翘角似龙似凤，形态逼真，具有很高的艺术价值（图 4-2-5），一般封火墙上会开门洞，方便进出，门上饰以山花。平房梁架为木质穿斗式，高约 6 米，面阔三间、进深二间。门前有砖土墙，墙前为排水明沟。

（四）装饰

燕宁屋整栋建筑山墙墙头装饰最多，二楼阑干硬木精雕，窗棂、隔扇、屏风、家具等室内陈设皆经过精雕细琢。即使是不算富裕的家庭，也会在入口门额上用石雕琢，虽不如富贵人家华贵，但民族风情浓郁，具有很高的艺术研究价值（图 4-2-6，图 4-2-7）。

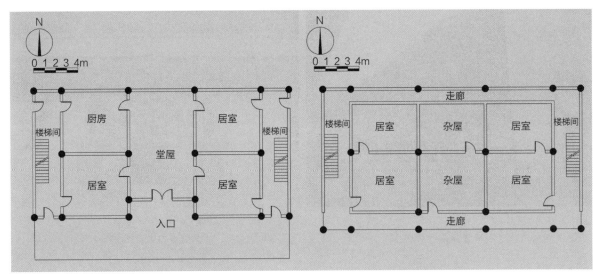

图 4-2-3　一层平面示意图（来源：吴晶晶　绘）　　　　图 4-2-4　二层平面示意图（来源：吴晶晶　绘）

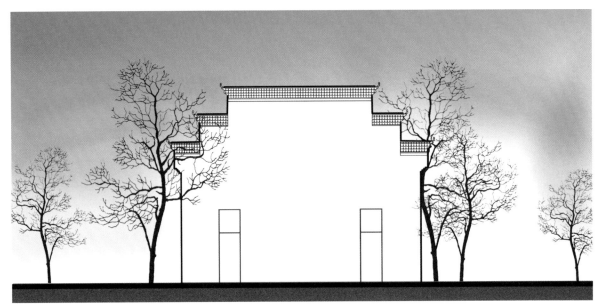

图 4-2-5　燕宁屋立面图（来源：吴晶晶　绘）

二、邵阳市绥宁县黄桑坪苗族乡上堡村杨家宅

（一）选址与渊源

　　杨家宅位于湖南省邵阳市绥宁县黄桑坪苗族乡上堡村内，上堡村地理坐标为北纬26°16′~27°08′，东经109°49′~110°32′。目前上堡村通过寨黄公路、大门洞至黄桑公路与外界联系，距寨市乡武靖高速公路连接线（在建）约35公里，位于绥宁县黄桑坪苗族乡西南部，地处雪峰山余脉和五岭山系交汇处，距绥宁县城48公里。

　　上堡村四面环山，呈负阴抱阳围合之势，形成了天然屏障，易守难攻（图4-2-8）。几百里乌鸡山、牛坡头、开四门山脉绵延至此，东西南三面被大山环抱，中间有一开阔、坡度较缓的山地，村子被青石古道隔成一个个"井"字，远望去像一个棋盘。当地村民介绍说，这样的气象叫"神龟出山"，"神龟带九子，九子九成精"，代表祥和。村庄被老龙潭水横贯其中，河的两岸分别是建筑群和青石路街，溪水上原有大小石桥8座。

图 4-2-6 雕花木壁
（来源：湖南省住房和城乡建设厅提供）

图 4-2-7 门窗装饰
（来源：湖南省住房和城乡建设厅提供）

图 4-2-8 上堡村全景图（来源：湖南省住房和城乡建设厅提供）

上堡村整体布局呈"三纵五横"、"井"字形。民居建筑以传统干阑建筑形式为主，穿斗式全木结构，飞檐翘角，保持了侗家特色。村寨民居多单栋布置，用砾石干砌成墙，与房屋围合成半封闭庭院。房屋之间以菜地相隔，以石板路相连。上堡村的历史地名为上堡古国，明末清初期间（1436年—1464年），以上堡为中心爆发湘、桂、黔少数民族农民起义。1457年，首领李天保假托是李世民后裔，宣布建立王国，自封武烈王，定都上堡村。1464年，起义被朝廷派出总兵李震率兵镇压，李天保被俘。上堡侗寨至今仍有金銮殿、校马场、点将台、忠勇祠、旗杆石、拴马树等历史遗迹。

（二）建筑形制

杨家老宅位于上堡古国门楼右侧的村口处。建筑保持了侗家特色，以传统干阑建筑形式为主，全木穿斗结构，飞檐翘角；分为上下两层，成L形平面；一层正屋一侧建厢房，一间用作厨房，另一间为出嫁女儿探亲卧室；通向二层的楼梯位于建筑西侧过道处，木制；二层主要堆放杂物，

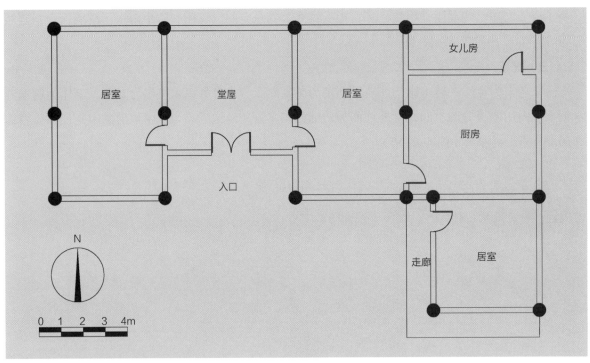

女儿房

居室

堂屋

居室

厨房

入口

走廊

居室

N

0 1 2 3 4m

图 4-2-9　上堡村杨家老宅平面示意图（来源：吴晶晶　绘）

图 4-2-10　上堡村杨家老宅剖面示意图（来源：吴晶晶　绘）

以及作通风之用；四周屋檐出挑较多，形成檐廊下的灰空间以遮阳和防止雨水污湿墙面。东侧厢房为吊脚楼，下面圈养家畜（图4-2-9）。

（三）建造

杨家老宅为穿斗式砖木结构建筑，地基为垫高砖石，吊脚处以木柱作为支撑。墙体为刷桐油木板；室内用木板分割空间，室外地面为砖铺的图案，灰缝饱满均匀；屋顶为歇山，三周重檐盖青瓦，外檐出挑深远（图4-2-10）。

（四）装饰

房屋外面的木柱和板壁刷桐油。整幢房屋上盖小青瓦，加装了白色的瓦塞和花檐板，外墙呈古桐色，视觉效果古朴大方，雅而不奢（图4-2-11，图4-2-12）。

图4-2-11　杨家老宅正立面
（来源：湖南省住房和城乡建设厅提供）

图4-2-12　吊脚楼（圈养家畜）
（来源：湖南省住房和城乡建设厅提供）

三、怀化市会同县高椅乡高椅村横仓楼民居

（一）选址与渊源

横仓楼位于湖南省怀化市会同县高椅乡高椅村（图4-2-13），怀化市东南80公里、会同县东北48公里处，沅江上游，雪峰山脉南麓，居古代"武陵蛮"之南部，西汉时属武陵郡，唐属巫州郡。横仓楼建筑类型为"窨子房"。

（二）建筑形制

"横仓楼"选址较为讲究，与苗族干阑式建筑不同，苗族干阑式建筑为苗族人因地制宜发展而成，适用于苗族生活生产的建筑形式。"横仓楼"多建于平地，这与侗族人聚族而居的生活习性相吻合，横仓楼为四面围合的单进院落，中间是天井，平面方正，或为规整的长方形，或近方形，犹如一颗印章，因此当地人称它为"印子房"（图4-2-14）。

横仓楼院落不大，或只在住宅中有小天井。室内光线较暗，通风效果差。横仓楼小天井设计好处有四：一是首层为仓房，放置农具、生活用品及管理牲口；二是利于生活生产，居民活动大多围绕农田，一天劳作往往很辛苦，首层房间数量多能避免上下楼梯，同时也给人提供一个休息交流空间；三是湖南属于亚热带气候，夏季天气炎热，且持续时间长，每年6~9月最为明显。狭小的天井能够提供给居民一个凉爽之地；四是有利于防卫，建筑外墙为厚实的石、大块青砖，较为牢固。

图4-2-13　高椅古村全景图（来源：湖南省住房和城乡建设厅提供）

　　高椅村多为明清时期居住建筑，合院式，其建筑布局融合了其他民族特征，同时也具有侗族民居的特点，横仓楼整体为穿斗式木结构，住宅前为狭小的天井，东西两面设置高大的封火山墙，单座建筑封闭而且对称。建筑外墙多为青砖，建筑底层为岩石，内部用木结构将空间合理灵活分隔（图4-2-15）。

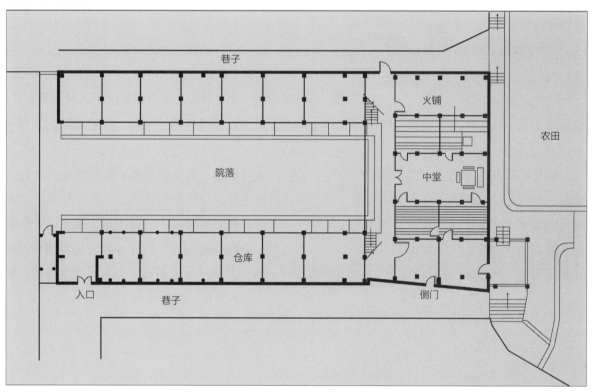

图 4-2-14　横仓楼平面图（来源：藏澄澄　绘）

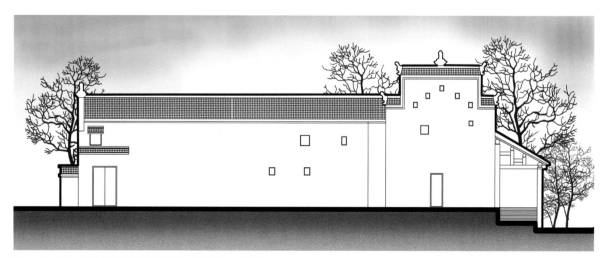

图 4-2-15　横仓楼立面图（来源：吴晶晶　绘）

（三）建造

横仓楼坐东朝西，为一栋大三合院，正门在院子的西南角。谷仓正房五开间，两层，上下层均有前廊，左右厢房各七开间，也为上下两层，有前廊。正房一层当心间为堂屋，中间供奉着天地君师的牌位。左右次间为卧室，左稍间为灶屋。后檐处又扩出一间灶屋并建小门正对北侧的大田，秋收时十分便利。正房二层三间通敞，当心间后墙开有大隔扇窗，传说旧时楼上供着观世音、五谷神、财神等各路神灵的神像或牌位，是座佛堂，也有说是花厅，大窗为观景而设。谷仓左右厢房各七间，两层，每间面宽仅有2米多，进深也只有3米上下，底层均为牛栏、马房、猪圈，存放大车和各种农具、谷草仓，也有房子供长工和佣人居住。厢房二层均做粮仓，为粮食出入仓的便利，在每一间前檐上都有滑轮的装置，至今还保留着一些。目前这座横仓楼已严重损坏，右侧厢房已被拆毁，现存建筑部分因年久失修，构架糟朽，墙体歪闪，岌岌可危（图4-2-16，图4-2-17）。

（四）装饰

横仓楼建筑装饰艺术是传统建筑文化艺术与技术相结合的产物，是人们出于对美好生活的追求创造出的特殊艺术形式。装饰伴随着人类有了寻觅天然居所的观念开始萌芽，而一旦这种天然居所完成了到人工建筑的转换，建筑装饰也随之衍生而来，并与人的生产生活密切相关。横仓楼的建筑艺术装饰题材有一部分是直接取自于现实生活的实体之物，如花、鸟、鱼、虫、人物故事、亭台楼阁、飞禽走兽、牡丹月季、文人雅集等（图4-2-18，图4-2-19）。

四、怀化市通道县黄土乡皇都侗族文化村欧宅

（一）选址与渊源

皇都侗族文化村四面环山，山形优美（图4-2-20），西部有凤形山，北部有量它山，东部有坝角坝上山、屋背后山、进水冲山，南部有粪冲山等，众多山体环绕在村寨周围，风景优美，以坪坦河为廊道，以山脚下谷地的水塘为斑块，共同构成了皇都侗族文化村的水系景观，村寨周边山体植物茂盛，形成林地景观，其布局由内向外依次为风水林—经济林—自然生态林。皇都侗族文化村是通道县重要的村寨，山林中野生植被较多，景观类型丰富，林地与村寨紧密联系，对中心村寨形成围合之势。

村寨为"主街+支巷"的路网结构形式，街巷空间通常由一条主街、若干支巷和节点组成。各街、巷空间相互交织将村寨划分成各街坊，街坊大小不一，自由网络式街坊构成自由衍生式街巷空间。道路形式灵活多变、并与地形和民居有机地结合，形成了自由式网络布局形态（图4-2-21）。

（二）建筑形制

欧宅地处怀化境内，建筑具有侗族典型地面式建筑特征。建筑高三层，三开间三进深，面积约399平方米。二楼有堂屋、卧室以及杂物间，三楼有外廊与二楼相互连通。建筑整体结构典型，为穿斗式木结构，屋顶为硬山，两端设山墙。

图 4-2-16　横仓楼前廊
（来源：湖南省住房和城乡建设厅提供）

图 4-2-17　横仓楼堂屋
（来源：湖南省住房和城乡建设厅提供）

图 4-2-18　以鱼为主题的装饰
（来源：党航　摄）

图 4-2-19　以狮子为主题的装饰
（来源：湖南省住房和城乡建设厅提供）

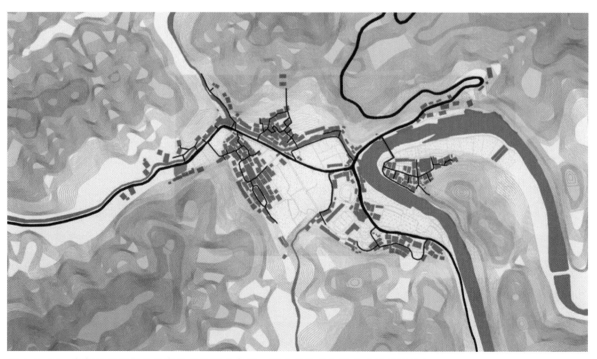

图 4-2-20　皇都侗文化村平面布局示意图（来源：湖南省住房和城乡建设厅提供）

图 4-2-21 皇都侗文化村全景图
（来源：湖南省住房和城乡建设厅提供）

图 4-2-22 欧宅
（来源：湖南省住房和城乡建设厅提供）

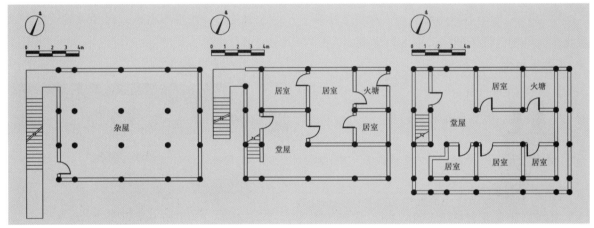

图 4-2-23 欧宅一层平面图
（来源：吴晶晶 绘图）

图 4-2-24 欧宅二层平面图
（来源：吴晶晶 绘图）

图 4-2-25 欧宅三层平面图
（来源：吴晶晶 绘图）

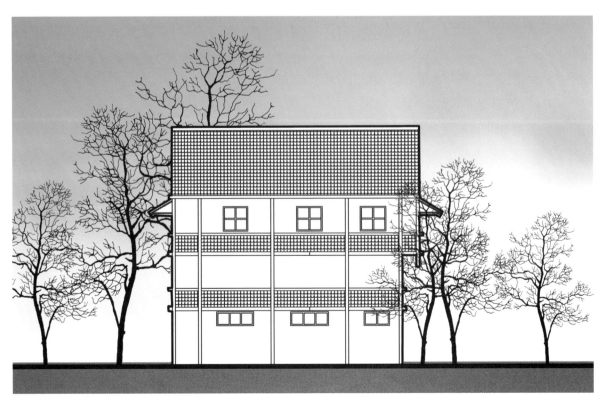

图 4-2-26 欧宅立面图（来源：吴晶晶 绘）

一层为开放式，供家庭内部日常生活起居，堂屋两侧的房屋为正房，房内少有隔断，空间通透灵活。二层经过改造成为主卧和次卧，为主要生活空间。三楼为家中晚辈居住的地方，兼有储藏杂物的功能（图4-2-22~图4-2-26）。

（三）建造

欧宅为穿斗式木结构建筑，木板壁为墙体，三合土铺地，上加盖木地板，保存风貌较好。二层无围合结构，便于通风，室内较干燥。

（四）装饰

欧宅使用的建筑材料主要为木材，木材与屋面小青瓦互相呼应，结构上选取了侗族建筑常见的七字梁结构，其他装饰相对较少。

五、怀化市通道县黄土乡皇都侗族文化村吴宅

（一）选址与渊源

皇都侗族文化村四面环山，山形优美（图4-2-27）。西部有凤形山，北部为量它山，东部有坝角坝上山、屋背后山、进水冲山以及南部的粪冲山等山体共同构成了村寨周边的山体环境。村寨以坪坦河为廊道，以山脚下谷地的水塘为斑块，共同构成了皇都侗族文化村外围水系景观体系，大小村寨分布于河道两侧坪坝，形成一河川流的山水格局。

村寨为"主街 + 支巷"的路网结构形式，主街、支巷和节点共同构成了街巷空间。各街、巷空间相互交织将村寨划分成各街坊，街坊大小不一，自由网络式街坊构成自由衍生式街巷空间。道路形式灵活多变、并与地形和民居有机地结合构成自由式网络布局形态（图4-2-28）。

（二）建筑形制

吴宅地处怀化境内的皇都侗族文化村，为典型的穿斗式木结构，建筑形式具有典型侗族干阑式建筑特征。屋顶为悬山，两端设山墙，高三层，面阔四开间，进深三间，建筑面积约380平方米。建筑东南角有抱厦从建筑主体伸出，一楼为堂屋，建筑主体西侧山面偏厦设有楼梯及入口连通建筑各层（图4-2-29，图4-2-30）。

一层为开放式，房内少有隔断，空间通透灵活。二层经过改造，成为主卧和次卧，为主要生活空间。三楼设有通面宽的廊道，连通各房间，也是建筑重要的过渡空间（图4-2-31~图4-2-33）。

（三）建造

吴宅为穿斗木结构建筑，以木板为墙体，三合土铺地，上加盖木地板，保存风貌较好。二层无围合结构，便于通风，室内较干燥。建筑楼梯为单跑形式，利用木材加工成梯架，于梁侧凿槽嵌入背板，梯段设置灵活，宽度、高度均因地制宜而设。

抱厦同样为穿斗木结构，从建筑主体向外伸出，做厨房、厕所使用，因此形成了建筑主入口位于山墙面，厨卫位于主立面的情形（图4-2-34）。

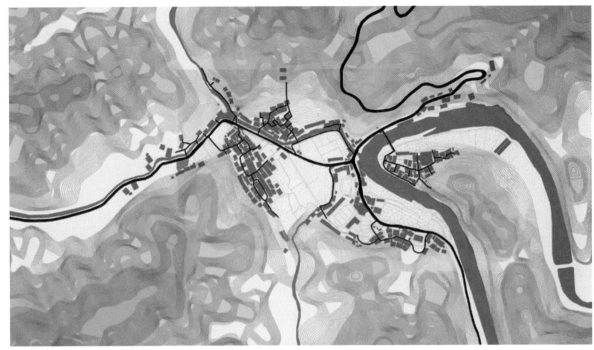

图 4-2-27　皇都侗文化村平面示意图（来源：湖南省住房和城乡建设厅提供）

图 4-2-28　黄都侗文化村全景图（来源：湖南省住房和城乡建设厅提供）

图 4-2-29　吴宅外观
（来源：湖南省住房和城乡建设厅提供）

图 4-2-30　建筑细部
（来源：湖南省住房和城乡建设厅提供）

（四）装饰与细部

吴宅以木材作为主要建筑材料，木板外墙与屋面小青瓦相互搭配，互相呼应，建筑结构采用侗族干阑式建筑常见的七字梁结构，建筑装饰简单大方，常见装饰有瓜柱柱脚的金瓜形雕刻等（图 4-2-35）。

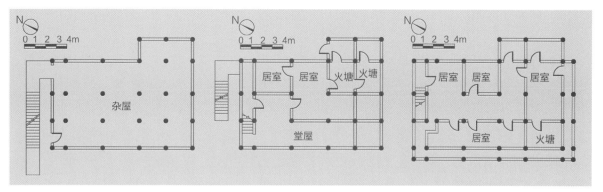

图 4-2-31 吴宅一层平面图　　　图 4-2-32 吴宅二层平面图　　　图 4-2-33 吴宅三层平面图
（来源：吴晶晶　绘）　　　　　（来源：吴晶晶　绘）　　　　　（来源：吴晶晶　绘）

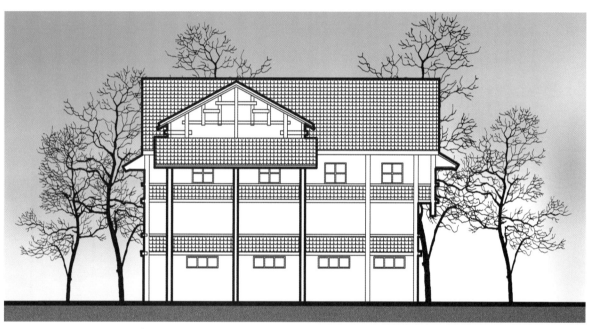

图 4-2-34 吴宅立面图（来源：吴晶晶　绘）

图 4-2-35 吴宅装饰（来源：吴晶晶　摄）

六、怀化市通道县双江镇芋头村杨宅一

（一）选址与渊源

芋头溪在坪坦村域内汇入坪坦河，为芋头村带来丰沛的自然水源。芋头村以芋头溪为廊道，以山脚谷地的水塘为斑块，共同构成了芋头村外围的水系景观，进而形成了侗寨独特的山水格局（图 4-2-36）。

芋头村以芋头溪和村内主要道路为流线，并依托山势串联了上、中、下三个村寨，呈现"一"字形的排布方式，形成村内的四大基本组团。建筑布局呈现出依山就势的格局，寨内建筑以崖上鼓楼、芦笙鼓楼和田中鼓楼为核心，形成向心组团布局。村寨内部民居大多沿等高线逐级布局，因地制宜灵活布局，多为独栋式。

（二）建筑形制

芋头村杨宅始建于 20 世纪 60 年代，为两层，建筑面积约 250 平方米。面阔三间，进深三间，悬山屋顶，为侗族典型的落地式住宅。杨宅一层空置或用来堆放杂物，两侧山墙设置楼梯，从楼梯进入二层堂屋，堂屋东侧为火塘间，火塘间集做饭、休憩、取暖功能于一体（图 4-2-37~图 4-2-40）。

图 4-2-36　芋头村平面布局示意（来源：湖南省住房和城乡建设厅提供）

图 4-2-37　杨宅外观（左）
（来源：湖南省住房和城乡建
设厅提供）

图 4-2-38　杨宅外观（右）
（来源：湖南省住房和城乡建
设厅提供）

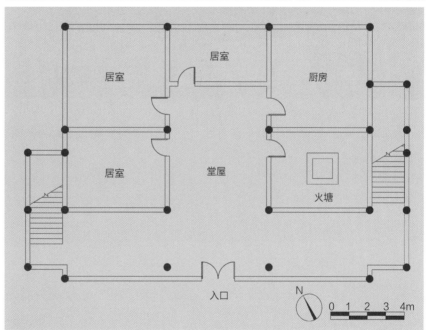

图 4-2-39　杨宅一层平面图
（来源：吴晶晶　绘）

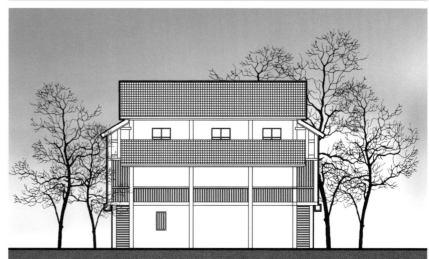

图 4-2-40　杨宅立面图
（来源：吴晶晶　绘）

图 4-2-41　穿斗式木结构（来源：吴晶晶　摄）

（三）建造

　　杨宅火塘间的中心由"火铺"组成，火铺用坚硬耐磨的板栗树做架子，并铺上厚实的木板。方架中间留出 2~3 尺见方的空洞，用黄泥筑成火墙，内放三角铁撑，出于防火考虑，火铺周围用长条石或砖进行堆砌，火铺上站着可以做饭炒菜，坐着可以取暖。

　　杨宅为穿斗式木结构建筑，二层开敞，外廊檐口加设天窗，从而可以保证室内采光，外廊檐下设置晾衣竿晾晒衣物。与二层的开敞相反，杨宅三层完全封闭，为主人的私密空间。建筑两侧偏厦与屋顶搭接，确保雨水不渗漏（图 4-2-41）。

（四）装饰

　　相对而言，杨宅装饰较少，建筑屋脊采用了富有地方特色的装饰，这与村民淳朴的信仰有关。建筑内部采用木板墙进行隔断，天花为露明做法，结构体系一览无余。

七、怀化市通道县双江镇芋头村杨宅二

（一）选址与渊源

　　芋头村位于山脊与山谷交接的过渡地带，三面环山，周围老屋山、太平山环抱，藏风聚气（图 4-2-42）。芋头村以芋头溪及村内主要道路为线，依托山势串联上、中、下三个村寨，呈现"一"字形的排布方式，形成村内的四大基本组团。村寨内部建筑大多依山就势而建，寨内建筑在空间上为以崖上鼓楼、芦笙鼓楼和田中鼓楼为核心的向心式布局。村内建筑多为独栋式，沿等高线逐级布局，依据地形灵活布置，村寨内部的鼓楼在竖向空间上为村寨内部的最高点，其他建筑在高

图 4-2-42 芋头村空间布局模式（来源：湖南省住房和城乡建设厅提供）

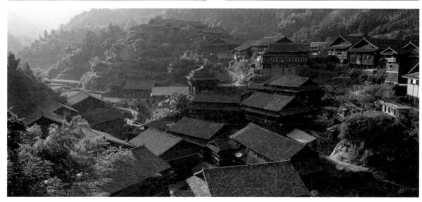

图 4-2-43 芋头村全景图（来源：湖南省住房和城乡建设厅提供）

度上低于鼓楼的空间序列，这是侗寨村落社会传统文化的体现。

（二）建筑形制

该建筑建于 20 世纪 50 年代中期，面积约为 640 平方米，面阔四间，进深四间，屋顶为单檐悬山顶，三层，正立面有偏厦，楼梯从正立面直通二楼南侧主入口，为典型的侗族干阑式住宅。虽然属于干阑式住宅，建筑本身并未采用常见的外廊进行连接，转而使用二楼内部的堂屋空间进行连接。房屋内有两间火塘，对称分布在堂屋两侧。火塘除了烧水做饭的实际功能外，也表现了侗族人的某些心理观念，如火塘上方为正座，一般由长辈或客人就座，三脚撑在火塘里，不可随意移动，也不可直接在上面烘烤杂物（图 4-2-44~ 图 4-2-47）。

（三）建造

杨宅以木材为主要建筑材料，屋顶盖有小青瓦，一层堂屋地面与汉族民居相同，为素土地面；两侧房间由于受到干阑式建筑的地板构造影响，采用木板铺地。三楼外廊采用减柱法，使外沿柱子变为瓜柱，用榫卯和梁连接。

该建筑在构造上采用整体框架体系，即干阑式住宅下部支撑结构和上部围护结构形成整体框架，在每根长柱上分别穿凿上榫眼，以枋串联将柱竖起，相互连接，构成整体屋架的基本形。

（四）装饰

室内简洁大方，房间多在整体空间的基础上进行简单分割，布局上基本与汉族传统民居对称式的布局方法相同。天花下的檩条与枋的连接关系清晰可见。

图 4-2-44　杨宅外观 1
（来源：湖南省住房和城乡建设厅提供）

图 4-2-45　杨宅外观 2
（来源：湖南省住房和城乡建设厅提供）

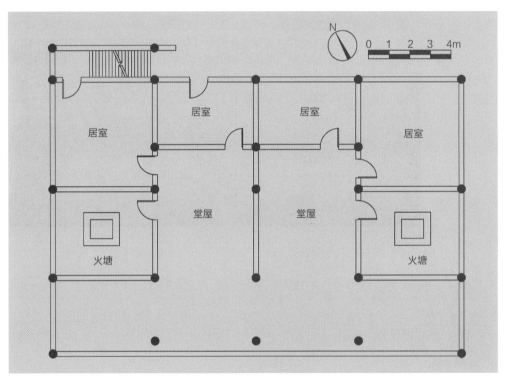

图 4-2-46　杨宅平面示意图（来源：吴晶晶　绘）

图 4-2-47　杨宅立面示意图（来源：吴晶晶　绘）

第四章　参考文献

[1]　李哲. 湘西少数民族传统木构民居现代适应性研究[D]. 湖南大学，2011.

[2]　程艳. 侗族传统建筑及其文化内涵解析[D]. 重庆大学，2004.

[3]　顾静. 贵州侗族村寨建筑形式和构建特色研究[D]. 四川大学，2005.

[4]　杨友妮. 侗族民居建筑"垂莲式"吊脚装饰初考[J]. 文艺生活·文艺理论，2013.

第五章 | 湖南苗族
传统民居

• 苗族传统民居综述

• 苗族传统民居实例

第一节 苗族传统民居综述

一、基本概况

湖南省苗族共有1921495人，主要分布在湘西土家族苗族自治州的花垣、凤凰、吉首、保靖、古丈、泸溪及邵阳市的城步、绥宁和怀化市的麻阳、靖州、会同等县、市。苗族人民创造了丰富多彩、风格独特的文化艺术。湖南苗族主要使用湘西方言和黔东方言。苗族民间文学有歌谣、神话、传说、故事、寓言等，苗族是个能歌善舞的民族，其音乐、舞蹈和戏剧等具有悠久的历史。苗族传统工艺美术主要有纺织、编织、刺绣和剪纸、桃花和银饰、蜡染等。凤凰古城为国家历史文化名城。靖州苗族歌馨、湘西苗族鼓舞、凤凰苗族银饰锻制技艺入选了第一批国家级非物质文化遗产名录。

凤凰县回龙阁吊脚楼群，前临古官道，后悬于沱江之上，是最具有浓郁苗族建筑特色的古建筑群。苗族聚族而居，少则数户，多则数十户、上百户为村寨，以一姓或两姓为主，个别杂居多姓。村寨位于山腰和山脚，也有的分布在山头或平坝。房屋廊檐相接。湘西苗族聚居区多木质结构的平房，房屋坐北朝南，有一字形和倒凹形。此外，也有建楼房者，称吊脚楼。湘西南城步、靖州、绥宁等地苗族多建造吊脚楼房，古称"干阑"。为三层重檐的木质卯榫结构。人住楼上，楼下关养牲畜和安置厕所、灰堆，多四排三间。楼上有较宽的走廊，走廊与中堂相连，宽敞明亮，出进方便。走廊靠檐边有带靠背的长条板凳，供热天乘凉休息。

二、民居建筑形态

湘西地处山区地带，山峦起伏，河流纵横，内部地形地势呈现出了三维的空间特征形态，湘西地区内部房屋大多沿等高线而排列，依托于山脉、河流走向，而不强求建筑坐北朝南，民居在整体布局和单体形态上都表现出了不规则的自由倾向以及多方位的空间特征。湘西南地区的苗寨多位于向阳的山脊处或山坡凹入的谷地内，称为"依山型村寨"，与此同时，部分苗寨选址在临近水源的地方，则被称为"傍水型村寨"。汉族民居院落由单体建筑物围合而成，苗族民居与汉族民居中的院落和巷道的组合形态不同，苗族民居由单体建筑与巷道的组合较为多见。一方面这是受山区地形限制所决定的，另一方面也反映了苗族与汉族在文化上的不同。高墙与庭院是汉族人"礼制在物质上的反映"，苗族民居则缺少了这些"礼制"的象征。少数民族受礼制制约较少也是其与汉族民居的根本区别之一。湘西苗族人在生活方式与居住习惯上都具有鲜明的民族特色，苗族民居除居住、会客、厨炊等基本生活功能外，还要举行众多祭祀活动。

苗族有着相同姓氏聚居的习惯，因此，苗族的村寨多由一个或几个主要姓氏组成。苗人实行小家族制，家族关系简单，三代同堂的情况较为少见，子女结婚便与父母分家，并搬出去居住。因此，苗族民居建筑规模相对于其他民族民居小，其建筑体量更适合于小家庭居住。湘西苗族民居一般由正房、吊脚楼以及附属屋三部分组成，吊脚楼建设费用高，因此家庭经济相对较弱的家庭仅有正房及附属屋，吊脚楼一般只有家境殷实的家庭才有能力建造。其与正房多成直角，民居形态则表现为"L"或"U"形，其中"L"形平面较多。一般吊脚楼用作未出嫁女儿的绣楼，也有用于家中老人居住的。一般附属屋主要用做猪栏（牲畜棚）及厕所等。苗族民居正房前一般有晒谷坪，在地形允许的情况下，民居通常用低矮围墙将正房以及吊脚楼进行围合，从而形成场院空间，场院的前部则设置门楼作为入口，苗族人称之为"朝门"。保靖县葫芦镇傍海村石全民住居就是这种民居形式的典型。

湘西苗族民居一般面阔三间，中间为堂屋，左右分别设置火塘和灶，火塘设置方位取决于主人的喜好，没有绝对的规律。即使同一个寨子同一姓氏的民居，其火塘设置方位也不尽相同。火塘即在室内地上挖出一米左右方形小坑，四面垒砖石，中部生火以满足取暖、做饭的功能。以前，火塘中立三块石头以备烧火煮饭之用，后都改为铁三脚架。对苗族人而言，火塘是家中取暖、做饭和人际交往、聚会议事以及祭祀神之所，苗族祖先的神位也就设置于火塘与山墙中柱之间。

湘西苗族传统民居室内无分隔，因为苗族祭祀活动在室内进行，而祭祀活动要求较大的空间，室内若有隔断则无法进行祭祀活动。堂屋则位于正房中间，为日常起居以及接待宾客之所；火塘间前部用于摆放杂物，后部则摆设床铺，床铺上方罩着黑色床帐；灶间前部设置灶台等厨房设施，后部则作为杂物间，少数民居灶间后部也会摆放床铺。湘西地区的苗族传统民居中，除床铺位置铺设木地板外，其他地方仅为素土夯实，湘西气候阴冷潮湿，地面上铺设木地板毫无疑问会更加舒适，火塘间并未整个铺满，一则受经济条件限制，另一方面则是由于铺设木地板后会与素土地面形成约 0.35m~0.5m 的高差，其他地方则为平整的素土地面，无任何高差。

（一）民居平面形式

湘西地区苗族人的传统民居中正房一般包括"全平式"以及"内凹式"两种。"内凹式"民居的正中一间向内部凹进，在民居的入口处形成了凹口，通常会称其为"吞口"或"虎口"。民居大门位于"吞口"正中，"吞口"两侧都各有一扇钣门；"全平式"民居在入口处没有凹入，房屋平面布局上呈一字形。苗族民居中"内凹式"是普遍做法，一般解释做成"吞口"形式的原因是吞口形式有"聚宝进财"的风水寓意，而实际上主要考虑的是其使用功能。无论围护结构以砖石、夯土或是木板为主，苗族民居入口处皆为木板壁及门窗，容易受到风雨侵蚀。而入口相对凹入加深了檐下空间，从而有利木板壁的维护，并促进了室内空气流通。通常，苗族民居正房中的堂屋和其他两间一样设二层，层高大致相同，二层通常用于贮存物品，东西两侧屋架透空，便于通风采光。内凹式入口使得堂屋部分的二层在前面也有了一个开口部，在利于通风及采光的同时，"内凹式"民居在入口处形成了"吞口"和侧门，苗族有婚礼时新娘要从侧门进入室内，"吃猪"祭祀仪式中，人们要从左侧门进入室内的风俗习惯，因此，"内凹式"民居中的侧门其实是有具体的功能的。

　　"全平式"相对于"内凹式"平面形式而言，民居的二层空间的功能较为灵活，有时候甚至局部挑空，做成阁楼的形式，将绣楼布置在这里，而不是按常规把绣楼放在吊脚楼中（图5-1-1、图5-1-2）。

　　（二）民居结构

　　苗族民居大多是木结构承重体系，其建筑原理与汉族传统的穿斗式木结构民居的建筑原理如出一辙（图5-1-3）。现存最普遍的构架形式为：五柱八瓜三间为一栋，同时，五柱六瓜、三柱六

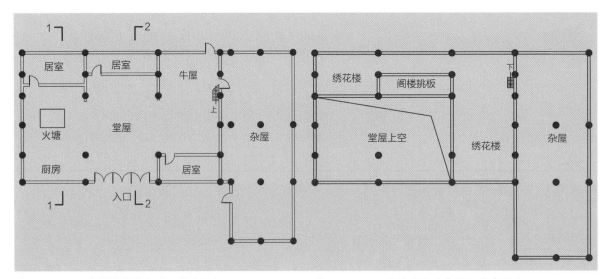

图 5-1-1　一层平面图（来源：作者绘）　　　　　图 5-1-2　二层平面图（来源：作者绘）

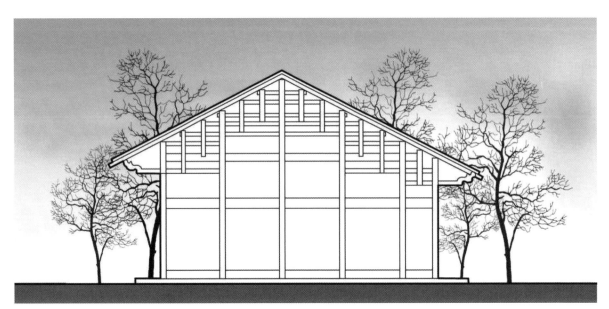

图 5-1-3　1-1 剖面图（来源：作者绘）

瓜、三柱四瓜或三柱无瓜为一栋的情况都有（图5-1-4）。柱指的是支撑屋顶且直接落地的竖向承重构件，瓜则是指支撑屋顶并落在横梁上的竖向上的承重构件。瓜柱的数量取决于房屋进深的大小，并没有严格的限制条件。建造时，中柱位于中间中，待木柱竖成，上接楼枕、斜梁（斜梁位于柱上檩条下，为斜向构件，其顺应了屋顶坡度，从屋脊到檐口是其长度，其能使檩条的位置不拘泥于柱头上，从而更加灵活），其上则安置檩条，檩条上钉椽子，最后再盖上瓦。各构件则以榫卯结构相连，形成牢固并统一的整体（图5-1-5）。

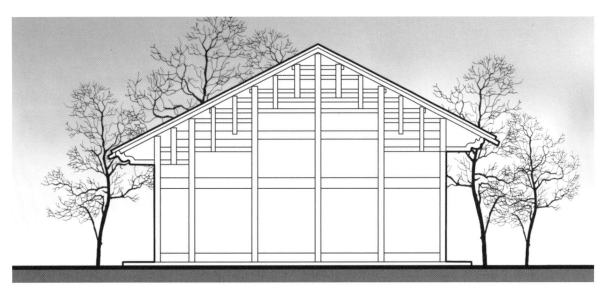

图 5-1-4　2-2 剖面图（来源：作者绘）

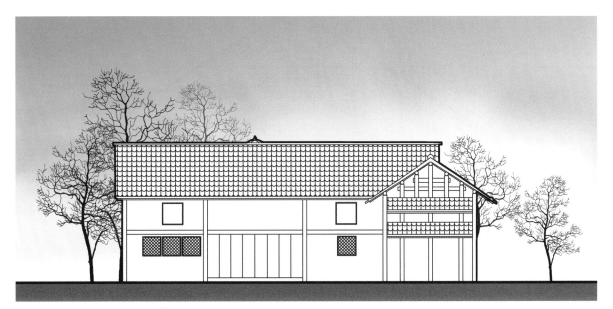

图 5-1-5　立面图（来源：作者绘）

　　房屋开间与高度尺寸没有统一的规定，开间数量则视用地情况以及家庭经济情况而定，而不像汉族受到封建礼教及等级制度限制，据麻勇斌先生走访调查得知，开间尺寸一般是一个吉利的数字，如：一丈二尺八寸、一丈一尺六寸、九尺八寸，苗族把六和八视为一个比较吉利的数字，这是受汉文化影响的结果。

　　湘西苗族民居正房一般由四榀屋架承重，由于民居规模小，多采用穿斗式屋架结构体系。屋架下不设基础，而是在柱下垫石块，以起到防湿及整平的作用。在湘西苗族民居种，"穿斗式"木构架上有的会设置斜梁，斜梁上置擦、擦上架椽。因此，檩子可以灵活设置而无须对应柱头放置。正是由于檩子可灵活设置，民居构架中的瓜柱相应地也就可以不必程式化地设置，瓜柱的数量与柱子的数量之间也就没有规律化的联系（图5-1-6）。富裕的苗族民居多在正房单侧或是两侧建"厢楼"。"厢楼"多与正房垂直，呈"L"或"U"形平面。"厢楼"建在山坡上时多采用吊脚楼形式，充分发挥了木构建筑能适应复杂地形的特长。吊脚楼多采用二或三层形式，"悬山"或"歇山"坡屋顶，上覆"小青瓦"。虽然吊脚楼多层但其只是作为附属用房，其屋脊一般会低于正房。"厢楼"同样是采用"穿斗式"木构架承重，常在柱下设垫石块以起到柱子水平化和防湿的作用。二楼通常是年轻人的寝室或客房。苗族民居常在敦厚坚实的基台上设置曲线形挑梁及屋角飞扬的屋顶，

图5-1-6　剖面图（来源：作者绘）

这也是苗族民居典型造型特征。苗族民居中灶屋、牛栏、猪栏和厕所等附属用房结构形式也多采用木构架、悬山屋顶和石壁（或石、土壁混合），木构架相对简陋。尽管湘西苗族传统木构民居的构架都是木材，但民居的围护材料却有页岩、砖、杉木板、夯土（土砖）等多种类型，围护材料以杉木板居多，但使用页岩或砖作为民居围护材料的村寨规模都较大，这就说明在苗族传统民居中砖石的应用也是极为普遍的（图 5-1-7）。

（三）民居的立面

苗族民居多以砖、石、土、木作为维护结构材料，砖过去多为土坯砖，现多使用炉渣砖；石材多为就地取材，取自于周边山野；木材则多指杉木。为防止蛇虫鼠蚁以及雨水侵蚀，外墙低处多使用石块、炉渣砖等抗潮湿性强的材料砌筑，上部以木板或土坯砖进行围合。部分村寨盛产石头，民居墙壁直接用石头垒砌而成，如柳肃于《湘西民居》一书中提到，"例如凤凰县营盘村的石头寨，整个村寨的全部建筑都是由石块砌筑而成……连屋顶也是用石片覆盖"。

苗族民居中的主屋一般是一层，以三间为例，堂屋中央设大门，左右两间外墙设置窗洞口，用来增加室内采光，室内上方以木楼板覆盖，在楼板和屋顶之间隔出仓储空间，同时为了室内通风采光以及防潮，多在阁楼的山墙一侧开洞或者使其完全敞露。

图 5-1-7　剖面图（来源：作者绘）

三、细部与材料

（一）斜梁、屋架

斜梁是苗族建筑在构造方面最突出的特点。苗族建筑的木构架常采用的是穿斗式结构，具有南方建筑特色。而区别于南方其他民族的建筑的则是苗族建筑中的穿斗式木构架比其他各族多设置了斜梁，斜梁即沿着屋架方向，在柱子与瓜柱的顶上，顺着屋顶坡度放置一根原木，从屋脊延伸到房屋檐口。檩子可放置于斜梁之上，而一般穿斗式木构架中的檩子则是搁置于柱子或瓜柱之上的。如此，苗族建筑木构架中檩子、柱子和瓜柱不必一一对应，其室内分割更为灵活，而且可根据室内空间的需要而随意搁放，以获更为宽敞合理的室内空间，这与苗族人的生活方式及风俗习惯等相关。因为苗族人节日祭祀及聚会都很多，而且大部分祭祀活动在室内举行，室内通透宽敞便于祭祀及聚会活动的举行。

斜梁的设置使柱子位置不受檩子的位置限制，从而可适当减少横梁与瓜柱。因此，与一般穿斗式木构架建筑屋架相比，苗族民居中的屋架更为自由，且屋架层可以形成通风采光优良的空间，并可将其作卧室或客房之用，从而充分利用室内空间。

（二）朝门

在建筑群中，朝门泛指进入朝堂之门，一般为建于房屋前方或围墙前方的门厅或入口，属于房屋构成部分之一。

苗族民居常在房屋前设庭院，称之为"晒谷坪"，用来晾晒农作物及作为室外集聚之所。若条件允许，部分家庭会用低矮的围墙围合庭院，即做成场院的形式。从外进入庭院的门称之为"朝门"。在苗族中，朝门是家庭身份地位的象征。朝门作为进入户内的第一道门，其重要性非同一般。朝门的设计能直接体现出屋主的品位、文化修养及经济权势等状况。

出于风水及苗民信仰而言，苗民对朝门位置的选择十分慎重。一般在修建朝门前，屋主会邀请有名的风水师商议朝门位置选择。另外，当主屋无朝向最吉利的位置时，需通过朝门改善建筑风水。一般而言，苗民认为朝门方位应与庭院内的主屋的布置方向相错开，这样才能"守财辟邪"，因此，苗寨建筑朝门与主屋的布置方向不成直线。增加了苗族建筑平面上的丰富性，弱化了直线布局的形式感，使苗族建筑显得更为自然，能更好地与环境融为一体，宛若天成，展现其自然美。这也与苗族人的审美个性是相通的。

（三）美人靠

在苗语中，"美人靠"被称为"逗安息"，其原本的意义在于提供苗民歇息的靠背椅。美人靠置于二楼堂屋正面宽敞明亮的外廊处，以悬挑的方式出现，营造出一种清淡脱俗、古朴典雅的气息。"美人靠"一般会采用向外凸出的造型，其栏杆设计也是十分有讲究的，由数个弯月形的小木条按等距离安装在木凳板上，而木凳板的下方有平木板与楼板连接，这样即形成一个宽敞的木质走廊，供苗家人休憩。从功能上来分析，"美人靠"的设计扩大了二楼的使用空间，满足日常生活作息的需求；另外，从苗人习俗上来看，"美人靠"方便了苗家女子从楼上丢手绢以传赠爱意。

（四）马头墙

"马头墙"指我们日常提到的封火墙，在苗族建筑中，因其形状酷似马头而被称之为"马头墙"。在建筑密度较大的苗族聚居地，防火是村落安全需解决的重大问题，为解决火灾隐患，苗族匠人采取封火墙的形式隔断相邻房屋。"马头墙"随屋面层层跌落，通常为两层或三层式。"马头墙"墙顶面挑出三线排檐砖，上覆小青瓦，并在上面安装各式各样的"座头"进行装饰，也表达了苗族人对美好生活的向往。

（五）火塘

火塘是人类把火引进居住空间的产物，火塘的雏形则是原始先民使用的火堆。在苗族民居中，火塘在室内装饰中极具特色。火塘又被称为"火坑"，部分地区又称之为"火铺"。在苗民生活中，火塘非常重要，白天可以烧饭煮菜，晚上则可以烤火取暖；苗族人在重要的日子还会进行火塘祭祀，祈求生活幸福安康，这些都表现了苗族人对火塘的尊敬。苗族火塘包含了供暖、煮饭、睡觉、交流以及集聚的功能。在日常生活中，火塘又承担着生计作用；当集会祭祀时，其意义又超越了做饭取暖工具的范畴，而成为家庭甚至家族的象征。从宗教信仰来看，火塘又是祖宗神明的化身。因此，苗族人对火塘制定了很多带有象征意义的禁忌条规。如：火塘四周忌霉菌及杂草；不可在火塘上搁置脏物；人不得从火塘上方跨越；火塘定好位置之后不能随意移动。若触犯这些禁忌，日后生活不如意均会视为神明报复。所以，苗族人对火塘是十分敬仰的，甚至很多家庭的祖宗神明排位皆放置于火塘边。

（六）座头、正脊装饰

"座头"指马头墙端部装饰物，苗人又称之为"鳌头"。一般采用灰塑手法——灰塑是传统建筑中常见装饰手法，其以白灰或贝灰为主原料，加以稻草或草纸等制成灰膏，然后在建筑上塑形。苗族建筑中座头常采用鳌鱼为装饰题材，其造型生动、刻画抽象，增加了鳌鱼的装饰效果。而采取鳌鱼来装饰马头墙座头，也有包含鳌鱼喷水灭火的寓意，表达了苗人对家庭平安的向往。另外，在风格质朴的苗族民居中，座头做法也包含了清水脊做法。其造型简单，比鳌鱼的装饰更经济，外形朴实无华。正脊两端尾部装饰称之为"鸱吻"，正中间装饰则称之为"腰花"。传说中鸱吻是龙的九子之一，鸱吻外形极像剪去尾巴的四脚蛇，据说这位龙王子喜欢在险要处张望，有降雨的神力，也喜吞火。人们相信这种传说，并希望它可以带来降雨，同时也可以防火；所以在屋脊的正脊两端以鸱吻装饰，有避免火灾之意。苗族建筑中的鸱吻从称呼、材料、造型方面随着时间的推移都发生了变化。在一些山区苗寨中，屋脊的正脊装饰被花草虫鱼等自然界动植物题材取代，这也是山区苗民亲近自然的方式（图5-1-8，图5-1-9）。

　　苗族建筑中"腰花"常用小青瓦拼叠成花形、金钱形等图案，或用砖雕手法雕刻"福"、"寿"等字样（图5-1-10）。经济条件允许的情况下也会选择复杂的吉祥图案，如鸟兽、仙人、暗八仙等内容。这些内容无不表达了苗民对美的追求，也代表了人们对健康、富裕、吉祥、长寿的向往。而且这些除了对建筑本身具有装饰作用以外，还可以将瓦垄上端压住，以防瓦片松动被大风吹走（图5-1-11）。

　　（七）门窗、吊瓜装饰

　　传统建筑中的装饰是人们追求美而对构件进行深加工的结果，构件本身就具备了实用功能，人们在满足使用功能的同时，本着追求美的心态对其进行进一步加工，增加了构件的装饰作用，门窗即是如此（图5-1-12）。

　　苗族民居窗户多以木材作为原材料。大部分民居窗户以几何图案进行分隔，其外形多为三分宽的木条所构成的正方形、长方形、菱形或者多边形，几何图形重复排列组合，形成的门窗图案

图 5-1-8　采用灰塑手法的座头
（来源：湖南省住房和城乡建设厅提供）

图 5-1-9　小青瓦塑造的座头
（来源：湖南省住房和城乡建设厅提供）

图 5-1-10　腰花
（来源：湖南省住房和城乡建设厅提供）

图 5-1-11　正脊尾部装饰
（来源：湖南省住房和城乡建设厅提供）

具有强烈的秩序及韵律感。中国传统文化中讲究以圆喻天，以方喻地，苗族传统文化是中国传统文化的一个部分，因此表现在门窗装饰图案上，苗族民居门窗也多以方圆组合为主。

　　苗族传统民居中，部分民居的门窗采用了相对复杂的雕刻工艺，雕刻内容多为吉祥纹样或者花虫鸟兽，同时也有采用当地盛传的人物故事的。但出现最多的仍是花虫鸟兽，此类题材反映了自然的山川河流、飞虫鸟兽等自然物体，苗族人将生活的情趣寄托于自然的景物中，也表达了他们对自然的热爱。另外，人们选取形象常通过谐音进行。如：吉（鸡）庆有余、三阳（羊）开泰、喜（喜鹊）事（柿）莲（莲花）年、六（鹿）合（鹤）同春等（图 5-1-13）。

　　苗族传统民居中，木质门窗的形式也是苗族传统文化的一部分，与中国传统文化的道德观、吉祥观都是紧密相连的。在功能上，木窗上的图像符号满足了分隔窗户的需求，同时也满足了苗民追求美的精神需求，代表着苗族人从追求建筑构件的功能进入到了追求建筑装饰审美的阶段；并且，该类装饰符号运用，对保护当地建筑环境以及文脉有着积极的借鉴作用。

（八）其他细部装饰

　　苗族建筑的细部装饰大多简朴、大方、素雅，除门窗、屋脊处装饰外，其余装饰则集中在吊瓜、屋檐口等部位（图 5-1-14）。

　　苗族建筑中的吊柱包含八棱形和四方形，吊柱下方一般雕刻为绣球或金瓜、南瓜等，此装饰则被称之为"吊瓜"。吊瓜通常采用木雕手法，造型十分丰富。屋檐口的线条装饰十分精细，不仅有装饰作用，同时也起到了滴水、防风防火的功能（图 5-1-15～图 5-1-17）。

图 5-1-12　直线条窗户
（来源：湖南省住房和城乡建设厅提供）

图 5-1-13　雕刻吉祥纹样的窗户
（来源：湖南省住房和城乡建设厅提供）

图 5-1-14　朴素的吊瓜
（来源：湖南省住房和城乡建设厅提供）

图 5-1-15　精致的木门窗
（来源：湖南省住房和城乡建设厅提供）

图 5-1-16　精湛的木雕工艺
（来源：湖南省住房和城乡建设厅提供）

图 5-1-17　墙上的诗词歌赋
（来源：湖南省住房和城乡建设厅提供）

图 5-1-18　小青瓦装饰的檐口
（来源：湖南省住房和城乡建设厅提供）

图 5-1-19　檐口的波浪形装饰
（来源：湖南省住房和城乡建设厅提供）

（九）苗族民居的图腾

在原始时代，苗族先民认为他们与某种动物或植物之间保持着某种关系，甚至认为他们起源于某一种动植物或是自然现象，而这些动植物自然就成为他们的图腾，即所谓的图腾崇拜。这也是一种原始的崇拜信仰。在苗民不断的迁徙游荡的历史过程中，苗族的图腾文化也融合了其他部分民族的文化特征，这从苗族的图腾构成中可显示出来（图 5-1-18，图 5-1-19）。

1. 枫树图腾

枫树是苗族的重要图腾，苗族人将枫树当成建筑中重要的建筑材料。苗族建筑大多采用穿斗式木结构，柱子是建筑内的支撑构件，其中，堂屋的中柱是非常讲究的。苗人认为，枫树能在自然环境恶劣的条件下生长良好，显示出其具有极强的生命力。因此，苗族匠人在建造房屋时多会

图 5-1-20　西江门口悬挂牛头的装饰
（来源：湖南省住房和城乡建设厅提供）

图 5-1-21　牛角状的屋脊装饰
（来源：湖南省住房和城乡建设厅提供）

选用枫树作为建筑材料，并且选用挺拔的枫树的树干来做中柱。而枫树的选择也是十分严格的，不干净或有禁忌、坟墓、道观寺庙等处生长的枫树不能作为建筑材料使用，因为这些地方都与死亡有直接或者是间接的联系，若误选了建筑材料，则会被认为是触犯了祖先神灵，会遭报应。

另外，苗族人对枫树图腾的崇拜也与神话故事——蚩尤"桎梏化枫"有关，尽管蚩尤与枫树并无直接联系，但鲜血淋漓的蚩尤桎梏却会让人不由自主地联想到鲜红的枫叶。也正因为如此，在广为流传的蚩尤神话故事中，枫树不仅仅被神化，还被苗族人当成了神并对其进行供奉。如此，枫树图腾也就包含了苗民对祖先崇拜的影子，体现了苗民的伦理道德思想。

2. 牛图腾

以牛作祭在我国很多民族都有，牛是很多民族的宗教信仰。但苗族的祭牛习俗相比于其他民族更为久远。据湘西苗族自治州古籍办公室调查研究结果表明，苗族关于牛的神话传说故事多达20余则。由此可见，苗族祭牛的习俗不仅早，并且流传时间极长。

在建筑营造方面，苗族匠人也表达了牛图腾崇拜的思想。譬如，湖南省城步县苗族自治县桃林村，村内重要的集会广场中央是以牛的形象作为铺地图案的；而西江千户苗寨中部分民居在门口悬挂牛头装饰，或者在屋脊处用牛角形作为装饰，部分民居则以木制的牛角形象来做大门上方的连楹，并将腰门上的门斗做成水牛的牛角模样；此外，西江苗寨整体平面布局宛如巨大的牛头，夜幕降临之时，千家万户灯火通明，牛头形象更加明显，场面壮观。对于苗族人而言，牛是神圣不可侵犯的，重大节日之时，苗族人会举行祭牛的祭祀活动，以表达他们对牛的崇拜，基本上全村寨的人都会参加，他们认为，水牛具有强大的力量，如果用水牛把守大门，能保障全家人的安全，所以在大门口会有诸多关于牛图腾的装饰物。这些现象都体现了苗族人的牛图腾崇拜。

另外，苗族人的牛图腾崇拜在民族服装、头饰上也有所体现，尤其在祭祀、集会时，苗族少女通常会着正式的苗族服装、佩戴牛角形帽子以及牛角形状的银饰载歌载舞。种种细节都表现出了苗族人的牛图腾崇拜之情（图 5-1-20）。

图腾与建筑营造相互影响，主要体现在两个方面。其一，图腾可以装饰建筑形象，丰富建筑细节。其二，人们为了表达图腾崇拜，会进行一些重要的祭祀活动，建筑给苗民的图腾崇拜活动提供了必要的场所，在这个过程中，建筑体现了其工具性（图 5-1-21）。

第二节　苗族传统民居实例

一、湖南省邵阳市绥宁县关峡苗族乡大园村民居实例——秀才屋

（一）选址与渊源

秀才屋又名寿字屋，始建于清嘉庆十二年（1807 年），位于湖南省邵阳市绥宁县关峡苗族乡大园村。村境东侧与南庙村相连，西南方则与关峡村接壤，北毗邻四甲。大园村古建筑群坐落在大园荣山的一处丘岗台地上，距县城 20 公里，离关峡乡政府一公里，有省级公路 S221 可直达。地理坐标为东经 110°17′12.2″，北纬 26°34′24.3″；海拔 365 米左右。

大园村依山傍水，后倚后龙山，前有玉带河从村前缓缓流淌，共同组成大园村"一山一水一村一田"的景观环境特征。山是后龙山，古松挺拔，生生不息；水是玉带河，波光潋滟，亘古长流（图 5-2-1）。

大园村传统村落格局和整体景观风貌可以概括为：以自然景观为基底，以人工要素为载体，以人文景观为内涵的"一村聚三心，山水田相融"格局。其中，人工景观又作为区域内最具代表性的景观要素，以几处清代建筑群落为核心展开。整个民居建筑多为青瓦屋面，飞檐翘角，建筑内部的木雕石刻、柱础、窗花、彩绘等多姿多彩，特色鲜明，建筑与建筑之间有封火墙相隔，地面、村巷均用青石板铺就，户户相连，传统民居与村寨内的石板巷道达到了有机统一（图 5-2-2）。

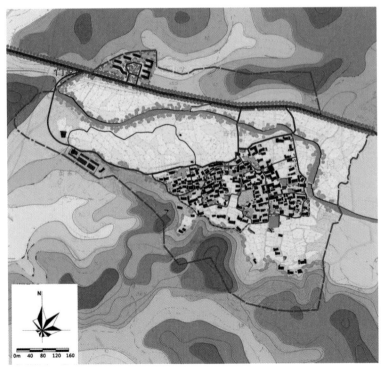

图 5-2-1　大园村平面布局
（来源：湖南省住房和城乡建设厅提供）

（二）建筑形制

大园古苗寨最为神奇玄妙的就是沧桑古朴的窨子屋。现有保存比较完好的古建筑窨子屋正屋34 座 335 间；仓楼 41 座 552 间，建筑占地面积 78231 平方米。古旧木房正屋 145 座 1446 间；仓楼 166 座 1254 间，建筑占地面积约十万平方米。据文物部门和专家考证，大园的古窨子屋房龄最长的到 2013 年有 849 年，大多数房龄在 300 年以上。屋宇绵亘，鳞次栉比，错落有致，浑然一体，青砖黛瓦，沧桑古朴，五步一楼，十步一窨，檐牙高啄，鳌头雄奇。房屋之间，既有封火墙相隔，又有铜鼓石巷道纵横交错。各家各户之间相对独立，又路路相通，进了大园古苗寨就像进了八卦阵。这些窨子屋大多为四合院，修有槽门，院与院相比有相似之处，又各有特色，并不雷同（图 5-2-3～图 5-2-5）。它们有的连成一气，互相拱卫、互相呼应，廊腰缦回，玄妙无比。院内互相钩连的屋檐水沟全部用青石条砌成，有的窨子屋大院台阶的四角各有一个大石蟾蜍，每至雨季，屋内四周的雨水便顺着石蟾蜍嘴流到天井里，形成四水归堂的格局。

（三）建造

清嘉庆十二年，风水大师对屋主人说：此地风水绝佳，是出文才之地，屋主人连忙道谢，在此建屋，命名为秀才屋。不久这里真的出了个秀才名为杨进富。秀才屋为独栋正堂式住宅，正中为堂屋，两侧为正房。正房有前后之分，前半部分设为火房，供全家人冬天烤火，屋外设檐廊。秀才屋为

图 5-2-2　大园村全景图（来源：湖南省住房和城乡建设厅提供）

图 5-2-3　大园村大门（来源：湖南省住房和城乡建设厅提供）

图 5-2-4　装饰
（来源：湖南省住房和城乡建设厅提供）

图 5-2-5　封火山墙
（来源：湖南省住房和城乡建设厅提供）

简单的"一"字形平面，即正屋位于堂屋两侧，利用房屋两端山墙在前面出耳，形成前廊，但四周屋檐出挑较多，以起到遮阳和防止雨水污湿墙面的作用。古宅为抬梁式砖木结构建筑，地基为垫高砖石，墙体为木板拼合而成，硬山屋顶，两侧有高大的封火墙。由于该地气候炎热多雨且常年潮湿，建筑垫起约 30cm 高，室内二层设阁楼作为储物之用，兼具隔热功效。外檐挑出约 1.5m，上盖小青瓦（图 5-2-6，图 5-2-7）。

图 5-2-6 大园村穿斗式民居结构（来源：湖南省住房和城乡建设厅提供）

图 5-2-7 大园村传统民居样貌（来源：湖南省住房和城乡建设厅提供）

秀才屋鳌头高耸，飞檐翘角，不仅在鳌头上面画了祥云卷草，还写下了一副对联:祥云楼栋宇，佳气满门庭。两侧墙体上分别写有"寿"字。秀才屋装饰主要集中在山墙，窗体镂空，入口和门楣相对朴素（图5-2-8）。

（四）装饰

大园村窨子屋内令人惊叹的靓丽风景是栩栩如生的门饰和窗花，有的门窗和栏杆一律采用镂空、浮雕工艺，饰之以花鸟和吉祥动物，如：喜鹊、鹿、龙、凤、虎、蝙蝠、梅花、兰草等，象征福、禄、寿、喜。专家称大园古苗寨是一个古民居历史博物馆，是村级苗族历史文化发展的活化石，是湘西南苗族建筑中的一颗璀璨明珠（图5-2-9，图5-2-10）。

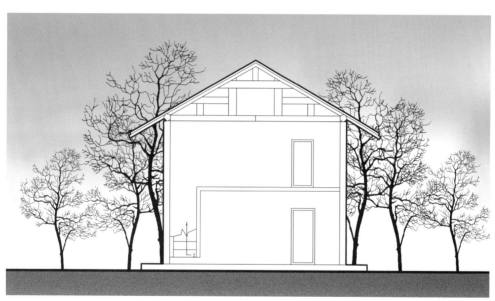

图5-2-8 大园村秀才屋剖面图（来源：作者绘）

图5-2-9 民居建筑装饰一
（来源：湖南省住房和城乡建设厅提供）

图5-2-10 民居建筑装饰二
（来源：湖南省住房和城乡建设厅提供）

二、湖南省绥宁县寨市乡正板村镇民居实例——杨家宅

（一）选址与渊源

杨家宅位于湖南省邵阳市绥宁县寨市乡正板村，总面积612平方公里，其中耕地总面积1445亩（水田1087亩，旱地358亩）。北距绥宁县城28公里。东与黄桑自然生态林寨市古城旅游区仅16公里。南距包茂高速、武靖高速、乐安镇15公里，乐安镇历来是湘、贵、粤三省边区的交通商贸重镇，现已列入湘西南开发重点区域位置，其旅游区位优势愈显突出。交通条件较为便利。

因古代开发正板村的第一人叫杨正板，而立此村名为正板村。正板村现辖10个村民小组，313户，1123人。其中农业劳动力662人，现有人口中85%为杨姓苗族，因这里距寨市老县城仅9公里，故文物保护为全县最好古村之一。

正板村位于青山环绕的苗寨山区，几千米曲线山脉绵延至此，行成了月塆地形，月塆前排凸起，是个小山坡，构成了三星拱月的理想环境。正板村就坐落在三星与月塆中间。正板村位于四面环山的风水宝地，前有三星坡和白银界山，后有金龙界山，左有明堂界山，右有葫芦形山，地势东高西低，形成了左青龙，右白虎，左水倒右的地势环境。正板村建筑群和麻石板巷道占地面积4000多平方米，整体上坐东朝西，木料结构，小青瓦屋面，先后建成5000多间方堂，天井10个，防火池塘3口，防火砖墙1000多平方米，黄土墙200多米，形成了入院难出院易的大院落（图5-2-11）。

（二）建筑形制

正板村建筑适应地形、气候特点，为天井院落"口"形布局。屋前开挖池塘蓄水，建筑布局灵活，内部空间规整，以堂屋为中心，强调"中正"与均衡，通过天井和廊道组织空间（图5-2-12）。

杨家宅为一家四代人居住，坐北朝南的独栋由长辈居住，西侧正在改建中，东侧为厨房，北侧为子女居所或火塘。长幼之间辈分分明，公共空间和隐私空间分明（图5-2-13，图5-2-14）。

图 5-2-11　正板村全景（来源：湖南省住房和城乡建设厅提供）

图 5-2-12　正板村内部民居样貌（来源：湖南省住房和城乡建设厅提供）

图 5-2-13　正板村民居样貌（来源：湖南省住房和城乡建设厅提供）

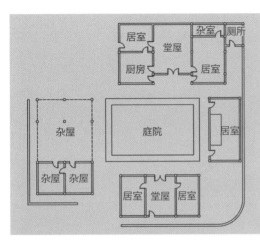

图 5-2-14　正板村杨家宅一层平面图
（来源：作者绘）

图 5-2-15　杨家宅内院
（来源：湖南省住房和城乡建设厅提供）

（三）建造

天井式院落民居内人口较多，家庭收入较好，建造技术较高。杨家宅为土木结构，内外为土坯墙，外墙不加粉饰，室内空间高大，为穿斗式木架结构。土坯墙下砖石墙基较高，用素土和碎石夯实后垫一层塑料，用以防潮。出檐深远，小青瓦面，悬山顶（图 5-2-15）。

（四）装饰

杨家宅装饰形式和构造简单，大门门框、门窗、柱础、梁枋以及祖先堂是装饰的重点。二层栏杆朴素无装饰，窗口均为镂空，饰以彩绘窗花，年久逐渐失去颜色。

三、湖南省凤凰县都里乡拉毫村保家碉堡

（一）选址与渊源

都里乡拉毫村地处云贵高原东侧的武陵山脉西支，位于湖南省凤凰县城的西北部，团鱼桥水库北侧，隐蔽在湘黔交界处的群山中，距凤凰县城 15 公里，都里乡政府 4 公里，是凤凰县典型的中低山原区，是一个苗族聚集的村寨。

拉毫村的地理坐标为经度：109°26′，纬度：27°55′，海拔 487 米。拉毫村是苗族传统村落空间历史遗存的缩影，凝聚了苗族劳动人民的勤劳和智慧，拉毫村东与全石营营盘遥相辉映，是军事要寨，现已完全成为一个居民村寨。拉毫村村落选址具有独特的地域风格，保存了相对完整而真实的历史信息，村落总体布局构思巧妙。村落依山而建，有完整的防御体系，共设 3 个城门、总爷衙门、总司衙门、2 个保家楼，附带了大量的历史文化信息，体现了苗族村落选址与建造水准。村内历史巷道主要以青石铺设而成。街巷平整，沿地势起伏蜿蜒，具有较高的景观价值，也见证了明清时期该地区的生活方式和文化特色，具有较高的历史价值、艺术价值和科学价值（图 5-2-16）。

图 5-2-16　拉毫村鸟瞰图（来源：湖南省住房和城乡建设厅提供）

（二）建筑形制

拉毫村城墙石板建筑群保存相对完好，多为 1~2 层，大部分是清末、民国时期的建筑，带有典型的苗寨建筑风格，拉毫村为全国文物保护单位；村内民居多为石板、木构架结构，带有浓郁的地方色彩。传统民居常做成场院形式，场地则作为晒谷物和室外活动的场所。四面用低矮的围墙进行围合，从风水上考虑，民居通常设门楼，并称之为"朝门"，朝门或朝向风水好的方位，或不与堂屋正对，避免其影响堂屋风水。民居主入口做内凹处理，并称之为"虎口"或"凹口"（图 5-2-17）。

保家楼得名于垴上山顶的屯堡，清朝时驻军于此。站在屯堡之上，东可俯瞰全胜营、凤凰古城，南可远眺阿拉营、黄会营，北可遥望苗疆边墙外都里、廖家桥、落潮井的苗乡，是重要的军事据点。拉毫营盘现在除了垴上山顶的屯堡外，垴上本身的石头房屋也远近闻名，被称为"石头寨"。

（三）建造

村落整体依山而建，周边由城墙环绕而成，地势较高，视野开阔，形成聚落形式（图 5-2-18，图 5-2-19）。大部分居民在山坡居住。寨内一条东西相通的主道，叫云盘大路，两旁设巷道，主道中部另设二道关门，把办公、驻军和居民区分开。拉豪营盘的山脚下有两条小河，一条是位于村寨北面的六冲小河，另一条是位于村寨南边的教场河，两条河流在村寨的东面交汇形成一条河流，另外，位于拉毫营盘的西南向有一个团鱼桥水库，主要用于农业灌溉。村寨内绝大多数的传统建

图 5-2-17　拉毫村保家碉堡民居样貌（来源：湖南省住房和城乡建设厅提供）

图 5-2-18　拉毫村保家碉堡民居样貌（来源：湖南省住房和城乡建设厅提供）

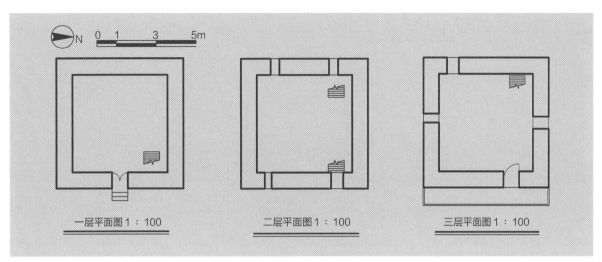

图 5-2-19 一层平面示意图　　图 5-2-20 二层平面示意图　　图 5-2-21 三层平面示意图
（来源：作者绘）　　　　　　（来源：作者绘）　　　　　　（来源：作者绘）

筑建造于清代和民国年间，占 80% 左右，建筑大多为湘西民居，集中成片，是村内风貌的主导部分，现状建筑分为一层、二层、三层，以二层的传统民居建筑为主（图 5-2-19~图 5-2-21）。拉毫村保家楼仅有两栋三层的保家楼建筑，高度基本控制得较好，拉毫村周边视觉环境基本得到保障。

（四）装饰

图 5-2-22 拉毫村民居外观（来源：湖南省住房和城乡建设厅提供）

新中国成立后拉毫村建设的传统风貌民居多为小青瓦坡屋顶，有些外墙进行了外挂条石装饰，窗洞口保留原始的木窗格形式（图 5-2-22）。

四、吉首市社塘坡乡齐心村民宅

（一）选址与渊源

齐心村位于吉首市社塘坡乡西南部，属云贵高原边缘的腊尔山地区，海拔 750~800 米，被称为社塘坡乡的"西伯利亚"。全村管辖两个村民小组，78 户，328 人，总面积 2.8 平方公里，耕地面积约 441 亩，稻田 340 亩，山林面积 2001.8 亩，为典型的纯苗族聚居地。

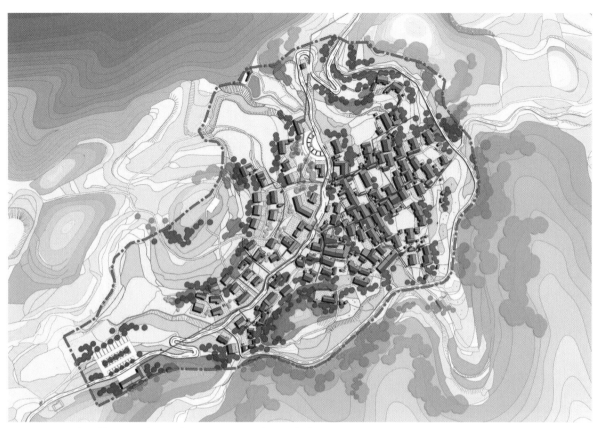

图 5-2-23　齐心村平面示意图（来源：湖南省住房和城乡建设厅提供）

齐心村属亚热带季风气候的高寒地带，年内平均气温 16~18℃，年降雨量 1200 毫米左右，土壤多为青砂土壤，自然条件恶劣。齐心村原名狗年，因在明代洪武年间某一戌狗年搬迁落居而得名，后在清乾隆五十九年（1794 年），乾嘉苗民起义中生擒清军头领后改名为擒头坡，20 世纪 50 年代初的农业合作社时期更名为齐心村（图 5-2-23，图 5-2-24）。

（二）建筑形制

全村有一条石街和七个青石巷，总长 1500 米。石街宽二米，青石巷最宽处三米，最窄处一米五，小巷幽深弯曲，纵横交错，四通八达。街巷为全石铺就，石头大小不一，形同碧玉。古时为防匪患，齐心人修建了石门、石碉楼，在村子东、南、西、北四方修建了护村堡，现保留完好的有明代石门 17 个，石碉楼两栋及遗址 4 处，村东、西护村堡两处，更有随处可见的石桌、石碾、石磨等（图 5-2-25）。这些建筑物的历史多的有五百年，少的也有二百多年。

（三）建造

齐心村历史悠久，房屋基本保持着明清时期的建筑风格和布局，现有石头屋 50 多栋，房屋皆用石头垒砌，院子用青石板铺就。院落的布局，房屋的建造，大门的设置都遵循一定的规矩（图 5-2-26，图 5-2-27）。

（四）装饰

齐心村民居多为传统的小青瓦坡屋顶，墙体全用石头堆砌而成，窗洞口保留原始的木窗格形式（图 5-2-28）。

图 5-2-24　齐心村鸟瞰图（来源：湖南省住房和城乡建设厅提供）

图 5-2-25　齐心村碉楼外观（来源：湖南省住房和城乡建设厅提供）

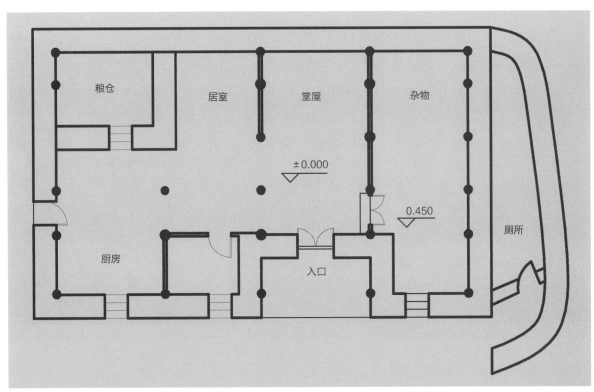

图 5-2-26　齐心村某民居平面示意图（来源：作者绘）

图 5-2-27　齐心村某民居立面图（来源：作者绘）

五、湘西土家族苗族自治州保靖县金洛河村民居实例——石宅

（一）选址与渊源

金洛河村位于湘西土家族苗族自治州保靖县东南部，属于水田河镇中兴乡。村内的苗族民居以木质结构为主。建筑布局比较自由，基本上背山面水，因地制宜而建（图5-2-29）。

图 5-2-28　齐心村民居外观（来源：湖南省住房和城乡建设厅提供）

图 5-2-29　金洛河村鸟瞰（来源：湖南省住房和城乡建设厅提供）

现在的金洛河村由胡桥、白崖和金洛河三村合并而成，占地 40 多亩，人口 830 人左右。村寨选址与传统苗寨相同，依山傍水，远望去，村子周围层峦叠翠，山上苍松翠杉直冲云霄；寨前一条小河，有如苗家花带，缓缓流过。据《保靖县志》记载，这种布局根据民间习俗，寨前的山称为青龙山，寨后的岭称为白虎岭，是为"虎踞龙盘"。村子原有一寨门，可惜在"文化大革命"期间被毁，仅留下象征风水的百年古树。20 世纪六七十年代，一场大火将金洛河村的建筑大部分焚毁，仅保留下来一栋，即为目前的石美光宅，该宅约有一百多年历史。

（二）建筑形制

石美光宅位于金洛河村中部，院子内部用当地产的石板铺砌，非常平整。木板墙面经桐油漆过，久经日晒呈黝黑色。建筑为平口屋建筑，主屋三开间，主屋旁加吊脚楼。正房屋架六柱九瓜，当中间比两次间稍宽，用木板隔成前后两间，前间宽大作为堂屋，后边一小间为卧室。堂屋中柱不落地而落在梁上，当地人称这种做法叫"抬楼"，这种做法用料较大。室内没有墙壁，空间开敞。堂屋东面中柱后的柱子称为"母柱"，依照当地建房风俗，建房首先要拜祭母柱。

石美光宅东侧为火塘屋，火塘在苗族日常生活中占有重要地位。火塘用青石板砌成，并用木板围成正方形，然后在火塘周围用质地坚硬的木板铺"地楼"，高约 30 厘米。石美光宅用木板隔出一小间父母的卧室，西边的次间与堂屋连通，之间无分隔。其左前室为儿子卧室。此屋中有通向吊脚楼的木楼梯，并开有后门，通过此门可以去后院和厕所（图 5-2-30，图 5-2-31）。

（三）装饰

吊脚楼楼檐比正屋稍低，楼角用弯木挑起，楼廊吊脚悬空，廊柱雕金瓜，栏杆环绕，廊内为打花带织布的绣房、机室。楼下做仓库，或者用于饲养家畜。目前由于家中人口较少，吊脚楼上多不住人，仅用于储藏杂物（图 5-2-32，图 5-2-33）。

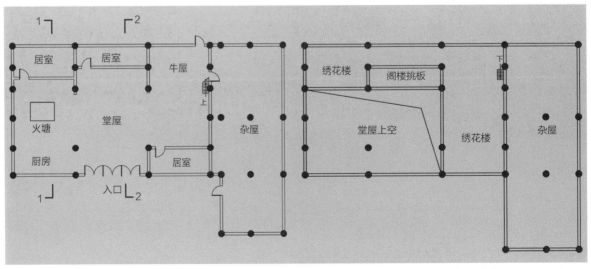

图 5-2-30　石宅一层平面示意图（来源：作者绘）　　图 5-2-31　石宅二层平面示意图（来源：作者绘）

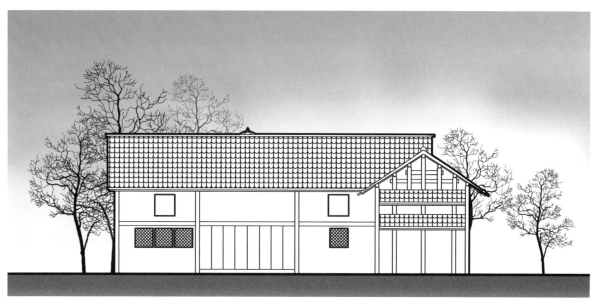

图 5-2-32　石美光宅立面图（来源：作者绘）

图 5-2-33　金洛河村内部民居样貌（来源：湖南省住房和城乡建设厅提供）

六、湘西土家族苗族自治州凤凰县麻冲乡竹山村民居实例

（一）选址与渊源

竹山村是位于麻冲的自然寨，属古村落，位于凤凰县麻冲乡东北角，村寨环抱在深山幽谷中，占地面积约 12000 平方米，建筑坐南朝北，依山而建。东北侧村头有千麻公路至此，南距长潭岗约 500 米（图 5-2-34）。

竹山村建寨时间约为明代，苗族先民为躲避祸乱自他地迁居而来，逐渐形成目前的村落格局。另外，竹山村的名称相传是在清乾嘉年间（1795 年—1797 年），湘西、黔东北的苗族人民起义，大量起义旗竹竿来自于凤凰昆仑峰中，后称此村寨为竹山。

民居建筑随山就势，沿山体等高线分布于山脚缓坡地带。古村建筑群整体呈弧形分布，有 10 余栋明清古民居建筑保存完好。新中国成立前，匪患严重，竹山村里有寨门、各家建有围墙、修保家楼，房紧挨墙体，留门相通，为战备防盗防御设施。现存的两个保家楼和一个古寨门处在村落的显要位置，村中巷道格局保留完整，巷道铺地仍使用中，另外，村中保留古树一棵、古井四处（图 5-2-35）。

村中民居保存完好，传统建筑占村庄建筑总面积的 97%。民居均为石木或土木结构，主体结构为穿斗式，平面多为三开间，外设封火山墙，上铺小青瓦，整体风格坚实质朴，虽暂时没有列入各级文保单位的建筑，但民居群具有较高的文化研究价值。

（二）建筑形制

苗族多聚族而居，一般规模较小。村落选址多选择环境宜人的向阳坡地，靠近农田，以适应其生产生活及安全防卫的需要，民居依山就势单栋布置以适应其分居较早的小家庭生活。

竹山村现存大量清代和民国时期民居，民居的平面布局与苗族生活习惯密切相关，是典型的湘西苗族民居模式。其建筑呈现以下几大特色：

1. 入口空间

传统民居通常做成场院形式，场地作为晒谷和室外活动的场所。用低矮的围墙围合，考虑风水原因，设有一个门楼，称为"朝门"，即将门楼朝向风水好的方位设置，或不与堂屋正对，避免对堂屋风水的影响。民居主入口处理成凹口，称为"虎口"或"凹口"（图 5-2-36）。入口大门上多悬八卦镜。

2. 火塘

中间居室中后部为床，在前部中柱轴线上设置火塘，是苗族居室的活动中心，主要用于取暖和熏制食物，烤火叙茶，接待亲友。在火塘与头排中柱间的空间奉祀神位，山墙中柱和火塘之间是家中最神圣的地方。

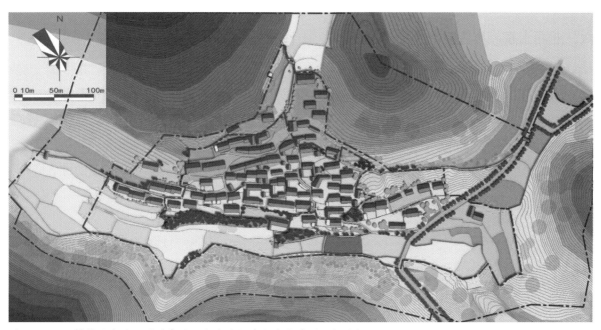

图 5-2-34　村落综合现状图（来源：湖南省住房和城乡建设厅提供）

图 5-2-35　竹山村鸟瞰图（来源：湖南省住房和城乡建设厅提供）

图 5-2-36　民居入口空间（来源：湖南省住房和城乡建设厅提供）

图 5-2-37　民居院落（来源：湖南省住房和城乡建设厅提供）

3. 院落

竹山村院落多依山而建,与地形结合紧密。院落主要由大门、庭院、牲畜栏、配房、主房等组成。平面布局主要有一字形、L形、U形三种。建筑以一层为主,部分为二层,多采用穿斗式木结构。主房大多为1~2层木结构房屋,占据院落的主要位置,且多包含厨房功能。配房多为仓储或手工制作的工厂,有人在配房纺纱,也包含客房功能(图5-2-37)。

(三)建造

1. 屋顶

双坡悬山式是竹山村民居的传统屋顶形式,屋顶上铺小青瓦,具有鲜明的地方特色。

2. 墙体

建筑墙体用当地材料青色板石和黄色土坯砖二者混合搭配垒砌,青色板石多为当地开挖的板石,青色板石多作为建筑基础垒砌在墙身下部,上部垒砌土坯砖。二者搭配自由形成既有同质性又富于变化的建筑立面形式,带有浓郁的地方色彩(图5-2-38,图5-2-39)。

七、湘西土家族苗族自治州凤凰县山江镇黄毛坪村民居建筑实例

(一)选址与渊源

山江镇位于凤凰县西北部,距县城18公里,从县城出发到山江镇大约半小时车程。东面4公里处是千工坪乡,西南方向为板畔乡。凤腊、凤麻公路穿境而过,境内交通极为便利。山江农贸市场已有100年的历史,是县内四大农贸市场之一。黄毛坪村位于东经109°46′,北纬28°05′,为山江镇镇政府所在地,是全镇政治经济文化中心。山江境内地形起伏大,包含山地、山原、丘陵、岗地及向斜谷地等多种类型。平均海拔600米左右,气候宜人,四季分明,属中亚热带湿热季风气候。年降雨量1345毫米,无霜期283天,年日照1300小时左右,四季分明,雨热同期,夏无酷暑,冬少严寒,气候特征明显,小气候效应显著(图5-2-40)。

图5-2-38 竹山村墙体(来源:湖南省住房和城乡建设厅提供)

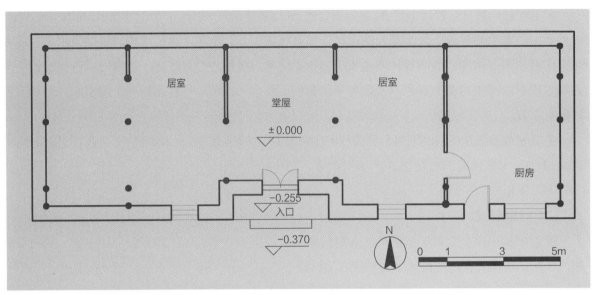

图 5-2-39　竹山村某民居平面示意图（来源：作者绘）

图 5-2-40　黄毛坪村周边环境图（来源：湖南省住房和城乡建设厅提供）

黄毛坪村周边自然资源丰富,村落依山而建,四周群山逶迤。村寨位于山谷之中,周边植被茂盛,树种丰富。黄毛坪村处于降水充沛的山区,植被保护较好,水量丰富,水质属中性淡水,村庄西北方向有苗人谷水库,灌溉着村庄的农田,土地肥沃,农作物生长旺盛。苗人谷景色优美,沿苗人谷水库乘船可抵达苗人谷景点及位于早岗村的山江水库。黄毛坪村北侧有千潭水库,是黄毛坪村供水水源。

黄毛坪古苗寨是明清时期典型的苗族民居,建筑大多坐北朝南,依山而建,青砖灰瓦,层层叠叠,鳞次栉比,气势恢宏,布局整齐,结构严谨,寨中道路纵横,四通八达,全用青石板铺设而成（图 5-2-41）。

（二）建筑形制

黄毛坪村现存有大量明清和民国时期民居,其平面布局与苗族生活习惯密切关联,是典型的湘西苗族民居模式,传统民居多为五柱八瓜三间土墙瓦屋,平面布局主要有一字形、L 形、U 形三种（图 5-2-42）。建筑以一层为主,布局紧凑,多采用穿斗式木结构,墙体用板石和土砖垒砌,小青瓦坡屋顶,带有浓郁的地方色彩。

院落是黄毛坪民居的基本元素,这些院落多依山而建,与地形紧密结合。院落主要由大门、庭院、牲畜栏、配房、主房等要素组成。其中,"马头墙"是黄毛坪村最大的特色,最初它只是作为封火山墙,以防邻人失火而殃及自家,具有相当高的实用性,但后来则成为装饰墙,民间称之为"五岳朝天"（图 5-2-43,图 5-2-44）。

（三）建造

苗族聚族而居,依山傍水,靠近农田。民居基址多选择在环境宜人的向阳坡地,以适应其生产生活及安全防卫的需要。房屋依山就势,多单栋布置,以适应苗族人分居较早的小家庭生活。黄毛坪村现存大量清代和民国时期民居,其平面布局与苗族生活习惯密切相关,是典型的湘西苗族民居模式（图 5-2-45）。

图 5-2-41　黄毛坪村某民居平面图（来源：作者绘）

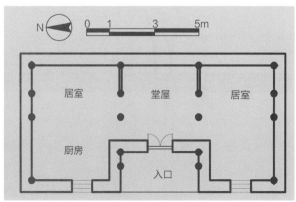

图 5-2-42　黄毛坪村某民居剖面图（来源：作者绘）

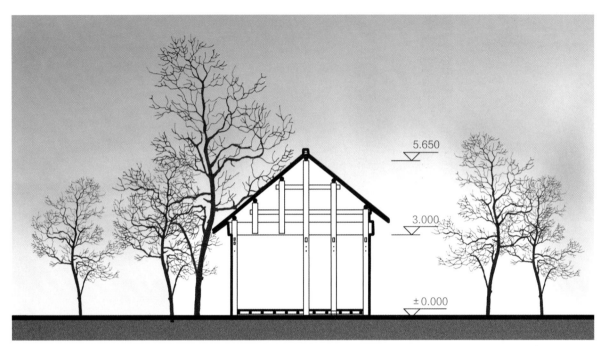

图 5-2-43　黄毛坪村某民居剖面图（来源：作者绘）

图 5-2-44　黄毛坪村某民居立面图（来源：作者绘）

　　传统民居通常做成场院形式，起到晒谷和室外活动的作用。民居周边用低矮墙体围合，考虑风水原因，设门楼，称为"朝门"，朝向风水好的方位，或不与堂屋正对，避免对堂屋风水有影响。民居主入口内凹，称为"虎口"或"凹口"。入口大门上多悬八卦镜。

图 5-2-45　黄毛坪村传统民居外观（来源：湖南省住房和城乡建设厅提供）

八、湘西土家族苗族自治州凤凰县山江镇早岗村民居实例

（一）选址与渊源

　　山江镇早岗村地处云贵高原东侧的武夷山脉西支，位于湖南省凤凰县城的西北部，隐匿于湘黔交界处的群山中，距县城 20 公里，距山江镇政府约 1.5 公里，平均海拔 730 米，是凤凰县典型的中低山原区（图 5-2-46）。早岗是中国武陵山苗族文化生态保护试验区，也是凤凰县乡村民族特色旅游的重要目的地。据考证，清朝乾嘉苗民起义军被打败后藏到这里，利用苗人谷独特的山川形势割据一方，因地制宜，设计出军事进攻、躲藏、逃避等易守难攻的布局，宛若迷宫。后来人们也是利用这里独特的山川形势安营扎寨。苗人谷为凤凰典型的生苗区，曾是湘西末代苗王龙云飞的统治中心。苗族的历史，与战役紧密相关，明清以来，为了争夺生存空间，苗族之间历经 62 起战役和五次大迁徙。因此，苗人均住在人迹罕至的类似苗人谷的偏僻山岭。据村民讲述，早岗村大部分居民都是为躲避匪患自黄茅坪搬入。

　　早岗村四面环山，坐落于海拔 730 多米的群山环抱之中，基本地势为西北高，东南低，以中低山和中低山原为主，地势较平缓开阔，谷少坡缓、垅田较多，山谷处建有山江水库和苗人谷水

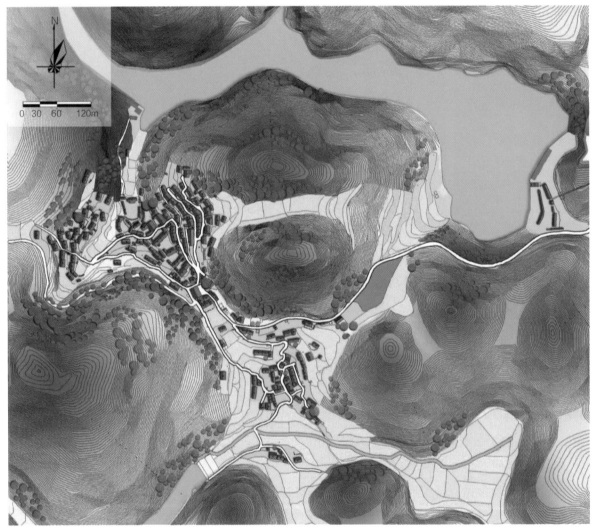

图 5-2-46　旱岗村平面布局示意图（来源：湖南省住房和城乡建设厅提供）

库，村庄周围以原始次生林为主，山上多灌木及小乔木，兼有亚灌木、草本植物及蕨类，多风水树及次生树木，少有成片的高大乔木。村庄内部种植有大片竹林，且分布广泛。旱岗村是龙姓聚集、以清代民国时期建筑为主的苗族古村落。

　　旱岗村是典型的"八山一水一分田"布局，苗寨建于山谷，山谷中央盆地为水田或旱地，房屋则建造在两边高起的坡地，依山就势，朝向自由，形成了前开敞后有屏障山的基本格局。旱岗村共有三个村民小组，其中一组和二组呈哑铃状分布于山江水库的南侧，三组则呈扇形环绕分布于山江水库北侧。旱岗村进村道路分为陆路和水路两种。现状街巷布局较均质，充分利用地形，随山势而走，形态自由，走向多变，局部灵活，具有一定的趣味性。村内街巷道路保留着原有的尺度格局，地面铺装主要为当地石板，街巷尺度宜人（图 5-2-47）。

图 5-2-47　早岗村民居（来源：
湖南省住房和城乡建设厅提供）

（二）建筑形制

苗族多聚族而居，较为分散，规模较小，依山傍水，靠近农田。多选择环境宜人的向阳坡地，以适应其生产、生活、互助及安全防卫的需要。房屋依山就势，多单栋布置，以适应其分居较早的小家庭生活。早岗村现存大量清代和民国时期民居，其平面布局与苗族生活习惯密切关联，是典型的湘西苗族民居模式。其建筑呈现以下几大特色：

1. 入口空间

传统民居通常做成场院形式，场地作为晒谷和室外活动的场所。用低矮建筑的围墙围合，考虑风水原因，设有一个门楼，称为"朝门"，朝向风水好的方位，或不与堂屋正对，避免对堂屋风水的影响。民居主入口处理成凹口，称为"虎口"或"凹口"（图 5-2-48，图 5-2-49）。

2. 火塘

头间居室后部为床，前部设火塘于中柱轴线上，主要用于取暖和熏制食物。火塘与头排中柱间奉祀神位，唯长辈可坐，火塘上挂三脚架（苗民视为神物），围坐火塘，烤火叙茶，接待亲友，火塘是苗居的活动中心。山墙中柱和火塘之间是家中最神圣的地方，家族的祭祀活动就在火塘的居室中进行。

（三）建造

1. 院落

院落是早岗村民居组成村庄的基本元素，这些院落多依山而建，与地形结合紧密。院落主要由大门、庭院、牲畜栏、配房、主房等要素组成。平面布局主要有一字形、L 形、U 形三种。建筑以一层为主，部分为二层，多采用穿斗式木结构。主房大多为 1~2 层木结构房屋，占据院落的主要位置，且多包含厨房功能。配房多为仓储或手工制作的工厂，有人在配房纺纱，也包含客房功能。

2. 屋顶

旱岗坪村民居传统屋顶形式，一般为双坡悬山式，上铺小青瓦；现存少量建筑山墙为马头墙形式，山墙间所夹屋顶亦为双坡式，地方特色鲜明（图 5-2-50，图 5-2-51）。

3. 墙体

旱岗村民居墙体采用当地材料青色板石和黄色土坯砖混合搭配垒砌而成，青色板石多作为建筑基础于土坯砖下设置，但二者搭配比例较自由，形成既有同质性又富于变化的建筑立面形式，带有浓郁的地方色彩（图 5-2-52）。

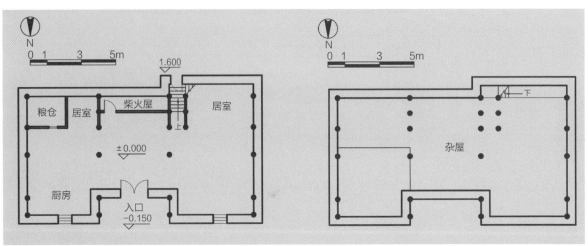

图 5-2-48　旱岗村某民宅一层平面图
（来源：作者绘）

图 5-2-49　旱岗村某民宅二层平面图
（来源：作者绘）

图 5-2-50　旱岗村某民居立面图（来源：作者绘）

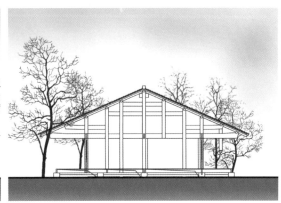

图 5-2-51　旱岗村某民居剖面图（来源：作者绘）

九、湘西苗族自治州古丈县默戎镇龙鼻村民居实例——石家大屋

（一）选址与渊源

石家大屋位于湖南湘西古丈县默戎镇龙鼻村，"墨戎"在苗语中可译为"有龙的地方"。该村处于武陵山脉腹地，三面环山，北枕齐天坡山，东望大坡山与清明坳，南靠蜈蚣山，山峻谷险，坡陡沟深。龙鼻河自南向北环绕山寨流过，植被茂盛，翠绿葱茏。有"形局完整、山环水绕、负阴抱阳"之传统山水格局（图5-2-53）。

龙鼻村坐落于两条小溪交汇的冲击河滩上，苗族先人为躲避外来侵略者移居此地，合族聚居，一姓一寨或数姓一寨。村中民居沿溪布置，并顺山递进，布局较规整紧凑。巷道星罗棋布，形似迷宫（图5-2-54）。

图5-2-52 旱岗村某民居外观
（来源：湖南省住房和城乡建设厅提供）

图5-2-53 龙鼻村平面示意图
（来源：湖南省住房和城乡建设厅提供）

图5-2-54 龙鼻村鸟瞰图（来源：湖南省住房和城乡建设厅提供）

（二）建筑形制

石家大屋建于清代，为全木质穿斗式排扇形制，硬山顶，带有转角楼，平面呈"L"形，总面积272平方米，现保存状况良好。

建筑正屋符合传统格局中"一明两暗"四柱三开间设计，楼层两层，不架空。正中设堂屋，贴有保家仙图。传统民居不设门窗，直接向外开敞，而石家大屋堂屋配六合式大门，家庭举行盛大祭典及"红白喜事"时可随要求拆卸（图5-2-55）。堂屋左右两侧的房间叫"人间"，以中柱为界，用板壁隔成前后两间，用天花板隔成上下两层，一般情况下，父母住左边人间（又称"火铺堂"），儿子媳妇居住在右边人间。房屋侧边设苗族转角楼，转角楼属于平地起吊的单吊式吊脚楼，又被称为"一头吊脚楼"或"拐头吊脚楼"。此吊脚楼并非因地形需要设置，而是为了利用更多的空间并使卧室远离下层潮湿空气，偏偏将厢房抬起高于正屋，下层作仓库，上层做厢房住人，凭借支撑木柱承受荷载。传统湘西民居遵循"主屋最高，厢房次之的原则"，此类形式并不多见。厢房与正屋连接处为"磨角屋"，设灶台做厨房使用。

（三）建造

"山歌好唱难起头，木匠难起转角楼，岩匠难打岩狮子，铁匠难滚铁绣球。"可见转角楼工艺的绝妙。苗族吊脚楼不用一钉一铆，所有的木质构件都通过榫卯相连，木质结构特有的弹性及韧性在榫卯的协调下能承受下压、冲击、振动等各种荷载的作用。可历百年而不倒，结构体外露，展现结构美感。

石家大屋转角楼主要由承受荷载的木构屋架、遮风挡雨的屋面、围合空间的壁板以及门、窗、栏杆、楼梯等构成。木构屋架主体为穿斗式结构，由柱子、穿枋、斗枋以及梁等构件组成。屋面则由木椽子、檩和青瓦构成。而壁板、门、窗、栏杆、楼梯均为木质。湘西民居木料多不刷漆，改为刷桐油多遍以展示木质材料本身的自然肌理并起到防腐作用（图5-2-56）。

图5-2-55　传统民居外观（来源：湖南省住房和城乡建设厅提供）

图 5-2-56 直跑楼梯
（来源：湖南省住房和城乡建设厅提供）

图 5-2-57 传统民居中的装饰
（来源：湖南省住房和城乡建设厅提供）

苗族地区山多地少，故民居多设楼顶或利用楼顶空间做仓储，因此楼梯是不可缺少的联系构件。石家大屋楼梯设置于外廊转折处，为 60 度直跑实木楼梯。

（四）装饰

石家大屋屋脊装饰钱形纹，即用瓦片将屋脊装饰出凸起纹样，此类装饰在湘西苗族民居中较为普遍，代表着主人对美好生活的向往（图 5-2-57）。

十、湘西土家族苗族自治州保靖县夯沙村民居实例

（一）选址与渊源

夯沙村位于湖南省湘西自治州保靖县夯沙乡，位于吕洞山脚、保靖县南部边陲，毗邻吉首市、花垣县，距吉首市 21.5 公里，距离保靖县城 120 多公里，与永顺县、古丈县、吉首市、花垣县、龙山县、重庆市秀山县接壤。夯沙村地理坐标为东经 109°39′ 至 109°38′，北纬 24°59′ 至 26°30′，位处云贵高原东侧，武陵山脉中段，湖南省西部，湘西土家族苗族自治州中部（图 5-2-58）。

夯沙村属亚热带山地气候，境内山势独特险峻，以神奇的吕洞山而著名，其间奇峰异石，流泉飞瀑，有美丽壮观的大丰冲瀑布群。有蜡染、织坊、湘绣、铜银器等传统加工业。

夯沙是苗语发音，意为"飘满歌声的峡谷"。明代苗民为躲避战乱，迁徙至此，繁衍生息。夯沙村建筑群占地 18000 多平方米，以清末民初的苗族民居为主要建筑，小溪潺潺流经村落，民居分布于溪水两岸，形成了夯沙独特的地域风貌。传统的苗族木结构建筑主要分布在大峰冲、排拔，其中夯沙二组传统苗族木结构建筑 17 栋、3 户砖房；大峰冲上寨传统苗族木结构建筑 33 栋、1 户砖房；大峰冲下寨传统苗族木结构建筑 31 栋、1 户砖房；白洋坪传统苗族木结构建筑 26 栋，5 户

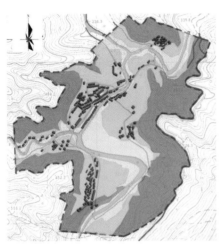 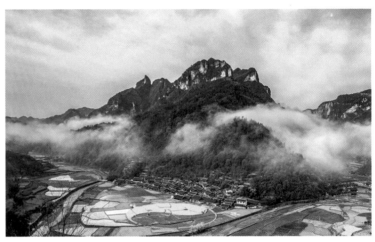

图 5-2-58　夯沙村平面图 　　　　　　　 图 5-2-59　夯沙村鸟瞰图
（来源：湖南省住房和城乡建设厅提供）　 （来源：湖南省住房和城乡建设厅提供）

砖房；排拔传统苗族木结构建筑 63 栋，7 户砖房；五坡冲传统苗族木结构建筑 23 户，1 户砖房；果尖传统苗族木结构建筑 17 户，1 户砖房。大峰冲、排拔村落整体风貌保存完整、很少受到现代建筑的冲击，很好地保存了苗族传统民居的特色（图 5-2-59）。

（二）建筑形制

夯沙村民居建筑多为穿斗式木结构建筑，一般为两层，首层四面围合，二层则相对通畅，黑瓦屋面，木板壁一般用桐油反复涂抹，乌黑发亮。门窗一般相对简单，仅开洞起通风作用（图 5-2-60）。

龙金明宅是夯沙村苗族代表性建筑，建造于民国时期，用地面积约为 96 平方米，整体结构为木结构，现居住有龙金明一家人。其民居的主要特征可以概括为黑瓦房。板壁用桐油反复涂抹，风吹日晒、乌黑发亮。正屋大体上是三开间，大门开在中间一间的二柱之间，成"凹"字形（即为"虎口"）。大门之内为堂屋，左右两开间又各隔成两间。右边里边的小间，是主人夫妇卧室，外间安放火塘，左边一间的房间为儿女住房（图 5-2-61）。

（三）建造

夯沙重要代表性苗族的建筑类型为黑瓦房和吊脚楼，黑瓦房分为五柱六瓜、五柱七瓜、五柱八瓜等。板壁用桐油反复涂抹，风吹日晒、乌黑发亮。正屋大体上是三开间一幢，较富裕者则五开间为一幢。大门开在中间一间的二柱之间，成"凹"字形（即为"虎口"）。大门之内为堂屋，左右两开间又各隔成两间。右边里边的小间，是主人夫妇卧室，外间安火塘，左边一间的房间为儿女住房。

苗家吊脚楼，属于古代干阑式建筑的范畴。所谓干阑式建筑，即是"体量较大，下屋架空，上

图 5-2-60 夯沙村民居外观（来源：湖南省住房和城乡建设厅提供）

层铺木板作居住用"（庄裕光《干阑建筑》）的一种房屋。这种建筑形式因本地降水多，水资源丰富，空气和地层湿度大，干阑式建筑底层架空对防潮和通风极为有利。

（四）装饰

夯沙村建筑装饰并不是纯自然主义作品，建筑艺术除表现自身空间与体型之外，还辅之以简朴而必要的建筑装饰，体现出苗族人民对生活的热爱和对美的追求。苗居这种装饰符合经济适用的观点，视建筑构件是否为重点部位进行装饰处理（图 5-2-62）。

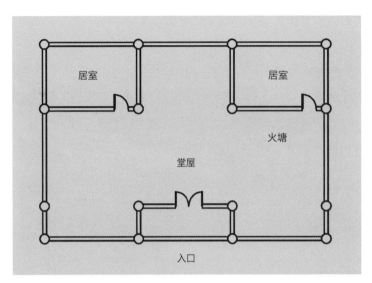

图 5-2-61　龙金明宅平面示意图
（来源：作者绘）

图 5-2-62　夯沙村民居建筑外观（来源：湖南省住房和城乡建设厅提供）

十一、怀化靖州自治县三锹乡地笋苗寨民居实例

（一）选址与渊源

　　地笋苗寨位于靖州县三锹乡境内，属云贵高原支脉的九龙山麓，地理海拔为431米，气候清凉，植被覆盖率为98%，距县城38公里，西进13公里抵达黔东南境，有省级公路通达。该苗寨是国家级非物质文化遗产苗族歌鼟发源地之一，以苗族歌鼟为代表的民族文化积淀深厚。团寨中苗族风情吊脚楼民居建筑特色鲜明，古迹文化保存完整，民俗文化传承较好，除有被誉为"原生态多声部民族音乐活化石"的苗族歌鼟外，还有极具民族风情的玩山会友、茶棚相亲、抢亲等习俗。

　　三锹苗族，历史悠久，源远流长，与五千多年前的"九黎"、尧、舜、禹，地笋苗寨歌舞时期的"三苗"以及周时期的"荆楚"有着一脉相承的关系。由于历代封建统治者的压迫和歧视，苗民和其他少数民族一样被赶进深山老林。长期居住在大山深处的苗民在狩猎、伐木等生产、生活及抵御外来进攻中创造和积累了独具特色的艺术和文化（图5-2-63）。

地笋苗寨系高山"花衣苗"团寨建筑的典型布局，吊脚楼群因山就势，顺坡而建，左右比翼，前后参差，居中平坦轩敞处，则为公共活动场地及井、池塘等公共设施分布地。顺应了"有山靠山、有岗靠岗、有溪依溪、有塘绕塘"的苗家民居选址原则，表达了苗民上应苍天、下合大地的吉祥祈求，可谓"阳宅须教择地形，背山而水称人心"。地笋苗寨即是背靠青山，前依池塘，环绕小岗，面绕溪水的风水宝地。寨中小岗暗合"双龙抢宝"之意，品字形分布的三口井暗合"三才"之局，依势而掘的八口池塘，意为"镇水"，又配齐了风水，寨前溪水长流，增添了寨子的灵气。地笋苗寨最初有人居住大约在一千余年前，现今的集中聚居大约始于明洪武年间，属锹里地区的中锹，居民以吴姓为主。地笋苗寨民俗风情浓郁，苗族歌鼟文化传承完好，各种苗族风俗极具特色和魅力。古迹文物留存较多，寨中的古井、花街、石板路、古油榨作坊、古学堂遗址都可寻觅，陆续恢复建设的山门、寨门、花桥、鼓楼、水车、凉亭增加了苗寨神韵，苗寨周边的九龙山同蒲殿、钟灵山寺、群村永赖古碑遗址拓展了领略民俗风情的空间（图5-2-64）。

（二）建筑形制

地笋苗寨民居一般为两至三层，能很好地顺应地势，建造材料多就地取材，以当地木材以及石材作为建筑营造材料，建筑基底一般采用垒石堆砌，民居一层架空，作堆砌杂物之用，一般而言，地笋苗寨民居多为穿斗式木结构，硬山式坡屋顶，稳固性能好（图5-2-65）。

（三）装饰

地笋苗寨传统民居装饰相对较少，民居外观简单朴素，更注重实用功能（图5-2-66）。

图5-2-63　地笋苗寨鸟瞰（来源：湖南省住房和城乡建设厅提供）

图 5-2-64　地笋苗寨内部鼓楼与风雨桥（来源：湖南省住房和城乡建设厅提供）

图 5-2-65　地笋苗寨民居外观（来源：湖南省住房和城乡建设厅提供）

图 5-2-66　地笋苗寨民居外观（来源：湖南省住房和城乡建设厅提供）

十二、怀化沅陵县借母溪乡国家级自然保护区

（一）选址与渊源

借母溪自然保护区西与古丈、永顺县交界，处于具有国际意义的陆地生物多样性关键地区（湖南、贵州、重庆、湖北边境地区）、世界自然基金会确定的全球 200 个具有国际意义的生态区之一（武陵山系和雪峰山脉）范围内。东经 110°19′45″~110°29′16″，北纬 28°45′51″~28°54′04″，东西长15.5 千米，南北宽 15 千米，总面积 13041 公顷，其中核心区 5705 公顷，缓冲区 2045 公顷，试验区 5291 公顷。

保护区属中亚热带季风湿润气候区，主要气候特征表现为：四季分明，热量充足，雨水集中，雨热同季，严寒期短，暑热期长，夏秋多旱。由于东西地形复杂的影响，且森林植被覆盖程度不一，气候差异大，垂直立体气候变化明显。年平均气温 14.7℃，最冷月（1 月）平均气温 4.1℃，最热月（7 月）平均气温 25.8℃，通过 10℃的积温为 5349℃，无霜期 263 天，年日照时数 1280.6h，年日照百分率为 27%，年降水量 1613.8mm，年平均太阳辐射总量为 20×10^3~24.8×10^3J/cm²。保护区内气候宜人，年舒适日数长，适宜开发各种生态旅游活动，是度假避暑的理想地区（图 5-2-67）。

（二）建筑形制

借母溪民居一般为两至三层，以木材作为主要建筑材料，就地取材，民居一般为穿斗式木结构，硬山式坡屋顶，建筑外围一般有外部走廊，方便晾晒衣物等，建筑稳固性能好（图 5-2-68）。

图 5-2-67　借母溪鸟瞰图（来源：湖南省住房和城乡建设厅提供）

（三）装饰

借母溪村传统民居装饰相对较少，民居外观简单朴素，更注重实用功能（图 5-2-69）。

图 5-2-68　借母溪民居外观（来源：湖南省住房和城乡建设厅提供）

图 5-2-69　借母溪民居外观（来源：湖南省住房和城乡建设厅提供）

第五章　参考文献

[1]　李哲. 湘西少数民族传统木构民居现代适应性研究[D]. 湖南大学，2011.

[2]　申慧. 湘西苗族地区传统民居的继承性发展研究[D]. 湖南大学，2011.

[3]　黄丹. 苗族建筑符号的审美价值研究[D]. 湖南大学，2011.

第六章 | 湖南瑶族
传统民居

- 瑶族传统民居综述
- 瑶族传统民居实例

第一节　瑶族传统民居综述

一、基本概况

瑶族是中华民族大家庭中的一员，其历史悠久，以其远祖"盘瓠蛮"而论，早在汉晋时期，有史书记载：盘瓠子孙，其后滋蔓，号曰：蛮夷，"今长沙、武陵蛮是也"。故湖南也是瑶族先民故地之一及民族扩散的起始地。湖南省瑶族共有704564人，主要分布在永州市的江华、江永、蓝山、宁远、道县、新田县，郴州市的北湖区、汝城、资兴、桂阳、宜章等县，邵阳市的隆回、洞口、新宁县，怀化市的通道、辰溪、洪江、中方县，在衡阳市的塔山以及株洲市的炎陵等县也有小的聚居区。瑶族是一个多灾多难的民族，为躲避战乱求生存，瑶族人民进入深山依山而居，钻山唯恐不高，入林唯恐不深，形成了"南岭无山不有瑶"的分布格局。

湖南瑶族不仅人口众多，分布广泛，支系亦颇为繁杂，有"平地瑶"、"过山瑶"、"梧州瑶"、"花瑶"、"顶板瑶"、"山子瑶"等。湖南瑶族的历史文化之所以在整体上呈现出多样性的特征，都归根于不同支系、不同地域的瑶族在保持了共性的同时，又创造了各自独特的文化。无论从色泽艳丽的花瑶服饰，还是曼妙古朴的过山瑶长鼓舞，都可以感受到当代湖南瑶族文化的丰富，他们依然保持着浓郁的民族特色。

在历史上由于历代统治者的压迫，瑶族人民不断迁徙，在高山密林中过着艰苦的游耕生活。"刀耕火种"的农业生产技术和不定居的迁徙生活是瑶族最为典型的特征，对瑶族的生活方式以及民居形态都产生了重要影响。因此瑶族的居住地一般都在最偏远的山区，悬崖绝壑，穷乡僻壤，只要是靠近水源和耕作区域、易找建筑材料、野兽出没较少的向阳处，便可建寨。瑶寨呈现大分散小聚居的特点，规模较小，村寨少则三五户，多则几十户，各村落间距离较远。瑶族民居分布区的生态环境具有多元性与复杂性的特征，形成了多元并存的建筑形式。

二、民居建筑形态

在历史发展的过程中，瑶族民居建筑的选择、传承和更新在不同程度上受到各种环境因素的影响。湖南瑶族有依陟岭而居的习惯，一般为山地聚落。近代除部分瑶族（平地瑶）村落选在河谷、丘陵地带外，绝大部分瑶族仍居住在高山密林中。但是瑶族分布很广，不同地区的瑶族民居由于受到地理环境、气候条件、文化传统的影响，又呈现出自身的独特性。

（一）平面形制

按平面形制划分，可将瑶族传统民居分为以下四种类型：

1.吊瓜式：依山地形所建，一般是矩形，部分顺坡地向外挑出，用柱支撑，或用原木悬挑，底层的半地下室空间作为牲畜栏或堆放杂物，外挑部分围绕正屋设一圈长廊，部分长廊上设阳台，形式优美（图6-1-1）。

2.摆栏式：多为矩形平面，外挑出柱廊，以便"摆"晒。

3.锁匙头式：主屋一层与摆栏式相同，二层左右两间各伸出一阳台，阳台彼此不相连。

4.燕窝式：呈凹形平面，户门外走廊无柱。

燕窝式主要为平地瑶所用，摆栏式、锁匙头式和吊瓜式主要为高山瑶常用，但高山瑶中也可看到燕窝式平面形制。燕窝式、摆栏式、锁匙头式一般都是三开间，五柱进深，正中为堂屋，宽4米左右，高6~7米，内设神龛，供祭祀祖先。两侧为卧室，宽4米，进深五柱七瓜、五柱九瓜或五柱十一瓜，分前后两室，用木板壁分隔，开间的大小主要由用地大小和经济条件所决定。吊瓜式平面形制较为自由，平面一般沿房屋开间方向向外延伸，正中为堂屋，两边是正房（居室），将柱廊计算在内仍为五柱进深。四种形制都设外墙，开窗小、层高低，这与瑶族所处地域气候湿度较大有关。燕窝式多建于平坦地带，房前空旷坪地可用于户外活动，其他三种多建于山区，户外活动及邻里交往空间十分有限，走廊作为公共空间十分重要，所以走廊也成为瑶族民居特征之一。

在这四种瑶族传统民居的形式中，锁匙头式最为常见。这种平面形式的民居由主屋和吊脚楼两部分组成，二者垂直相交，呈"L"形。主屋门前有柱廊，堂屋两边正房的二层向前面挑出两个木构的阳台。与汉族和其他少数民族的民居不同的是,瑶族民居在堂屋的两侧各有一条横向的通道，

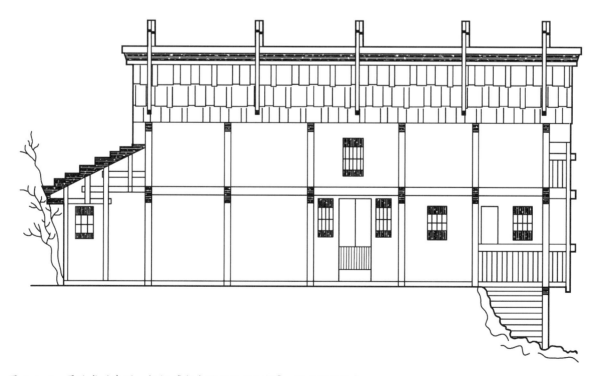

图6-1-1 吊瓜式（来源：根据《湘南瑶族民居初探》 肖文静改绘）

一直通向主屋的尽头，把主屋内的房间划分成前后两排，类似于现代建筑的内走廊，这也是瑶族民居的现代化发展。随着社会的进步和经济的发展，湘西瑶族从"游耕"转向定居，出现了父母家庭与儿子家庭合住，或者婚后两兄弟家庭合住一幢民居的情况，于是民居的规模相应扩大，在堂屋两侧开出内走廊，便于通向各个房间且互不影响。瑶族民居的这种创造性的发展使民居的内部空间出现了变化，功能上也更加实用，同时便于民居日后进行扩建。由此可见，瑶族民居受到传统封建礼制的束缚较少，建造更为灵活，因地制宜发展变化，建筑形式也更加丰富多彩。

除了木构民居之外，还有"茅寮"这种瑶族保留的最原始的民居形式。"茅寮"又名"三间堂"，多是一栋三间。正屋两侧多用杉条另辟两间，俗名"披杉"。东间堆放杂物或作畜圈、厕所，西间作伙房、洗澡间。"茅寮"这种建筑形式极其简陋，其室内设施也相对简单，但是却设有独立的浴室以及供浴室专用的水槽等。瑶族的家庭规模较小，子女成年后会分家，因此"茅寮"的规模都很小。随着历史的演变和经济的发展，"茅寮"在湖南的瑶族聚居区较罕见。

（二）民居结构

瑶族民居建筑一般为两层，极少有超过两层的，建筑结构以木构架为主体，典型的南方穿斗式构架，与苗族、土家族和侗族民居的构架相比，其构架并不具有明显特征，通常主屋的建筑式样是两坡的悬山式屋顶，上盖小青瓦。瑶族民居构造多用石材和木材，以石料做柱基和地基，梁柱用原木，墙用木板，窗用木栅格。受到经济条件的制约，部分民居的屋面和屋脊用秋后的树皮或茅草盖顶。树皮用竹皮绳捆于檩条上，再在上面隔一定的距离用两根原木分别压住，可防止屋面被风吹起。这两根原木随坡顶在屋脊处交叉，交叉处用竹皮绳绑紧。选择这类材料铺顶的民居中，无论其平面形式是燕窝式、锁匙头式、吊瓜式还是摆栏式，都保留了顶部"叉叉"这种特殊的形式（图6-1-2~图6-1-4）。梁柱的结合不用一颗钉子，屋面与檩条、檩条与横梁都靠竹皮绳扎牢。这种竹皮绳既结实又耐水，捆扎的方式也很独特。整个房屋结构与现代的框架结构相似，内外墙只起分隔作用。

瑶族民居在保留本民族建筑和聚落特色的同时，还吸取周围民族村落特别是汉族村落的先进经验，民居风格逐渐发生改变，如江永县的瑶寨与附近的上甘棠村相比，民居方面已表现出相似的平面布局和空间形态，但在公建和聚落形态方面因自身民族文化的影响仍保留明显的瑶寨特色。

（三）空间形态

湖南的瑶族民居建筑积极适应特定的人文环境和民族习俗，并植根于特定的生态条件、地域和气候条件，经过近千年的发展，已经颇具规模，其风格各异、灵活多变的建筑形态具有很高的历史文化价值，是中国古建筑中最具民族特色和地域特色的建筑。兰溪村的瑶族民居采用天井院落的建筑形式，结合木构架结构体系和夯土技术进行建造。其院落组群与湘南传统的院落组群形式不同，具有鲜明的瑶族特色。湘南地区传统的院落组群因考虑地区气候因素，建筑布局多以南北朝向为主，以便通风散热，形式是沿南北轴线延伸而形成的多进院落，且布局较为规则、整齐，

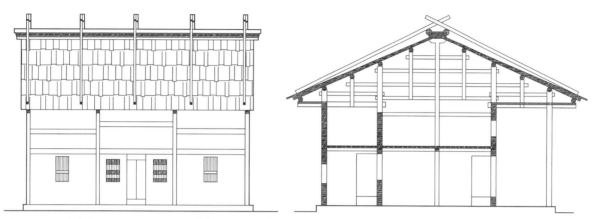

图 6-1-2　燕窝式民居正立面、剖面（来源：根据《湘南瑶族民居初探》 肖文静改绘）

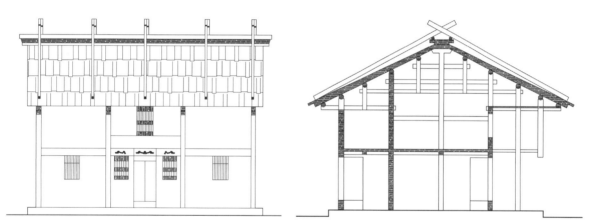

图 6-1-3　摆栏式民居正立面、剖面（来源：根据《湘南瑶族民居初探》 肖文静改绘）

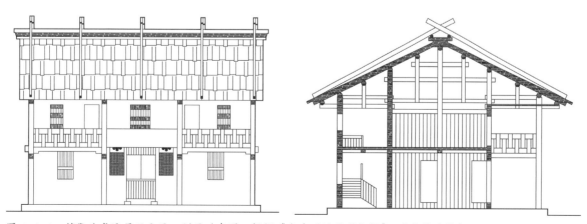

图 6-1-4　锁匙头式民居正立面、剖面（来源：根据《湘南瑶族民居初探》 肖文静改绘）

充分体现了"礼制"的思想。而兰溪瑶族的民居对朝向并无严格的要求，大多顺应地势而建，布局自由灵活，轴线性不强。瑶族民居的建筑平面组织灵活多变，虽然其平面的基本形制是三开间，但与披屋、书房、杂屋和牲口屋等功能体块随意搭接以后，削弱了平面的对称性，建筑平面甚至采用不少多边形、弧形等异形空间。而且湘南瑶族民居在院落的形体组合上也不刻意突出或强调某一部分，构图上往往无明确的中心，通常都是多中心的构图，一切都顺其自然。湘南瑶族民居的空间有以下特点：

1. 单院

单院是院落中最简单的形式，瑶族的单院式民居一般是由正屋加围墙构成，即在正屋周围修建矮墙，增辟院门，形成一个院子（图6-1-5）。考虑风水因素，门的布置要尽量避免"煞气"，故院门的布置通常偏向一边，其开口方向与正屋成一定角度，不与正屋在一条轴线上。

2. 天井院

湘南地区，瑶族许多村落选择田畴与山峦之间的坡地而建，住宅依地势随高就低布置。为了节约用地，户与户的间距非常小，从而形成许多宽仅数尺的窄巷。为保证住宅的私密性及安全性，外墙一般高大密实，很少开窗。为满足采光通风的要求，通常在大门与厅堂之间设一狭长天井，地面多用石板铺砌。天井四周房屋屋顶皆为内坡，雨水顺屋面流向天井，经过屋檐的雨滴落至地面，经天井四周的地沟排出宅外。因此天井在住宅内部起着吸除烟尘、排泄雨水和通风、采光的

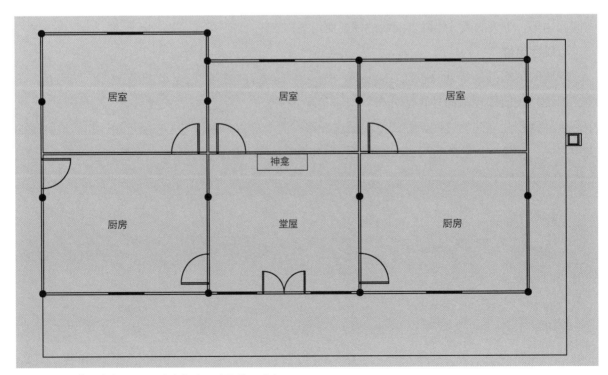

图 6-1-5　单院基本平面形制（来源：刘艳莉　绘）

作用。兰溪瑶族民居主要是以天井院为主的对称格局，朝向随地形做出相应调整，大体上呈坐东向西。三合院前面为高墙，墙上开门。门一般布置在正屋的主轴线上或与主轴垂直，从侧边进入或偏向一侧。湘南地区属亚热带气候，四季分明，春季多梅雨、夏季炎热、冬季寒冷，人口密度大，因而这里四合院的房屋有三面或者四面采用两层的布局，从平面到结构都互相联成一体，中央围出一个小天井，这样既保证了四合院住宅内部环境的私密与安静，又节约用地，还加强了结构的整体性，这类民居形制被称为天井院。

3. 四合院

兰溪瑶族的四合院是四面都由房间围合而成的天井院，正房一般采用"一明两暗"的三开间形式，布置在民居平面的中轴线上。"明"指堂屋，是用于存放祖先牌位、举行祭祀和议事的公共空间，是祭祖、供神的神圣之地，该空间不仅体现了子孙对祖先的尊敬与怀念，也反映了子孙对儒家思想、宗法的传承与沿袭。在正房中"暗"指的是家中的父母、长辈和长子用于休息的私密空间。民居建筑一般是以堂屋空间为中心来组织室内外空间。瑶族民居堂屋为了更好地进行通风采光，一般会向天井开门。厢房一般会在天井的两侧进行对称的布局，也有些房屋由于受到地形条件的限制，不会设置厢房或者是只设置一间厢房。厢房空间一般会设置成供家庭主要成员休息的空间，也有的会用作储存或者是厨房。厢房的高度和开间一般不会超过正房，同时出于防卫安全考虑，会将厢房的门窗向内院开。

四合院形制多样，亦存在正房、厢房多开间的形制，按间数分别称为五间两厢、五间四厢、七间四厢等，中央的天井也随着间数的加多而增大，不过这种情况在湘南极为少见。

4. 院落组群

瑶族院落组群最常见的布置方式是以一个支族的姓氏门楼为核心，以家族主体合院为基本单位，围绕姓氏门楼逐渐向外扩散分布，相邻布置，组合成一个半封闭的生活区域，其子孙后裔在中心区外围创建宅院。这些新建的宅院通过一些街巷小弄与组群合院核心区互相连接。这种平面组织方式，就像一张发散的网，布局灵活又紧密相连。总体组群建筑形成一个以血缘关系为纽带、庞大封闭的家族生活区域。

三、细部与装饰

民居建筑作为中国传统建筑的重要一支，与普通百姓的生活密切相关，往往包含一个地区某一时代的历史、经济、文化信息。而民居建筑的细部与装饰，更是当时居民经济、技术、审美和信仰的集中体现。

湖南瑶族民居的质感既丰富多变，又协调统一；色彩朴实无华，清新素雅。民居装饰通常就地取材、量材而用，利用当地材料、工艺和技术的特长，通过石雕、木雕、砖雕、陶塑、灰塑、彩画等形式来体现装饰艺术美。因其材料和制作方法的差异，在纹理、韵味、风格等方面形成了不同的艺术表现力和感染力。建筑的装饰在民居单体的整体外观和各个部位的造型处理上都起着十分重要的作用。

瑶寨民居典雅别致，风格独特，建筑装饰精美。运用青砖、红砖、灰瓦、局部的白灰装饰线与天然的石料、杉皮、木材、土坯墙形成强烈的对比，同时形成了与自然界浑然一体的建筑群体。瑶寨局部的装饰线又在自然环境中显示了人工的创造。这种不孤立自身，不与自然对立的方式，体现了瑶族民居与大自然的统一。

（一）木雕

木雕是传统民居建筑中常用的装饰手法之一，也是瑶族民居建筑装饰中较常见的装饰手法，有线雕、隐雕、浮雕、透雕、混雕、嵌雕、贴雕等多种类型，其装饰部位有梁枋构架、天花藻井、门窗栏杆等处。木材材质细腻、易于加工，因而利用不同的材质和雕琢技法可以雕成各种粗、细、直、曲、凸、凹的纹样图案（图6-1-6）。湖南瑶族民居木雕的风格会随着时代的变化而变化，明代时期木雕的风格以粗犷为主，清代初期木雕的立体感增强，晚清时代木雕的风格既不如明代的粗犷，也没有清初的复杂细腻，更多呈现出图案的装饰风格。

（二）石雕

石雕的做法可以分为圆雕、透雕、线雕、隐刻等。一般用于柱础、台阶、栏杆、门槛、梁枋以及门框等的装饰。由于石雕的材料硬度较大，其加工比较困难，材料较昂贵，通常被用来显示民居主人的权贵财富。常见的雕刻图案纹样一般以动物、植物或者吉祥纹样为主，材料一般采用条石、青石、白条石等。瑶族的雕刻技术成熟，雕刻的形象也变化多样，反映了当时匠人们高深的艺术造诣。

（三）装饰的部位

瑶族民居建筑主要是在门窗、梁枋、栏板、柱础石以及雀替上进行装饰，因为这些部分在结构上没有硬性的要求，所以匠师们一般会在这些部位进行重点装饰。

门：大门作为建筑群的入口，其作用很重要，具有明显的标志象征意义。家族的社会地位以及财富可以通过门来表现。湘南瑶族民居建筑的门别致大方，象征着主人的地位，故大门的装饰

图6-1-6　民居中的木雕形式（来源：湖南省住房和城乡建设厅提供）

较丰富。在柱础、门枕石以及大门的叩首上都会有雕刻精致的装饰纹样。

窗：窗是整个建筑中引人注目的视觉中心之一，也是建筑中重要的装饰部位。瑶族民居的窗装饰精美，在众多的装饰题材中，瑶族人偏爱花鸟鱼虫等自然题材，也体现了瑶胞与世无争，与大自然和谐生存的理念。窗户的木雕刻手法多样，一般使用的是深浮雕和透雕两种方式。民居建筑的窗户装饰纹样一般比较活泼，组合的方式比较随意生动。

图 6-1-7　栏杆装饰（来源：党航　摄）

栏杆栏板：瑶族民居一般为两层，二层空间的围护栏杆则成为装饰的重点，栏杆装饰一般以简洁为主，同窗户的雕刻纹样相呼应（图 6-1-7）。

雀替：雀替多用于额枋和檐柱的夹角处，装饰图案同栏板的韵律一致，形式变化多样，图案装饰纹样采用植物和动物，体现了极高的艺术价值。

柱础：湘南地区降水丰富，为了避免木柱受潮，瑶族人一般会在木柱下面放置一块大石头，并慢慢演变成了今天的柱础。柱础一般都是作为装饰构件和受力构件，装饰主题丰富。

（四）装饰的题材及寓意

瑶族民居装饰图案纹样精美，人们通过装饰纹样来美化建筑居住环境。装饰图案蕴含着浓郁的当地文化底蕴，充满古朴自然的美感和鲜明的民族气息，通过直观和借物两种表现方式，反映了当时人们的信仰和追求。湘南瑶族装饰纹样集历史文化、宗教信仰为一体进行艺术表达，具有深厚的象征性。其装饰内容大致可分三类：动物类、植物类、图案类。

直接利用动物造型加以改造的有飞禽走兽、昆虫水族。兰溪瑶族民居装饰中常见的动物有狮子、麒麟、鹿、鹤、喜鹊、蝙蝠、鱼等。麒麟是传说中的仁兽，麒为雄，麟为雌。喜鹊被认为是一种具有感应预兆的喜鸟，所以喜鹊的鸣叫意味着喜事将至，常将喜鹊运用在民居建筑的装饰图案中。蝙蝠之"蝠"因与"福"音相同，故运用极广，五月蝙蝠的纹样寓意"五福"。鱼寓意着生活的美好。

植物同动物一样，装饰中可直接将植物的原型进行加工运用。乔木、花卉等植物种类都可用来表示吉祥寓意。兰溪瑶族民居的装饰题材常用荷花、竹、梅、牡丹、芙蓉、兰花等。仿莲花的图案纹样在建筑装饰中比较常见。竹子象征凌云有志、清新脱俗，具有君子的风度。而梅花象征冰清玉洁、气节和坚韧，具有吉祥的寓意。

图案在装饰中也很常见，人们常将对于美好生活的向往通过艺术的形式体现在图案的刻画中。图案的装饰纹样一般来源于古代，在新石器时代就已经产生了很多图案纹样，主要是将它们运用在陶罐的装饰上。图案纹样的表现形式也随着时代的发展不断地改进。

第二节　瑶族传统民居实例

一、怀化市溆浦县葛竹坪镇山背村民居实例——胡宅

（一）选址与渊源

山背村位于湖南省怀化市溆浦县葛竹坪镇，距溆浦县城 75 公里、龙潭镇 20 公里、隆回县虎形山瑶族乡 10 公里，离邵怀高速公路连接线 25 公里，处在 S224、S312 省道及邵怀高速连接线的辐射地带，距溆浦县高铁南站仅十分钟车程。山背村西接葛竹坪镇禾田村，经镇区通往大华乡、龙潭镇，东接虎形山瑶族乡崇木函村，与隆回县小沙江镇仅一山之隔，北接北斗溪乡黄田村，经北斗溪通往县城。

山背村位于怀化溆浦县葛竹坪镇的最边缘，有 3 个独立山包，酷似酒杯杯口，所以叫"三杯"梯田，后来因为地处虎形山的背面，慢慢演化成谐音"山背"梯田（图 6-2-1）。梯田分布广，落差大，从海拔 500 多米一直上升到 1300 多米。山背为龙头，与洞上、夜禾田、鹿洞、天星等 20 多个邻村的梯田连成一片，形成面积达 1.5 万亩的梯田群。梯田随山势起伏，依沟壑蜿蜒，扶摇直上，耸入云霄（图 6-2-2）。

图 6-2-1　村落全景图（来源：湖南省住房和城乡建设厅提供）

（二）建筑形制

胡宅始建于 1985 年，是当地典型的传统风貌建筑，建筑面积 350 平方米（图 6-2-3）。面阔三间，正房进深两间，厢房进深四间，两侧建横屋及杂屋，以中堂为中心，两侧布置耳室（图 6-2-4）；角楼屋顶形式为歇山顶，正房为悬山顶。吊脚楼二层设走廊，与正房相连通。

（三）建造

胡宅主体建筑为木结构，偏房部分因开间、跨度都较小，采用山墙承重方式（图 6-2-5）。吊脚楼外廊利用减柱法使瓜柱与枋相连接，两侧吊脚楼都有楼梯直通正房门口。

图 6-2-2　山背村梯田
（来源：湖南省住房和城乡建设厅提供）

图 6-2-3　民居近景
（来源：湖南省住房和城乡建设厅提供）

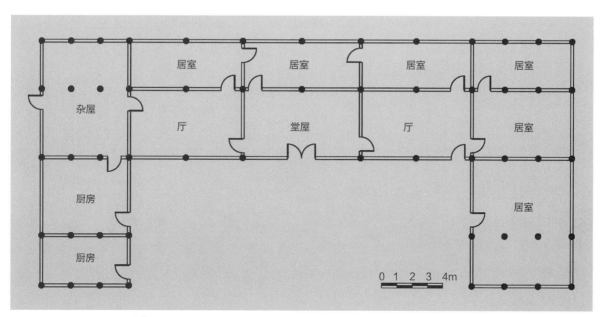

图 6-2-4　平面示意图（来源：张艺婕　绘）

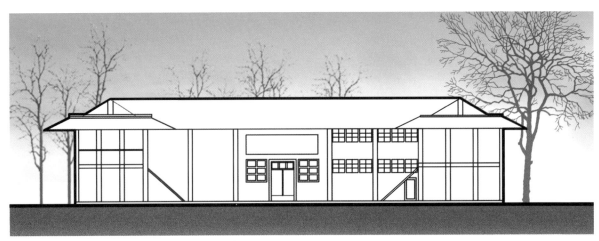

图 6-2-5　剖面示意图（来源：张艺婕　绘）

图 6-2-6　雀替（来源：湖南省住房和城乡建设厅提供）　图 6-2-7　柱础（来源：湖南省住房和城乡建设厅提供）　图 6-2-8　翼角（来源：湖南省住房和城乡建设厅提供）

（四）装饰

建筑为双面檐口起翘。抱厦与正屋成 90°，吊脚楼屋顶为歇山顶，设走廊，栏杆为花格，悬柱垂落有六菱形、八菱形、球形、金瓜形，富有特色。屋顶都为小青瓦。垂直于屋架方向的联系枋常用假斗栱支撑（图 6-2-6~ 图 6-2-8）。

二、隆回县虎形山瑶族乡崇木函村建筑实例——沈氏住宅

（一）选址与渊源

崇木函村地处隆回县虎形山瑶族乡东北端，距隆回县城 98 公里，平均海拔 1419 米，属于雪峰山余脉，位于高寒贫困山区，年平均气温 10.9℃。全村 398 户，1344 人，其中瑶族 215 户，798 人。村内至今保留有全木构民居 160 余栋，民居与周围山体、水体巧妙融合，形成别具特色的花瑶村寨景观（图 6-2-9）。

（二）建筑形制

崇木凼村的传统民居建筑一般以一层和两层为主，其中，建筑主体多为全木结构，悬山顶，木板壁做围护结构（图6-2-10，图6-2-11）。一层明间为生活和待客的堂屋，受到汉人生活习惯的影响，堂屋设神龛放置神主牌位，两侧为起居生活的房间，二层则以储物为主。聚落格局基本保存完好，具有典型性和代表性，是花瑶聚落文化的集中体现。

沈氏住宅建筑占地面积132平方米，面阔三间，进深两间，正中为堂屋，两侧为厢房，一层为生活起居；二层作储物之用，并且设有挑廊，形成室内外过渡的灰空间，是瑶族同胞日常做家务及邻里交往活动的主要场所。主屋东侧及西北侧设有抱厦，作为厨房和杂物间（图6-2-12，图6-2-13）。

（三）建造

沈氏住宅主体建筑为穿斗式木结构，悬山顶，围护结构为木板壁，抱厦屋外围用木条固定树皮围合而成，极具瑶族特色（图6-2-14）。

（四）装饰

由于瑶族多生活在山区，经济水平落后，所以民居建筑较为简朴，较少装饰，挑廊的垂柱局部进行雕刻，刻成各种形态，以几何形和圆柱形为主，有的刻成瓜果形状，取多子多福的美好寓意（图6-2-15）。

图6-2-9 村落全景图（来源：湖南省住房和城乡建设厅提供）

图6-2-10 建筑远景（来源：湖南省住房和城乡建设厅提供）

图6-2-11 建筑细部（来源：湖南省住房和城乡建设厅提供）

图 6-2-12　剖面示意图（来源：张艺婕　绘）

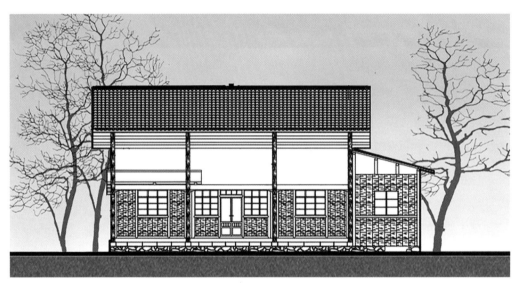

图 6-2-13　立面示意图（来源：张艺婕　绘）

图 6-2-14　建筑梁架结构
（来源：湖南省住房和城乡建设厅提供）

图 6-2-15　建筑装饰
（来源：湖南省住房和城乡建设厅提供）

三、隆回县虎形山瑶族乡大托村建筑实例

（一）选址与渊源

大托村位于隆回县虎形山瑶族乡东北端，距离县城 116 公里，平均海拔 1100 米，年平均气温 13℃。村寨周边是高逾 300 米，宽约 2000 米的石瀑，石瀑呈 70°~80° 的倾斜，远观如瀑布飞流直下，颇为壮美。大托瑶寨依托巨大的石瀑为背景，山高谷深，古木参天，怪石林立，民风淳朴，最具瑶寨原始风貌（图 6-2-16）。

（二）建筑形制

大托村的民居，通常为两层木结构建筑，其造型上一个重要的特点是房屋正面的二层向前面挑出一个木构的阳台（图 6-2-17，图 6-2-18）。以前的瑶族传统民居中两边的阳台是不连通的，堂屋两边的阳台分属两个小家庭，但是现在这种情况已逐渐减少。

图 6-2-16　村落全景图（来源：湖南省住房和城乡建设厅提供）

图 6-2-17　建筑近景
（来源：湖南省住房和城乡建设厅提供）

图 6-2-18　村落建筑
（来源：湖南省住房和城乡建设厅提供）

大托村某民居为二层木结构建筑，建筑面积 206.2 平方米，面阔三间，进深两间，正中为堂屋，两侧为厢房，一层为生活起居之所，二层为储物之用，房屋后方搭建抱厦间作为厨房，西侧搭建牲口棚及杂物间，房屋正面挑出木构阳台（图 6-2-19，图 6-2-20）。

（三）建造

大托村地处山区，植被资源丰富，故民居建筑多就地取材，多为全木结构或砖木结构房屋。测量的该栋住宅为穿斗式木结构房屋，悬山屋顶，上覆小青瓦，用木板壁做围护结构（图 6-2-21）。整个建筑简单、古朴，具有一定的代表性。

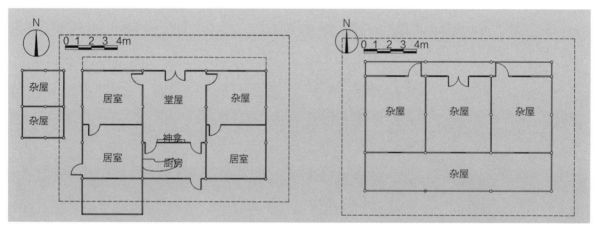

图 6-2-19 某民居一层平面示意图
（来源：刘艳莉 绘）

图 6-2-20 某民居二层平面示意图
（来源：刘艳莉 绘）

图 6-2-21 大托村某民居剖面图（来源：刘艳莉 绘）

（四）装饰

由于瑶族多生活在边远山区，经济发展水平相对落后，故建筑装饰较为简单朴素，如该民居只有下垂的檐柱雕刻成瓜状，二层阳台也只是用直栏杆围护，并无过多的装饰，但是建筑整体简洁大方（图6-2-22）。

四、永州市江永县兰溪瑶族乡勾蓝瑶寨民居实例

（一）选址与渊源

兰溪勾蓝瑶寨地处江永县兰溪瑶族乡，位于今湖南永州江永县城西南30余公里的石灰岩山峦中，与广西富川瑶族自治县的油沐乡交界。勾蓝瑶寨伫立于幽深山谷间，东北高、西南低。村落四面环山，层峦叠嶂。各隘口设置石城墙、石城门，使整个村子成闭合式地形，具有一定的防卫功能。整个勾蓝瑶寨似龟形，南北长，东西宽，四周群山环绕，错落有致，层次分明，是一个山间小平原（图6-2-23）。

勾蓝瑶寨由上村、黄家村组成，面积约6平方公里，是全县古建筑保留最多的村落。现有瑶户500余户，1800余人。兰溪瑶寨是以宗族和血缘为纽带建立的堡寨聚落，有多个宗族，但均以同姓血缘集合聚居。该村古建筑群数量众多，内容丰富，历史悠久。村寨历经千余年的不断建造，留存了大量精美的民居建筑，是勾蓝瑶兴盛衰败以及瑶族社会经济发展变迁的历史画卷。

图6-2-22　挑廊（来源：湖南省住房和城乡建设厅提供）

图 6-2-23　勾蓝瑶寨全景图
（来源：湖南省住房和城乡建设厅提供）

图 6-2-24　建筑近景
（来源：湖南省住房和城乡建设厅提供）

（二）建筑形制

勾蓝瑶族房屋建筑形制简单，房屋多为三五开间。民居的平面构成主要有单院和天井院两种基本形式。单院民居从平面构成来看，形式简单、进深小，能很好地顺应地形、依山就势（图 6-2-24）。将若干栋单院建筑组成大进深的建筑群体后，其布局、功能、空间以及艺术等方面的处理都极具趣味性。

兰溪瑶寨民居多以四合院形制为主，即四面都由房间围合而成的天井院。一般为三间两进式，其中中堂比两厢宽，正壁设神龛，其后有通向二楼的楼梯。正堂对面是天井，隔天井靠街的第一进称下房，多为一层，用作储藏间，功能性较强，两边为厢房，为一层或带夹层，多用作厨房。第二进称为上房，多为两层，楼下明间是堂屋，楼上是卧室或储藏室。下房不带门庭，门多设在正房与厢房之间的廊道上。楼梯设在堂屋的后面，与堂屋之间用木板相隔（图6-2-25、图6-2-26）。

兰溪瑶寨的正房一般位于民居平面的中轴线上，"三间堂"布局，"一明两暗"。"明"是堂屋，是存放祖先牌位、举行祭祀和议事的公共空间，是供神、祭祖的神圣之地。"暗"用作卧室或储藏室。民居都以堂屋为中心组织室内外空间，进行院落空间组合。兰溪民居的堂屋往往向天井院开门，有利于采光和通风。

（三）建造

兰溪瑶寨是典型的多姓聚族而居的村落。村中十三姓，每姓有祠堂、门楼，每个姓氏住在一个门楼里，形成一个家族大院。门楼内有巷道门，巷道门内是单元住宅。村寨有较强的防御性，体现在建筑构件的细部处理上，如厚而重的建筑外墙、高而狭小的开窗。门窗大多开向内院，也是出于防卫和安全的考虑。

兰溪瑶族民居以木构架为主，结合夯土技术，形成以天井院为代表的建筑形式（图6-2-27）。民居建筑立面不强调规整方正，建筑的平面也很灵活。兰溪瑶寨民居中防潮最常用的方法就是架空，在室内地平面上密集地铺设10厘米高的砖柱，将木质地板铺设在砖柱上，这与现在的室内装修中使用的木地板的铺设方式十分类似。

（四）装饰

兰溪瑶寨房屋大都为红砖青瓦，飞檐翘角；檐饰彩绘或砖雕，点缀小型青石花格窗。屋顶多为悬山式，内部结构及装饰多为木质。它具有朴素淡雅的建筑色调，别具一格的山墙造型，紧凑通融的天井庭园，古朴雅致的室内陈设（图6-2-28，图6-2-29）。

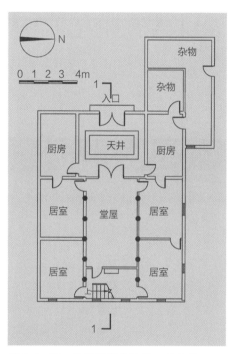

图6-2-25　兰溪瑶寨某民居一层平面
（来源：根据《江永兰溪勾蓝瑶族古寨民居与聚落形态研究》 刘艳莉改绘）

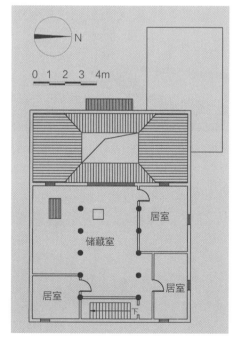

图6-2-26　兰溪瑶寨某民居二层平面
（来源：根据《江永兰溪勾蓝瑶族古寨民居与聚落形态研究》 刘艳莉改绘）

8.180

5.890
5.160

3.600

2.600

±0.000

-0.350

图 6-2-27　兰溪村某建筑剖面图（来源：根据《江永兰溪勾蓝瑶族古寨民居与聚落形态研究》 刘艳莉改绘）

图 6-2-28　建筑装饰（来源：湖南省住房和城乡建设厅提供）

图 6-2-29　建筑屋梁装饰（来源：湖南省住房和城乡建设厅提供）

第六章　参考文献

[1]　周云. 湖南瑶族女性头饰造型艺术特征研究[D]. 湖南师范大学，2014.

[2]　李哲. 湘西少数民族传统木构民居现代适应性研究[D]. 湖南大学，2011.

[3]　叶强. 湘南瑶族民居初探[J]. 华中建筑，1990，02：60-63.

[4]　李泓沁. 江永兰溪勾蓝瑶族古寨民居与聚落形态研究[D]. 湖南大学，2011.

第七章 | 湖南其他民族、其他形式民居

- 湖南其他民族民居
- 湖南其他形式民居

第一节　湖南其他民族民居

一、其他民族民居综述

　　湖南是多民族聚居地区，汉族、土家族、苗族、瑶族、侗族、白族、回族、壮族等民族形成大杂居小聚居的状态。作为世居的汉族、土家族、苗族、瑶族、侗族、白族等民族的民居已形成自己的建筑特色，建筑类型丰富，具有丰厚的建筑文化底蕴，这些民族的民居各有特色、各有异同，但移民以及其他地区异质文化的融入，促进了民族间文化交流与建筑体系的发展。湖南回族、壮族等民族的数量在湖南省少数民族当中也占较大的比例，湖南回族是湖南省众多少数民族中重要的一支，目前回族较大的聚居区是常德市（39770人）和邵阳市（29010人）。两市回族人口占全省回族总人数的74%。湖南有壮族人口20918人（1990年统计数字），占全省总人口的0.003%。回族与壮族的传统民居发展虽然较为迟缓，但深受汉文化的影响，其民居建筑与汉民族民居融合的同时也呈现出一定的建造特色。

　　湖南回族多为从外地迁入，其建筑形式深受汉族文化的影响，建筑多为独栋式布局，采用夯土地居形式，材料中的泥土多是就地取材。其内部房架结构运用木制穿斗构架或硬山搁檩式的建造方式，这种建筑结构做法在湖南壮族民居中大量存在，可以说是分布范围最广，数量最多的一种地居式民居的建筑结构做法。这种做法是将民居各开间横向承重墙的上部按屋顶要求的坡度砌筑成三角形（通常为阶梯状），在横墙上搭木质檩条，然后铺放椽皮，再铺瓦。这种方法将屋架省略，构造简单、施工方便、造价低，适用于开间较小的房屋，一般多见于农村。檩条一般用杉木原木，檩条的斜距不得超过1.2米，通常在60~80厘米之间。木檩条与墙体交接段应进行防腐处理，常用方法是在山墙上垫防腐卷材一层，并在檩条端部涂刷防腐剂。常见的地居式民居，一般三个开间，四面横墙皆升起，檩条在各横墙顶部做搭接处理。承重横墙常见的建材主要是夯土、泥砖以及青、红砖。硬山搁檩的民居由于以檩条兼做梁之用，开间一般不大，室内空间也较为局促，与当地的汉族地居式民居结构无异（图7-1-1）。

　　湖南壮族传统民居多为堂屋居中、两侧布置居室，灶房位居最侧边，多建造两层或三层，底层是主要的居住面，日常起居多在地面层进行。堂屋只占正中开间，两侧多为卧室，与堂屋之间以墙隔离，以门相通。因此堂屋的空间相比干阑式民居那种两侧连通火塘间及梢间的贯通式空间要局促很多，干阑式民居地面化后，火塘间开始向厨房转变。火塘多设置在居室侧面，私密性加强，原有的那种开放性的接待功能逐渐减弱而让位于堂屋，蜕变为单纯以生火做饭、吃饭为主的空间。空间的流动性与自由性大大降低，自然也缺少原始壮族民居那种活跃的生活氛围，略显呆板。但是，壮族传统上是喜爱楼居的民族，楼居生活的痕迹或多或少在地面化后仍然保留。首先建筑所占基底面积还是与传统干阑式民居相仿，并未像完全汉化的地居民居一样发展天井、合院等组合平面形式，仍是单一矩形平面形制，这有地形限制的原因，也有传统习俗的因素。因此，一层平面无法容纳所需使用空间，自然向二层发展，甚至发展到三层。楼上空间多有卧室和杂物储藏空间。卧室在一、二楼都有，位置上下对应，这也增加了民居的人口容量。牲畜不再与居民共处一楼，多置于住宅旁边的独立牲畜棚，这也改善了居住的卫生条件（图7-1-2）。

在群体外部空间造型上，由于夯土、泥砖地居建筑多各户分离，不似木构干阑建筑那样数户紧贴形成水平方向的重复序列，隐伏于环境之中，夯土建筑多以垂直向发展的高大体量、鲜明的颜色在青山绿水中分外明显。虽然，夯土的颜色鲜艳，但由于生土多就地取材，掺杂了一些碎石而显得斑斑驳驳，又由于分层夯筑的原因，土壤色彩的细微变化都在建筑体上反映出来，仍然能感受到建筑与环境的协调统一，特别是搭配金黄的梯田与部分裸露的黄土地时，一种土生土长的建筑意味愈加浓厚。生土地居建筑简朴自然，绝少装饰，木结构屋顶和檐下基本上和木构干阑建筑的装饰类似。室内墙壁也不做粉刷，露出夯土粗犷原始的肌理，一楼多用素土地面，二楼以上是木质楼板。

图 7-1-1　湖南回族民居（图片来源：曹宇驰　摄）

图 7-1-2　湖南壮族民居（图片来源：曹宇驰　摄）

二、其他民族民居实例

（一）邵阳市隆回县山界回族乡老屋村

1. 选址与渊源

山界回族乡是湖南省目前仅有的两个回族乡之一，地处隆回县西南边境，北与本县桃洪镇毗邻，乡政府机关离县城约 5 公里。这里旧属武冈市紫阳乡，1950 年 4 月，经上级批准，划归隆回县。1956 年 9 月，在原山界、新隆、金隆等小乡合并后，经省政府批准，建立山界回族乡，是全省最早建立的民族乡之一。1958 年 9 月，在人民公社"政社合一"体制变化中，民族乡被撤销，山界回族乡并入红旗公社。1961 年建立紫阳区，红旗公社被划为 11 个公社时，建立民族人民公社。1978 年原天福公社并入。1982 年 3 月，经省人民政府批准，将天福公社分出，建立山界回族人民公社。1984 年 4 月撤社建乡，改名为山界回族乡，1995 年 6 月撤区并乡，将原罗白乡并入。现辖 25 个行政村，219 个村民小组，6339 户，25610 人，其中回族村 5 个，回族组 74 个，回族人口 9090 人，占全乡总人口的 36%。

2. 建筑形制

山界回族乡老屋村的民居环绕着清真东寺而建，除清真寺等公共建筑外，传统民居建筑大多融入了汉族民间建筑艺术。民居建筑多为独栋式，或土砖砌墙，或木板为壁，青瓦盖顶，通常采取硬山搁檩式建造方式，而两侧山面则用砖墙或者夯土墙承重。这种做法既能节省木材，又能利用砖柱墙、夯土墙防火、防蛀、防水性能较好的优点，就近取材且经济实惠。但这种混合结构的建筑形式，其屋架部分与下部承重柱子、墙体的交接都是以搭接为主，不似全木穿斗结构是以榫卯连接形成整体框架，因此其整体性不佳，对于抗震不利。开窗受到生土结构性能的限制，通常都较小，显得比木构干阑建筑要封闭，建筑屋顶多为双坡，其结构具有混合承重的特点（图 7-1-3）。

3. 建造材料

山界回族乡民居常用的材料包括砖、石、木等，这些材料各有特点，由其所组成的各个建筑构件也具有明显的特性。住宅基底部分多采用质密的砖石材料并以水平错落砌筑，显得坚固，墙体部分的生土砖垒砌构成一种强烈的秩序感，屋顶瓦当的曲线外观较墙体和基底显得轻巧（图 7-1-4）。

（二）永州市江华县清塘壮族乡

1. 选址与渊源

清塘壮族乡位于江华瑶族自治县中部。东与水口镇交界，南与小圩镇相邻，西北抵花江乡。南北长 7.9 公里，东西宽 9.3 公里，总面积 37.6 平方公里。境内四周高中间低，潇水支流崇江自西向东横穿而过。森林面积 2.25 万亩，林木蓄积 1.3 万立方米。1984 年 9 月经湖南省政府批准成立清塘壮族乡，乡政府驻地距县城 80 公里。现辖 12 个行政村，75 个村民小组，1594 户，6650 人。其中壮族 799 户，4323 人，占总人口的 65%，是湖南省壮族的主要聚居区，也是全省唯一的壮族乡。

图 7-1-3 湖南隆回县山界回族乡老屋村民居（图片来源：曹宇驰 摄）

图 7-1-4 山界回族乡老屋村民居建筑材料（图片来源：曹宇驰 摄）

2. 建筑形制

清塘壮族乡壮族民居一般采用堂屋为中心、左右对称分布的平面格局。入户之后堂屋居中，两侧为寝卧空间，火塘（厨房）位于堂屋之后的正中开间或侧间。这种平面形式强调轴线关系，堂屋居中的尊崇地位非常明显，显然是受到汉族礼制思想的影响。堂屋一般为一个开间宽，房屋立面中轴对称，两侧的卧室与堂屋之间均有隔断，隔断通常为一层高，卧室上部阁楼空间开敞并可储物。因此这种平面封闭性较强，堂屋空间较为局促。这种平面格局很少出现多个火塘，火塘的重要性被削弱，并逐步向厨房转变，以火塘为生活中心的民族传统习俗也因此逐渐消失。从它的分布情况可以看出，城镇附近的壮族民居受汉文化影响较深，同时生活观念的时代变化也是使得壮族民居平面形式上与汉族传统住宅相近的重要推动因素之一（图7-1-5）。

湖南壮族民居也多为硬山搁檩式建造方式，这种建筑结构做法在湖南壮族民居中大量存在，可以说是分布范围最广、数量最多的一种地居式民居的建筑结构做法。这种做法是将民居各开间横向承重墙的上部按屋顶要求的坡度砌筑成三角形（通常为阶梯状），在横墙上搭木质檩条，然后铺放椽皮，再铺瓦。这种方法将屋架省略，构造简单、施工方便、造价低，适用于开间较小的房屋，一般多见于农村。檩条一般用杉木原木，檩条的斜距不得超过1.2m，通常在60~80cm之间。木檩条与墙体交接段应进行防腐处理，常用方法是在山墙上垫防腐卷材一层，并在檩条端部涂刷防腐剂。常见的壮族地居式民居，一般三个开间，四面横墙皆升起，檩条在各横墙顶部做搭接处理。承重横墙常见的建材主要是夯土、泥砖以及青、红砖。硬山搁檩的民居由于以檩条兼做梁之用，开间一般不大，室内空间也较为局促，与当地的汉族地居式民居结构无异（图7-1-6，图7-1-7）。

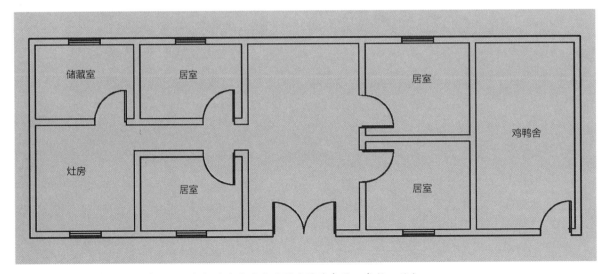

图7-1-5 永州市江华县清塘壮族乡壮族某民居平面图（图片来源：党航 绘）

图 7-1-6　清塘壮族乡壮族某民居
（图片来源：裴福旦　摄）

图 7-1-7　清塘壮族乡壮族某民居内部结构
（图片来源：裴福旦　摄）

3. 建筑材料

民居多采用夯土、泥砖筑墙，墙体厚重，开窗受到生土结构性能的限制，通常都较小，显得比木构干阑建筑要封闭；从山墙面看，建筑各层开有规则小窗，立面的虚实关系非常强烈，整体体量显得比木构干阑建筑要高耸。就单体而言，夯土地居民居比木构干阑民居要高大，厚重。由于生土防潮性能较差，生土建筑底部通常设有 50~60 厘米高的基座，有的用片石砌筑，也有的用水泥等做法。屋顶多为悬山，出檐深远，以保护墙面。

第二节　湖南其他形式民居

一、其他形式民居综述

在湖南的各个地区，还有一大批随商业建筑兴起的民居建筑，这类民居建筑融合了当地商业公共建筑的技艺，在长期的历史发展过程中，积淀了丰富的建筑文化内涵，大量适应地域经济、文化与社会生活的传统住宅建筑相继建造。尤其进入明清时期后，湖南进入重要的发展时期，经济文化繁荣，社会较为安定，商品贸易发展，城镇里坊制度突破，出现商业街道，改变了城市面貌，经济的发展促进了文化建设的兴盛、建筑技术和艺术全面发展，促进传统建筑体系趋向成熟，手工业和商业取得较大的发展，各种社会条件的影响加之建筑技术的提升使居住建筑平面形制各异，结构规整，雕梁画栋，多数建筑有马头墙，其檐口多数用卷檐形式，线条优美，造型独特。由于湖南地区闷热多雨，民居内部多有院落和天井，清代民居多为两层砖木穿斗式结构，屋顶多为悬山顶。

二、其他形式民居实例

（一）怀化市洪江区洪江古城实例——窨子屋

1. 选址与渊源

地处湘西南的洪江，因其位于华南与西南交界的水路交通要道上的优势，宋代以前就成了湘、滇、黔、桂、鄂 5 地物资交流的集散地，可谓"五省通衢"。是一座集政治、经济、宗教、文化、军事史料于一体的活性博物馆。古城的地理位置极为理想，背倚嵩云山，三面被沅水、巫水包绕，合乎"背有依托，左辅右弼"，前有屏障围合的空间格局和"藏风聚气"、"负阴抱阳"的法则。整个古城依山面水，为外凸弯曲的布局形态，建筑大都依山而建，逐层上升，使得建筑可以具备良好的通风采光条件，并形成参差错落、丰富多变的景观空间（图 7-2-1）。

山区内部建筑的营造受地形地势限制较大，古城建设因地制宜，尊重原有地形地貌，常因借岗、谷、脊、坎、坡壁等坡地条件，巧用地势、地貌特征，灵活布局，从而组织出自由开放的空间环境，蜿蜒曲折的道路，层层跌落的建筑屋顶，进而形成高低错落的多层次竖向环境空间。古城民居大都依山傍水，以犁头嘴为轴心，沿着沅江、巫水的河岸两侧和老鸦坡山麓扩展延伸，逐渐形成"七冲、八巷、九条街"的格局。其中，平整、稍直且长的称为"街"，"冲"则沿山沟而建，冲与街之间因地势变化形成的走道又称为"巷"，街巷依山就势而建，纵横交错，狭窄弯曲，形若迷宫。除正街外这些街道总长最长的为 500 余米，一般为 200~300 米，宽 1.6~4.0 米，路面为石板铺设而成。因此，城镇基本格局可以概括为：主要街市和码头集中在沅水和巫水岸边，中部为会馆、商铺集中地，龙船冲、塘冲一带则为钱庄、官署所在地，在往后即为服务以及游乐建筑的集中地，民居、作坊等则散布在古城的外围。

2. 建筑形制

洪江古城民居多窨子屋，立足于当地的自然条件和社会需要，就地取材，窨子屋内部基本上为木构架承重体系，受木材的强度、尺度制约，外部由砖墙围合。这种"墙倒屋不倒"的结构方式与古老的中国建筑有着共同的血缘。从材料上来说，木、砖、青瓦、片石、页岩、卵石等材料形成了古城丰富的质感变化和多样的外观风格。洪江盛产木材，因此，木构架建筑较多，窨子屋的挑枋、

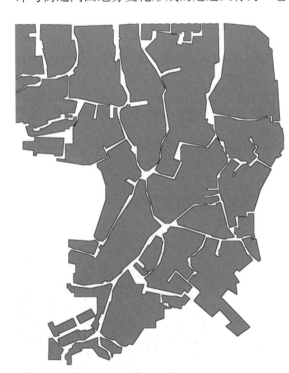

图 7-2-1　洪江古城城市交通体系
（图片来源：吴晶晶　绘）

穿枋和撑栱常利用天然弯曲的木料制作，既可承重，又兼具装饰性，建筑物自然起翘，柔和的出挑线条增加了建筑的曲线美。这种结构受力合理，不仅给建筑外观提供了灵活多变的可能性，又使木构件本身力量的美感得以呈现。建筑出檐深远又加强了光影的变化。另外，窨子屋的晒楼突出，丰富了建筑立面并打破了封火砖墙相对均衡的状态，高低错落的晒楼也构成了古城独特的韵律。

3. 建造

洪江古城窨子屋是湘西南地区独特的建筑形式，其墙体以砖墙为主，木板墙、垒石墙也是常见的墙体形式，窨子屋多为八字形入口且入口不平行于街道，入口上方一般设置木质门楣，屋内中央设置天井，天井形式分为湿天井、半干半湿天井以及干天井三种形式，天井主要起到促进室内空气流通以及增加室内采光的作用。窨子屋四面高墙围合，相邻窨子屋之间有时以天桥相连，促进邻里交往。窨子屋在屋顶一角或墙体之外建有晒楼，晒楼空间围合形式随意，两面、三面或四面空壁的都有，顶上盖上板或者瓦，结构简单，柱子直接伸出屋面，与屋面交接处有的用砖砌成基脚，柱子通过圆鼓状柱础落在基脚之上（图7-2-2~图7-2-4）。

窨子屋的屋面形式多种多样，主要为带封火山墙的硬山屋面，屋角向上翘起，再结合线条硬朗的屋脊，使建筑外观更加庄严雄伟。屋顶坡面有长短之分，长坡朝内，短坡向外，具有极强的向心性，坡面从四周往中间成比例倾斜，并在中心处汇聚形成方形天井。屋面长度根据实际需要延长或缩短，屋面形状不要求方整。尽管屋面搭接构造随意多样，屋面坡度也可变化，但其原则是不破坏屋面的整体性，并产生美的空间效果。窨子屋随势而建，屋面高低起伏，形成优美的天际线，产生的节奏韵律感与自然环境有机地结合在一起（图7-2-5）。

图 7-2-2　楣（图片来源：熊申午　摄）图 7-2-3　八字开大门（图片来源：熊申午　摄）

4. 装饰

古城建筑古朴内敛，建筑装饰多集中在门窗雕刻、石雕上，窨子屋装饰材料大多来自当地盛产的天然材料，建筑内部的墙壁、封火山墙等也会绘制不同的图案与彩画，都代表了不同的含义（图 7-2-6，图 7-2-7）。

（二）怀化市洪江区黔阳古城实例——明代木屋

1. 选址与渊源

黔城自汉立城距今已有千年的历史，是汉、侗、苗、瑶等多民族聚居之地，黔城是五溪文化发源地，几千年来，世居在此的汉、侗、苗、瑶等民族，共同创造了独具特色的民俗文化。黔城建筑种类繁多，历史风貌保存完好，是湖南省的一个重要古城镇。黔城遗留下来很多承载着历史、文化和风土人情的建筑，不仅体现了湘西建筑特色，还体现了尊重和利用自然的生态观，具有较高的建筑价值（图 7-2-8）。

黔城地处湘黔交界之处，为重要的军事要地。黔城的选址离不开得天独厚的自然地理优势，黔城是山水之城，坐落在低山丘陵地带，地处淑水河畔，沅水之滨，以龙标山为中心修建，其境内山体众多，山势连绵起伏。经过历代的增扩和建造，于清朝基本形成了现今军事防卫型的格局。黔城从唐朝开始建城墙，至清朝形成"一环、两轴、两心"的空间结构。一环指黔城城墙。黔阳古城墙体形式不规则，蜿蜒曲折，转角处城墙更为宽大。东南段城墙内凹，东北段与西墙向北倾斜。两轴指黔城内东西与南北向两条十字相交的主街，形成古城的十字轴线。东西向东正街、西正街为便于防御并不直通。严密的十字轴线象征着理智的城镇规划体系，从侧面表明黔城非自发形成的古城。两心指黔城空间结构中心以及政权中心。中国传统城池中，二心会重合为一心，但黔城并不完全符合中国传统城镇的筑城法则，加上不断的扩建，使得黔城两心分开。黔城空间结构中心位于十字轴线相交处，四条主街在此相汇，为重要的集散空间。县衙署是县的政治中心，该政权中心则位于黔城西南部（图 7-2-9）。

2. 建筑形制

黔城纯居住建筑多位于西正街，多为晚清时期大户人家住处。受外来文化影响，这类民居建筑布局形式和汉族相似，讲究建筑中轴对称，正房、厢房都遵循严格的轴线对称以及尊卑秩序。传统合院建筑起源于中原地区，但在湘西南，合院的尺度因地域气候不同而变化。组成院落的各幢房屋分离是其重要特征，住屋之间以走廊相连或不发生关系，黔阳古城房屋屋檐都是相连的，与天井屋檐形式相同，但空间比天井式建筑大（图 7-2-10）。

3. 建造

明代木屋是典型的纯居住建筑，为明永乐三年举人向以箴故居，明代早期木质结构建筑，梁架雕刻精美，上刻有"福寿康宁"四个篆体大字。木屋坐北朝南，为两进院落布局，主体部分中轴对称，两侧为厢房，中间为堂屋，堂屋前则为院落，由三面房屋、一堵围墙照壁组成。其结

图 7-2-4 晒楼（图片来源：熊申午 摄）

图 7-2-5 屋顶（图片来源：熊申午 摄）

图 7-2-6 太平缸（图片来源：熊申午 摄）

图 7-2-7 墙壁浮雕彩绘（图片来源：熊申午 摄）

图 7-2-8 黔城鸟瞰图（图片来源：湖南省住房和城乡建设厅提供）

图 7-2-9 黔阳古城平面图（图片来源：湖南省住房和城乡建设厅提供）

图 7-2-10 古城纯居住民居内部院落
（图片来源：吴晶晶 摄）

图 7-2-11 明代木屋内部木构件
（图片来源：熊申午 摄）

构完全采用抬梁式，保存价值高，是湘西乃至湖南民居中都少有的抬梁式结构建筑（图 7-2-11~
图 7-2-13）。

4. 装饰

明代木屋历史悠久，保存相对完好，木构件搭接处都经过了精雕细琢，雕刻大气精美，寓意
深刻（图 7-2-14，图 7-2-15）。

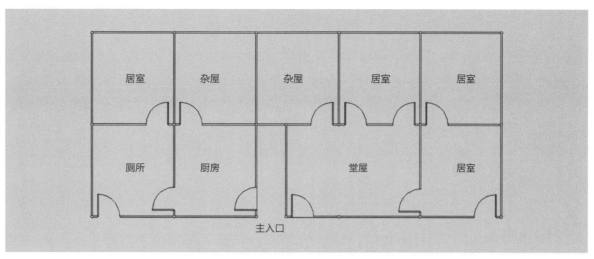

图 7-2-12 明代木屋平面示意图（图片来源：吴晶晶 绘）

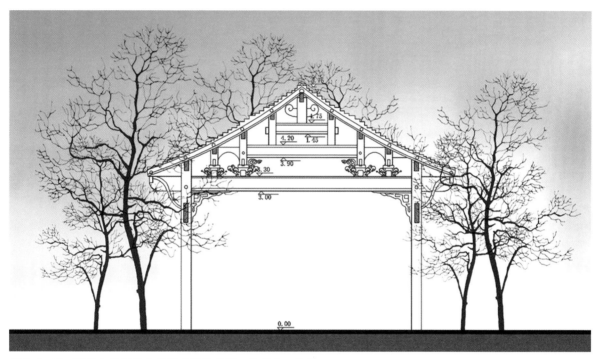

图 7-2-13 明代木屋剖面示意图（图片来源：吴晶晶 绘）

图 7-2-14 明代木屋内部木构件
（图片来源：熊申午 摄）

图 7-2-15 明代木屋内部木构件
（图片来源：熊申午 摄）

（三）益阳石码头历史街区民居

1. 选址与渊源

益阳市位于湖南省中部偏北地区，全境跨越资水的中下游，承接沅水和澧水之尾闾。东北部环临东洞庭湖之西南，湘江由南而北分两支，一支汇于东洞庭湖，一支偏西汇于沅江市南洞庭湖（万子湖）。由上可知，益阳市是湖南省湘、资、沅、澧四大水系交汇处。益阳市是一座具有 2229 年历史的古城。她雄踞洞庭沃野，水陆交通便利，溯资江可南抵三湘腹地，沿驿道可西通夜郎黔渝，商贾云集，市井繁华，是资水流域最主要的货物集散中心，自明清至民国以来，商铺琳琅满目，民居建筑和商业会馆林林总总，形成独具特色的石码头历史文化街区。青砖古宅和麻石小巷留存至今，成为益阳古城最真实的历史见证。

石码头街区是益阳古城的发源地之一，历史上曾属于二堡，兴起于明代，是益阳秦汉古城西延的结果，是城中之城，亦是明清益阳商埠码头文化的母体，历经近 500 年的沧桑岁月，逐渐成长繁荣，见证城市走向鼎盛的辉煌历史，与益阳这座城市有着深厚的历史渊源。区内建筑格局为明清民居、庙宇、会馆和麻石小巷交织，高低错落，宽窄有规。会馆大多依北方旧制，来自全国各地，数量多，据初步统计有 30 余个。街区内庙宇有两座，魏公庙和水府将军庙，庙宇多带本土特色（图 7-2-16）。

石码头历史文化街区集富商民居、麻石街、商业会馆、宗教建筑的人文景观于一体，并以大宅第著称。南北朝向的明清和民国建筑延伸很长，采用穿斗式砖木结构，典型的南方"四水归堂"的天井布局。这些房子一般建有几个天井，天井之间有高高的封火墙隔开，夸张的马头墙高高刺向天空，显得非常威严、气派，外墙是青砖砌成的围墙，有一丈余高。宅与宅之间是狭长的麻石铺就的小巷。上有半圆形拱门，一来作支撑避免高墙坍塌，二来修饰视线、美化观瞻。但这些富商巨贾的大宅第大都年久失修，破败不堪。特别是历经数次洪涝灾害和战乱摧残，加之不少采用当地的竹木材质，损毁相当严重，只有极个别的内部仍保留下来。透过房屋形制、工艺和一些构建，我们仍大致可以窥见其昔日的风采。

益阳古城整个街区为明清民国的建筑遗存，在湘北绝无仅有。特别是古巷，它的古老、它的韵味、它的品味，湖南没有可比，江南首屈一指。街区周边传统工业早已坍塌，没有污染。随着资江防洪大堤修建，资江岸线得到整治，沿江风光带已经形成。尤其是本街区是长沙到张家界黄金旅游线的节点，与两者形成互补关系（图 7-2-17，图 7-2-18）。

图 7-2-16　古街（图片来源：湖南省住房和城乡建设厅提供）

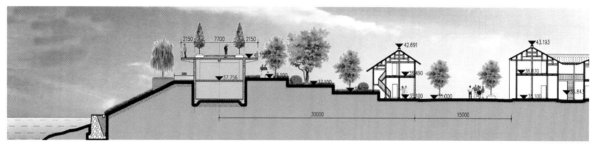

图 7-2-17　益阳古城防洪堤周边民居剖面示意图 1（图片来源：益阳市城乡规划建设局提供）

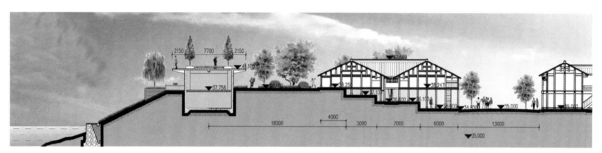

图 7-2-18　益阳古城防洪堤周边民居剖面示意图 2（图片来源：益阳市城乡规划建设局提供）

2. 建筑形制

益阳石码头历史街区是益阳明清古城池西延的结果，是城外水运贸易经济圈。原有钱庄、妓院、酒店、客栈、店铺以及码头等，是我国城市建设史上珍贵的历史遗存。石码头历史街区兴起于明朝，总体规模聚成于清朝，是益阳中心城区至今保存最大、最集中的古代民居群落。

石码头历史街区的巷道两边是双层大宅院建筑，约有数十栋清代民居，共 228 个院落。宅第之间以马头檐封火墙和麻石巷隔开。巷道使建筑相对独立又构成整体。小巷上方有青砖砌成的半圆形拱门，既起到支撑高墙避免坍塌的作用，又能修饰视线、美化观瞻。这一设计风格集美学与力学为一体，具有浓郁的益阳地方特色，被古建权威们认为是全国少有的保存较完整的"拱券撑墙"建筑风格。

益阳古城内部民居建筑可分两类，一是富商大户修建的民居和商铺，二是资水排（船）古佬修建的民居。前者建筑多采用砖木结构，为南方小天井风格和北方四合院模式，用料讲究，装潢精美，气势恢宏；后者多为清代三合院样式，个别为印子房造型，木结构或砖木结构，形制比较简陋且保存不佳。院门基本上可以分为两种类型：传统式和拱券式。石码头的民居建筑滨水而建，坐北朝南，前街进后街出，四水归堂布局，院落组织紧凑，廊道狭长幽深，多建封火墙，高高的青砖围墙古朴、庄重。这些明清民居和会馆、麻石小巷一起，堪称中国南方古巷、古庙宇和古民居建筑的博物馆，有着较高的历史文化研究价值和观赏游览价值。

益阳古城民居内部建筑高度分布情况，按其层数概述如下：石码头的历史建筑以二层、三层为主，部分宅院和民居为一层。目前街区内间或夹杂四层、五层建筑，在向仓南路附近有高达七层的建筑。

3. 建造

益阳古城内部民居多以砖木结构为主，资江西路 810~816 号民居在外观以及结构上都具有很强的代表性，保存状况一般，木结构建筑，有少许青砖以及红砖墙体，两进五开间一天井，为规

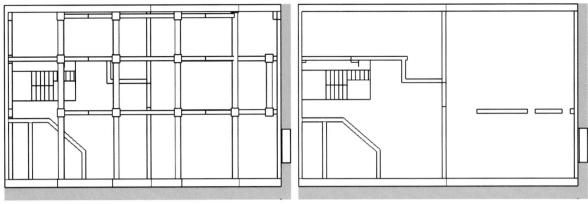

图 7-2-19　资江西路 777 号一层平面图　　　　图 7-2-20　资江西路 777 号二层平面图

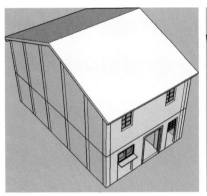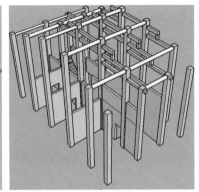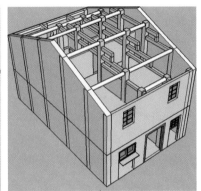

图 7-2-21　资江西路 777 号透视图　　图 7-2-22　资江西路 777 号结构图　　图 7-2-23　资江西路 777 号结构图

图 7-2-24　资江西路 810~816 号民居剖面示意图
（图 7-2-19~ 图 7-2-24 图片来源：益阳市城乡规划建设局提供）

整四合院形式民居，沿街立面雕梁画栋，栏杆雕花虽然残缺，但能够反映当地的装饰特色，坡屋顶，为罕见的抬梁式建筑，属大户人家典型平面（图 7-2-19~ 图 7-2-24）。

4. 装饰

益阳古城内部民居中大户人家常在建筑构件上精雕细琢，有时在构件上进行一定的彩绘装饰，建筑构件雕刻图案有的来源于生活，也有的来源于神话故事，雕琢工艺繁杂，能一定程度上反映当时的民俗风情。

第七章　参考文献

[1]　张立. 民歌动人心弦　壮锦名扬四方——湖南壮族[J]. 学习导报，2001（08）：43.

[2]　黄运海. 我国中南地区城市回族情况概述[J]. 贵州民族研究，1991（02）：129-134.

[3]　黄子云，许昊皓. 洪江古商城建筑群空间型构特征初探[J]. 中外建筑，2012（10）：49-51.

[4]　魏春雨，许昊皓，黄子云，卢健松. 古城留真——湖南洪江古商城聚落自组织机制研究与保护[J]. 建筑学报，2012（06）：32-35.

[5]　朱国婷，胡振宇. 湘西南的"一颗印"——湖南洪江古城"窨子屋"民居建筑特征初探[J]. 小城镇建设，2008（08）：23-26.

第八章 | 湖南名人故居

- 名人故居综述
- 名人故居实例

第一节　名人故居综述

一、名人故居的价值与意义

湖南省历史文化源远流长，向来人杰地灵，文化资源类型多样，其中"名人故居"资源在全国居重要地位。湖南省共有 8400 多位在各领域中具有重大影响的名人名士，如文化界中的知名画家、艺术家齐白石；军界则有湘军首领左宗棠、曾国藩；在革命事业当中更是有彭德怀、贺龙、王震等名将以及毛泽东、刘少奇两位伟人。湖南名人不仅具有较大的声誉，同时在人数上也占明显优势。《中共党史人物简介》介绍了 515 位重要人物，其中湖南籍有 89 人，占总人数的 17.3%。胡耀邦同志在《庆祝中国共产党 60 周年大会上的讲话》中列举的 46 位杰出人物，湖南籍有 16 人，占 34.75%。由此可见，湖南省名人故居资源极为丰富，有着较大的研究与记录价值。

二、名人故居的分布与类型

（一）时间上以近代为主

湖南省名人故居的时间跨度较大，但仍以近代为主。早期的名人有西汉贾谊、东汉蔡伦、明末清初王船山等，鸦片战争后有魏源、曾国藩、左宗棠、谭嗣同、黄兴等，据《中国历代名人辞典》统计，湖南省名人占全国比重不到 5%，但是近代则占了 11.33%，可见近代湖南涌现出大批名人名士。

（二）类型上以军政为主

经过统计，湖南名人从军政界到文艺界，涉及领域广泛且影响深远，但是其中保留故居的 40 位名人中除蔡伦、齐白石、李达、丁玲、沈从文等名人外，85% 以上为军政界人士。所以说湖南省现存名人故居类型多以军政界名人故居为主。

（三）分布上集中在东部地区

湖南省内各个地级市均有名人故居分布，但存留数量并不均衡。首先是各个地级市之间的差距较为明显，省会长沙市拥有大量名人故居，而地处偏远山区的怀化、张家界等则存留较少；其次从地域范围来看，名人故居明显呈现东部集中并向西分散的趋势，东部城市（如长沙市、株洲市、湘潭市、郴州市、岳阳市）占"名人故居"总数的 2/3 以上，中部城市（如益阳市、常德市、邵阳市、娄底市、永州市）占总数的 1/4，西部城市（张家界、怀化市、湘西自治州）仅占 8%，例如东部仅浏阳一县就有将军 30 人，已故的 20 位将军中上将 4 人，中将 1 人，少将 15 人。以上特点是在长期历史发展中，政治、经济、地理等多个因素综合作用的结果。

三、名人故居的开发与保护

湖南省名人故居资源的开发和保护始于新中国成立后，但在数十年的发展历程当中受思想认识和政治、经济等因素的影响，呈现出较为明显的阶段性特征，大致可分为三个阶段。

（一）第一阶段（1950年—1965年）

新中国成立后,湖南省将名人故居有选择地列为文物保护对象,对其进行分级（国家、省、县级），其中包括一些影响较大的故居，如党和国家领导人毛泽东、刘少奇的故居或有代表性的革命志士黄兴的故居，并对这些故居进行不同规模的修复保护。毛泽东故居早在1929年遭到破坏，1949年新中国成立，1950年开始修复，经多次修缮基本恢复了原貌，1961年4月国务院公布其为第一批国家重点文物保护单位。

（二）第二阶段（1966年—1978年）

"文化大革命"时期，省内名人故居有着两种截然不同的保护状态。一方面备受敬仰的毛泽东同志故居得到了较好的保存与开发；而另一方面，受政治因素影响的部分名人故居遭受不同程度的破坏，其中"刘少奇同志故居"是一个典型的实例。但是从总体上说，这一阶段名人故居保护和开发工作或多或少的处于停滞或遭受破坏的状态。

（三）第三阶段（1978年以后）

随着全国改革浪潮的不断推进，市场经济的不断完善，文化认识的不断提高，名人故居作为文化遗产资源开始被有计划分批次地开发利用，取得了较大的成效。如毛泽东同志故居现已通过结合故居、滴水洞、韶峰等五个景区成为自然人文资源结合的风景名胜区；又如刘少奇同志故居除修复以外，也在旁边新建了内容丰富的陈列馆。

第二节　名人故居实例

一、湖南省长沙市长沙县黄兴镇实例——黄兴故居

黄兴是中国革命事业的先驱和领袖，与孙中山先生齐名，其故居为土木结构、青瓦顶平房建筑。屋顶形式为悬山顶，外墙以土坯砌筑粉白灰（图8-2-1），建于清同治初年，主体建筑坐西北朝东南，占地面积约5000平方米。过去屋后有"护庄河"，屋前为稻田，并列有3口大塘，终年活水流淌，故居入口的"八字槽门"位于东边的塘堤上（图8-2-2）。从平面上看，故居原为两进两横，左右厢房、杂屋共48间的四合大院，有上下堂屋和茶堂（图8-2-3）。正屋两边有多间横屋和杂屋，建筑面积约900平方米。上下堂屋之间辟有天井,正厅前有六扇方格木门为屏。两边横屋以天井与正屋相隔，通过房前外廊与正屋联系。

图 8-2-1　黄兴故居（来源：湖南省政协文史委提供）

图 8-2-2　黄兴故居内景（来源：湖南省政协文史委提供）

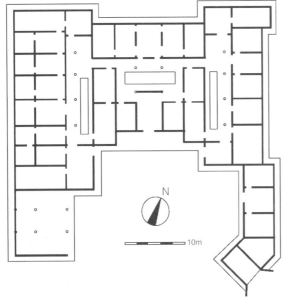

图 8-2-3　黄兴故居平面图（来源：《湖南传统建筑》）

二、湖南省长沙市长沙县高桥镇中南村——柳直荀故居

柳直荀同志，长沙雅礼大学毕业，1924年加入共产党，1926年任湖南省农民协会秘书长，参加过南昌起义，后任中共湖北省委书记，1932年牺牲。

柳直荀故居位于长沙县高桥镇中南村方田冲，始建于清末光绪年间。故居前有一方小池塘，由山泉汇聚而成，水质清澈，旁边岩石地上开有一口井，为其父设计开凿。故居现大部分保持原样，并于1998年、2004年进行了两次大规模的维护修缮，2006年，柳直荀故居被公布为省级文物保护单位。

故居现存建筑坐西朝东，一层砖木结构，共有大小房间十间，总占地面积201平方米。建筑大门上尚遗留"黄棠山庄"四个大字，系柳直荀父亲柳午亭所书。有门联曰："厚德载福；和气致祥"（图8-2-4，图8-2-5）。房屋前栋保持原样，1898年柳直荀即诞生于此。正中上下两间为柳午亭家教之处，左为厨房杂屋，右为住房，最侧一间为柳直荀青少年时住房。整个建筑以小青瓦覆顶，具有清末江南民居建筑的典型样式（图8-2-6，图8-2-7）。

三、湖南省长沙市长沙县果园镇田汉村实例——田汉故居

田汉（1898年—1968年），原名寿昌，曾用笔名伯鸿、陈瑜、漱人、汉仙等，湖南省长沙县人，话剧作家、戏曲作家、电影剧本作家、小说家、诗人、歌词作家、文艺批评家、社会活动家、文艺工作领导者、中国现代戏剧的奠

图 8-2-4 柳直荀故居正门　　图 8-2-5 柳直荀故居
（来源：曹宇驰 摄）　　　　（来源：曹宇驰 摄）

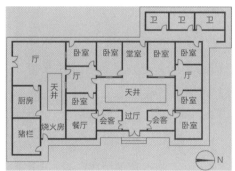 

图 8-2-6 柳直荀故居平面图　　图 8-2-7 柳直荀故居天井与院落（一）
（来源：肖文静 绘）　　　　（来源：曹宇驰 摄）

图 8-2-7 柳直荀故居天井与院落（二）（来源：曹宇驰 摄）

图 8-2-8　田汉故居鸟瞰（来源：王俊　摄）

图 8-2-9　田汉故居正立面（来源：王俊　摄）

图 8-2-10　内庭院（来源：王俊　摄）

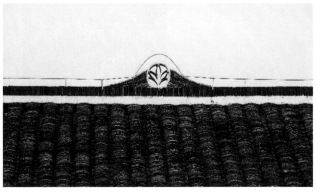

图 8-2-11　屋面（来源：王俊　摄）

基人。新中国成立后历任中央人民政府政务院文化教育委员会委员、文化部戏曲改进局局长、艺术事业管理局局长、中国剧协主席和党组书记、全国文联副主席等职。一生创作话剧 60 余部，电影剧本 20 余部，戏曲剧本 24 部，歌词和新旧体诗歌近 2000 首，其创作的《义勇军进行曲》作为国歌载入史册（图 8-2-8~ 图 8-2-11）。

田汉故居原来是一典型的农居，始建于 1820 年，坐落于长沙县果园镇田汉村田家大屋（原名茅坪），故居坐北朝南，两进、面阔三间，小青瓦，砖木结构，青砖地面，中间以过亭相连接，为晚清时期两进式普通民居建筑。占地面积约 1200 平方米，其建筑面积为 545 平方米，有卧室、客房、东西厢房、纺房、储藏室、杂屋等大小房屋共 18 间。厢房前为天井，天井长 12 米，宽 1.28 米。

四、湖南省浏阳市中和镇苍坊村实例——胡耀邦故居

胡耀邦同志，湖南浏阳人，党和国家的主要领导人之一，早年参加中国共产党，一路经历长征、抗日战争与解放战争，并作为改革开放时期主要的改革执行者，为党和国家做出了巨大贡献。

胡耀邦故居位于湖南省浏阳市中和镇苍坊村敏溪河畔，距浏阳市区 50 公里。故居地处山地丘陵地带，前有敏溪河自东向西流经，罗霄山脉的支脉苍坊山环抱四周，屋前为稻田、村路，流水潺潺，风光秀丽。故居始建于清朝咸丰年间，已有 140 余年的历史，平面布局为凹字形，占地 450 平方米，房屋共计 19 间。房屋坐北朝南，为典型的清末浏阳农村居民建筑，土木结构，覆小青瓦顶（图 8-2-12）。房屋中轴对称布置（图 8-2-13），西为胡耀邦故居，东为胡氏宗亲住房。入口进去则为高大的正厅"泮公享堂"，作为当年明镜、名钟兄弟供奉其父亲胡中泮牌位的地方，为两家共有，作为大客堂。

图 8-2-12 胡耀邦故居鸟瞰图（来源：湖南省政协文史委提供）

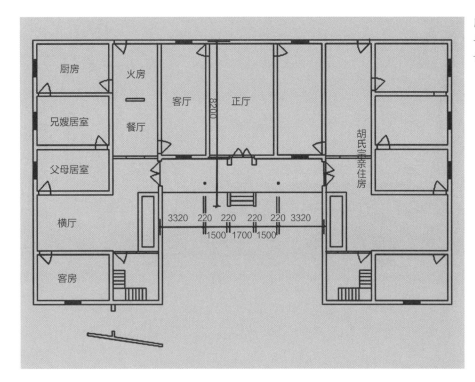

图 8-2-13 胡耀邦故居平面图（来源：湖南省政协文史委提供）

五、湖南省浏阳市北盛镇马战村实例——王震故居

王震同志，湖南浏阳人，1927 年加入共产党，一生南征北战，曾任中共中央政治局委员、国务院副总理、中共中央军委委员、中央军委常委、中共中央党校校长、中华人民共和国副主席等职。

王震故居位于湖南省浏阳市北盛镇马战村，始建于清末，周围风景秀丽，九曲溪绕村而过，不远处有杨梅岭等山峦绵延起伏（图 8-2-14）。1908 年 4 月 11 日王震同志出生于此。20 世纪 40 年代故居毁于洪水，后来文物工作人员对故居地基进行挖掘保护，2007 年进行了复原重建，1994 年王震故居被列为浏阳市文物保护单位。2011 年被列为湖南省文物保护单位。

故居面阔三间，后搭披棚作厨房等用。故居坐南朝北，小青瓦、砖木结构，现故居占地面积 5000 平方米，大小房屋共计 19 间（图 8-2-15）。

六、湖南省宁乡县城西沙田乡长冲村实例——何叔衡故居

何叔衡同志，著名的无产阶级革命家，新民学会骨干会员，曾任中华苏维埃共和国中央执行委员，被列为百位为新中国成立做出突出贡献的英雄模范之一，1935 年牺牲。

何叔衡故居位于宁乡县城以西 70 多公里的沙田乡长冲村，一直到清光绪年间，这里还只是一个闭塞的小山村，当时仅居住着七八户人家，何叔衡家就是其中的一户。何叔衡故居（图 8-2-16），为一所普通农舍，建于清乾隆五十年（1785 年）。平面呈方形，坐东朝西，土木结构，有正房、左右厢房共计 23 间，小青瓦屋面，土砖泥筑院墙，占地约 2600 平方米。平头槽门，门额上端悬挂廖沫沙题写的"何叔衡烈士故居"七字横匾。门内地坪长 35 米，宽 23 米，穿过地坪即为正堂屋。双页木门，方格窗。檐下走廊，中辟天井（图 8-2-17）。

图 8-2-14 王震故居正立面（来源：张衡 摄）

图 8-2-15 内庭院与侧面（来源：张衡 摄）

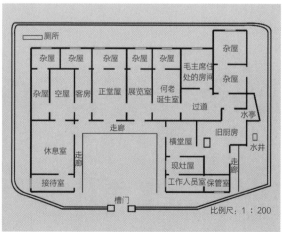

图 8-2-16 何叔衡故居
（来源：湖南省政协文史委提供）

图 8-2-17 何叔衡故居平面图
（来源：湖南省政协文史委提供）

七、湖南省宁乡县花明楼乡炭子冲实例——刘少奇故居

刘少奇同志是伟大的马克思主义者，伟大的无产阶级革命家、政治家、理论家，党和国家的主要领导人之一。

刘少奇故居位于湖南省宁乡县花明楼乡炭子冲，始建于清嘉庆元年，即 1796 年。故居门前是一汪清澈的池塘，建筑坐东朝西，依山而建，占地面积约 600 平方米。"文化大革命"期间故居曾遭到严重破坏，1980 年按照原貌进行了修复，门额悬挂邓小平同志题写的"刘少奇同志故居"横匾，1988 年故居被公布为全国重点文物保护单位（图 8-2-18，图 8-2-19）。

图 8-2-18　刘少奇故居
（来源：张衡　摄）

图 8-2-19　刘少奇故居
（来源：张衡　摄）

刘少奇故居为土木结构四合院式农舍，整栋建筑由三个天井组合而成，房屋共计30余间，其中21间半属于刘少奇的家庭。平面上，从炭子冲屋场外坪进入槽门经内坪第一间即为正堂屋，正堂屋往右是刘少奇胞兄刘云廷的卧室，第二间为刘少奇少年时期的卧室，出此室便至横堂屋，再依次为烤火房、厨房、碓房及猪栏屋、牛栏屋等杂屋（图8-2-20）。

作为湖南传统汉民族土木茅屋形式，建筑采用夯土外墙与简单的穿斗木构，仅在门楣等处辅以少量的雕刻装饰（图8-2-21）。

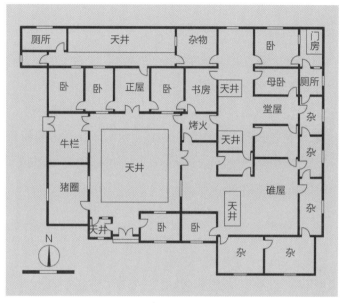

图8-2-20 故居平面图（来源：肖文静 绘）

图8-2-21 天井空间（来源：张衡 摄）

八、湖南省湘潭市韶山市韶山乡韶山村实例——毛泽东故居

毛泽东同志，湖南湘潭人，伟大的无产阶级革命家、战略家和理论家，他是党和国家的主要缔造者和领导人。1949至1976年，毛泽东同志担任中华人民共和国最高领导人，同时他对马克思列宁主义的发展、中国军事理论的贡献以及对共产党的理论贡献被称为毛泽东思想。他被视为现代世界历史中最重要的人物之一，《时代》杂志也将他评为20世纪最具影响100人之一。

毛泽东同志故居位于湖南省韶山市韶山乡韶山村土地冲上屋场，是一栋普通的农舍，土木结构，房屋坐南朝北，成凹字形平面。东边的13间小青瓦房为毛泽东家，而西边5间茅草房是邻居家，正门的堂屋（瓦房）为两家共用，总建筑面积472.92平方米，占地面积566.39平方米。1893年，毛泽东同志就诞生在这座普通的农舍里。

故居经过毛泽东祖父前后三代人的艰苦创业，由最开始的5间半土砖茅屋经1918年掀茅草盖瓦，并加修后院，扩建到现在的13间半的瓦房，即堂屋、厨房、横屋、毛顺生夫妇卧室、毛泽东卧室、毛泽民卧室、毛泽覃卧室、农具室、碓屋、谷仓、牛栏、猪栏、柴屋以及两家合用的堂屋（图8-2-22，图8-2-23）。

现今，毛泽东故居周边已经根据功能形成了四个组团、五个景色分区。四个组团分别是故居组团、图书馆组团、铜像广场纪念组团、故园组团。五个景色分区是：以故居为核心的观赏乡土荷塘秀色、山冲梯田的分区，以韶山冲为景观主体的观赏壮丽田园风光、秀美山川的分区，以铜像广场为主体的感受伟人精神、缅怀伟人的分区，以图书馆为核心的体验幽深山林、书山有径的分区，以故园为核心的感受伟人"故乡关情"的分区。

图 8-2-22 毛泽东故居
（来源：熊申午 摄）

图 8-2-23 毛泽东故居鸟瞰
（来源：党航 摄）

九、湖南省湘潭市湘潭县白石镇杏花村实例——齐白石故居

齐白石是 20 世纪中国画艺术大师、20 世纪十大书法家之一，在国内国外都享有很高的声誉，他曾担任北京艺专教授、中央美术学院名誉教授、中国美术家协会主席等职，获得过"人民艺术家"、"世界文化名人"等称号。

齐白石故居位于湖南省湘潭市湘潭县白石镇杏花村星斗塘侧，相传昔日有陨星坠于此地。1986年，齐白石故居被定为县级文物保护单位；1996 年，湖南省政府公布其为"省级文物保护单位"；2006 年齐白石故居被评为国家级文物保护单位。

齐白石故居建于咸丰年间，周围青山绿水环抱，建筑占地约 200 平方米，坐西朝东，一排三间，建筑为土木结构，土砖为墙，茅草覆顶。建筑正中开间为南堂屋，作为日常接客、用餐的空间，同时也用于加工稻谷；两侧南北开间分布厨房与卧室共四间（图 8-2-24，图 8-2-25）。主体建筑一侧还单独矗立着猪栏（图 8-2-26），起饲养家禽之功用。可以说，齐白石故居是典型的清末民初湖南汉民族乡土民居建筑类型。

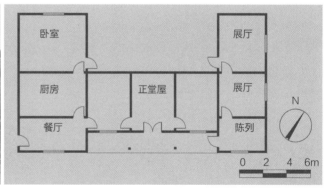

图 8-2-24 齐白石故居及现状平面（来源：王俊 摄）

图 8-2-25 居室（来源：张衡 摄）　　　图 8-2-26 猪栏（来源：张衡 摄）

十、湖南省衡阳县洪市镇礼梓村实例——夏明翰故居

夏明翰（1900年—1928年），号桂根，衡阳县人，中共创建时期、大革命时期和土地革命初期著名的革命活动家。五四运动期间，积极参加爱国学生运动，是湘南学生联合会领导人。1921年，由毛泽东、何叔衡介绍入党，先后担任中共长沙地区执委书记、中共湘区执委委员兼农运书记、全国农民协会秘书长、中共湖南省委委员兼组织部长、中共湖北省委委员等职，积极领导并推动了学运、工运和农运的发展，同时为震惊全国的秋收起义做出了贡献。1928年3月20日，夏明翰被国民党反动派杀害于武汉，时年28岁。

夏明翰故居（图8-2-27）系夏家大院的一部分，位于湖南省衡阳县洪市镇礼梓村。大院前临水塘，北倚卫冲山，与狮子山毗邻。夏明翰故居始建于清朝乾隆年间，距今已有280余年。1985年衡阳县人民政府收归国有并公布为县级文物保护单位，2002年5月被公布为省级文物保护单位。

夏明翰故居为典型的清代湘南民居建筑，大院坐北朝南，除北边外墙为土砖墙外，其余外墙均为青砖砌筑（图8-2-28）。大院二进六厢，共有房屋45间，面积2316平方米。夏明翰曾经生活过的3间房屋为东南第二进厢房。夏家大院组群建筑为砖木混合结构，前廊木构为抬梁式，共同承担结构。木构部分门、窗、梁、枋均以素面为主，正堂屋装有木隔断，只有正屋中间大门设有门簪、雀替，除外廊梁头雕刻兽头图案以及外廊挑檐枋和穿插枋有雕琢装饰效果外，山面墙为青砖砌筑，隔墙均为土坯砖，其余木构梁枋没做特别艺术加工。墙脚部位均用青砖砌筑，有少部分为石块垒砌。隔墙均为土坯砖，墙体厚为21厘米，墙体抹灰为二遍，第一遍为石灰、黄泥、草

图8-2-27　夏明翰故居
（来源：熊申午　摄）

图8-2-28　夏明翰故居侧面
（来源：熊申午　摄）

筋等混合而成，第二遍抹白灰压面，山面墙身至脊檩均为青砖块砌筑清水墙面。瓦顶均为悬山顶，屋面为小青瓦（图8-2-29）。檐头滴水瓦为特制陶瓦，均与大号琉璃板瓦大小相同，呈尖形状（图8-2-30），对保护檐口板不受雨水侵蚀有绝对优势，这可以说是民居中一大地方特色。台基与地面，局部为三合土，多数改为水泥地面与原生土地面，台基多为乱石砖块或土坯砌筑。该建筑群建筑建在30厘米的台基上，此院落为典型"跨院式"，大的住宅首先是纵深增加院落，再向横向发展，增加平行的几组纵轴，在厢房位置辟通道开门相通。院内横向为两进，主入口设在建筑群中心位置，即正堂屋前坪。纵深方向为六组建筑，组成4个四合院落，形成门门相套、路路相通的格局（图8-2-31）。台基采取同一水平高度的处理方式，比较容易控制单体建筑尺度和把握空间感受。夏家大院，建筑高大、简朴，房屋均有阁楼，只有横向"四合院"，前后进没有阁楼。

图 8-2-29　故居屋顶鸟瞰（来源：熊申午　摄）

图 8-2-30　细部做法（来源：熊申午　摄）

图 8-2-31　内天井（来源：熊申午　摄）

十一、湖南省邵阳市隆回县司门前镇学堂弯村实例——魏源故居

魏源（1794年—1857年），清代启蒙思想家、政治家、文学家。名远达，字默深，又字墨生、汉士，号良图。汉族，湖南邵阳隆回金潭人（今隆回县司门前镇）。道光二年（1822年）举人，道光二十五年（1845年）始成进士。官高邮知州，晚年弃官归隐，潜心佛学，法名承贯。近代中国"睁眼看世界"的首批知识分子的优秀代表。

魏源故居（图8-2-32）位于湖南邵阳隆回县司门前镇学堂湾沙洲上，距司门前镇3公里，距隆回县城60公里。故居1983年被公布为省级文物保护单位。1995年被定为湖南省第一批爱国主义教育基地。1996年11月，魏源故居被国务院公布为全国重点文物保护单位。

现存的魏源故居是一座两栋正房两栋厢房的木结构四合院（图8-2-33），坐西南，朝东北，院前有木结构槽门，四周有土围墙。通面阔约43米，通进深约54米，总占地面积约2300平方米。槽门位于正房的左前方，朝向北偏东20°，系过亭式木构架房子，曾毁圮多年，1994年按原貌修复。从槽门进入院内，是个晒坪，面阔约22米，进深约16米（图8-2-34，图8-2-35）。

图8-2-32 魏源故居（来源：熊申午 摄）

图 8-2-33 庭院空间（来源：熊申午 摄）

图 8-2-34 室内空间（来源：熊申午 摄）

图 8-2-35 雕花装饰（来源：熊申午 摄）

十二、湖南省怀化市会同县坪村镇枫木村实例——粟裕故居

粟裕故居，位于湘西南边陲，怀化市南端，会同县坪村镇枫木村，距会同县城约8公里，距209国道仅0.5公里。1907年8月10日，粟裕出生在横仓楼的一间房子里，并在此度过了青少年时代。粟裕故居1984年被列为县级文物保护单位，1996年被省人民政府列为湖南省省级文物保护单位。

粟裕故居分为东、西两个大院，占地面积约1000平方米，大小房间有30余间。两个大院中间有一条村道和小溪通过（图8-2-36）。小溪右边的东院为正屋，是家人居住之地。小溪左边的西院是一排坐西朝东的房屋。北头为客厅，是接待宾朋、宴请客人和私塾讲学的地方；中间几间房屋是帮工们的住房；南头是牛栏、马圈等。故居现保存的房屋即为东院正屋（图8-2-37~图8-2-39），占地约416平方米，房屋坐东南朝西北，由三栋两层的木房组合构成，分为前厅、正屋和横仓楼（图8-2-40）。其中前厅是为"品"字形客厅，前厅与正屋之间有一"一"字形天井，两者成"一品"形状，寓意深刻。

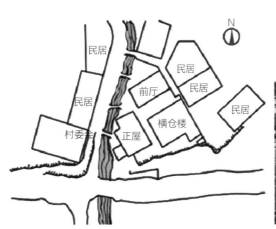

图8-2-36 粟裕故居总体布局（来源：吴晶晶 摄） 图8-2-37 故居入口1（来源：吴晶晶 摄）

图8-2-38 故居入口2（来源：吴晶晶 摄）   图8-2-39 内部院落（来源：吴晶晶 摄）

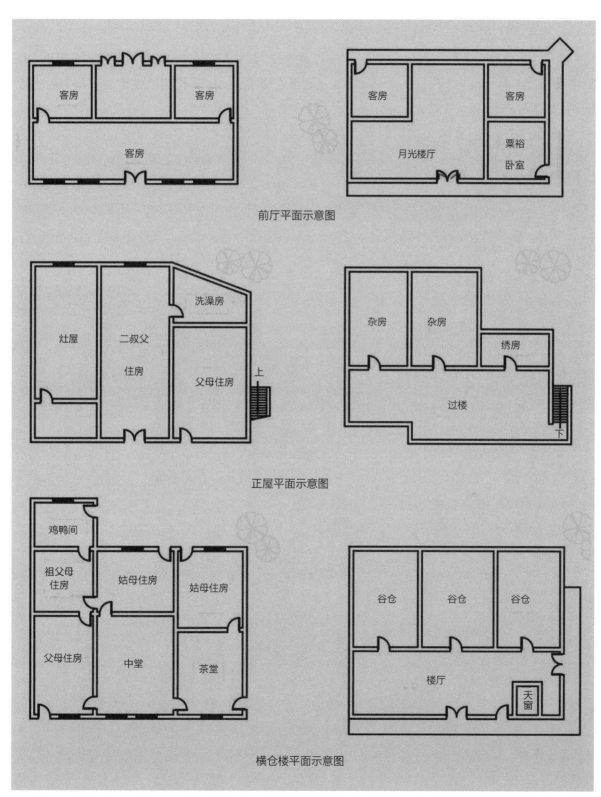

前厅平面示意图

正屋平面示意图

横仓楼平面示意图

图 8-2-40　平面布局（来源：吴晶晶　绘）

粟裕故居为木结构承重，与传统木构建筑穿斗式的原理一致。整个房屋均为面阔三间的穿斗式梁架结构，房屋雕梁画栋，飞檐翘角（图8-2-41），富有湘西民族特色。受汉族民居影响，粟裕故居也在屋脊处设置一排立瓦，与屋面长度一致，南方某些地方称其为"子孙瓦"，实质上是一种建材储备。粟裕故居脊瓦两端做起翘，中间用瓦片堆叠成铜钱形状，象征财富和新生。

粟裕故居装饰风格具有湘西地方特色，装饰材料大多为当地盛产的天然材料，房屋中的主要装饰部位在檐口、窗格、栏杆等易于塑造的木质材料部位。除上述装饰部位之外，山墙和院墙上也被绘制了不同图案与彩画来祈求家宅平安。

十三、湖南省娄底市双峰县荷叶镇富村实例——曾国藩故居

1. 地理位置及简介

曾国藩生于1811年，卒于1872年。24岁入岳麓书院中举人，曾创办湘军，对抗太平天国，后任两江总督，是洋务运动的倡导者。在1995年全国首届曾国藩学术研讨会上，作为清末名臣、湘军统帅的曾国藩即被学者定位为：中国近代文化的发轫者、湖湘文化的典型代表人物、中国传统文化集大成者和中国封建社会最后一位大儒。

曾国藩故居位于湖南省双峰县荷叶镇富村，湘潭、湘乡、街山、衡阳四县交界处。富厚堂作为湘中地区保存完整的乡间侯府具有丰富的研究价值。其四周环境怡人，茂林修竹，农田村舍同涓水蜿蜒布置在其周边。放眼望去这一片古朴建筑藏于清水绿水之中，相得益彰。富厚堂的入口分布在南北两侧，通道贯穿于南北，正门前的半圆形状的台坪是用花岗岩铺成的，富厚堂周边用高大的围墙环绕。在正门前方设了一片开阔的荷塘，夏日让人置身在"接天莲叶无穷碧"的景象中甚是沁心透凉。虽然是侯府规模，但是装饰却是朴厚大方，基本体现了曾国藩对建宅"屋宇不消华美，却须多种竹柏，多留菜园，即占去四亩，亦自无妨"的意旨（图8-2-42）。

2. 造型美

地处湘中地区的富厚堂是宋明回廊式古建筑群风格，气势恢弘而结构紧凑，具有其独特的建筑特色（图8-2-43）。"湘中民居平面形态规矩，全宅以堂屋为中心，正屋为主题。中轴对称，厢房、杂屋均衡扩展。堂屋设在平面中轴线终端，为全宅精神内核。"富厚堂的整体布局清晰明了（图8-2-44）。从正门入口进入，首先映入眼帘的是宽敞的草坪（图8-2-45）。其中有一条石道通向八本堂，处于轴心位置的八本堂是富厚堂的正宅，周边建筑由此以八本堂为中心向两端延伸对称布局。位于最外端左侧的是求阙斋，是曾国藩的书楼，所以它的面积相对于其他的书斋要大，又称为"公记藏书楼"，偏于一隅四周有天井隔开，院落相对独立。与此遥遥相对的是位于内坪右侧的曾纪鸿书斋"艺芳馆"。通过一条小径就可以前往后面的鳌鱼山，咸丰七年曾国藩亲手在家营建的思云馆及存朴亭、绿杉亭、鸟鹤楼等就坐落在此地。富厚堂是严格按照儒家礼法传统（即中为尊，东为贵，西次之，后为卑）建成的，从而形成了具有严格等级规制的建筑布局形式。富厚堂在空间结

图 8-2-41 粟裕故居飞檐翘角（来源：吴晶晶 摄）

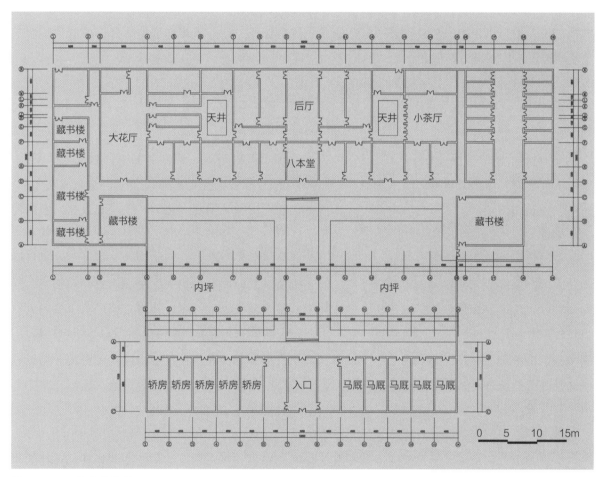

图 8-2-42 曾国藩故居

图 8-2-43 富厚堂
（来源：杨正强 提供）

图 8-2-44 曾国藩故居
（来源：杨正强 提供）

图 8-2-45 内部空间
（来源：杨正强 提供）

构处理上采用"外庭院内天井"的布局形式。在主体建筑的前方所形成的开阔院落空间称为外庭院，而堂屋与大门之间的空间则称为内天井。富厚堂的内部空间因为狭长的天井规整的排列划分出了数个独立空间，他们是一种并联式的关系，即院中有院，院中套院，以亭廊相连，辅以廊房、轿厅、花厅、书楼、花园等。"中国建筑的庭院式布局，不仅在组群内部形成了一系列露天的、具有室外空间性质的庭院空间，而且通过庭院围台面的调节，给这些室外空间以不同程度的内化。使得中国建筑既有多样的、引人注目的室内外化的复台空间，又有极具情趣、令人赞叹的室外内化的复台空间。"

虽然是侯府规模，但是曾国藩故居的整体形象偏朴实。富厚堂外墙采用石砖土木的结构形式，青砖黑瓦，建筑外墙用的是青砖，内墙则为土砖。这样在视觉上也形成了一个对比；廊柱、走廊、门框、窗户采用的材料都是木材，窗户采用具有一定通透性的漏窗形式，这样使曾国藩故居有一种通透灵秀之美，而且漏窗形式也减轻了砖石的厚重感。富厚堂的雕刻装饰主要集中于屋脊上、门窗还有梁枋及挑檐枋等处。比如：楼宁檐枋和正堂屋脊上就是使用雕刻的如意纹进行装饰，在山墙营造装饰上，采用的是轻盈飘起的飞檐，层峦叠嶂间，产生灵魂向上升腾的快感，精妙流畅的线条，曼妙华美，无不是在体现湘中建筑绮丽、富有想象的特征。兼具实用美观价值的四大藏书楼是富厚堂的精华所在，藏书楼分为三层，二层以上较为通透，四面开窗，采用的是双层漏窗，这样既保证足够的光线，又能防盗；同时每扇窗还暗设挡板，可以根据自己的需求上下滑动挡板来进行光照的调节，这么巧妙的设计着实让人叹为观止。曾国藩故居是依山势而建，所以整个建筑群的布局错落有致，同时侯府规模的建筑也给人以一种视觉冲击。建筑内的雕刻装饰古朴而不失精细，庄重又不乏浪漫，具有较高的艺术欣赏价值，建筑的整个空间结构规整，同时建筑的立面风格也比较统一，细部装饰意象丰富，给人带来深刻清晰的视觉享受。

3. 环境美

湘中地区属于丘陵地区，而且春夏季节降水量大，且常年都受到南方潮湿气候的影响。为了适应地理气候特征，富厚堂充分考虑了地理气候的因素进行相关设计。比如：为了让空气在建筑内流通，将潮湿空气排出，在正门前设置一大片由花岗岩铺设的半圆形台坪来保证建筑内外空气的对流。而在形式上，半圆形的台坪不仅仅做到了空气流通的功能，同时还与前方半月形的荷塘相映成趣（图 8-2-46）。而建筑内部的天井不仅仅是乘凉休息和收集雨水的小庭院，还起到了划分建筑空间的作用，也是富厚堂重要的采光和通风空间。为了净化空气和审美，富厚堂后正厅的天井两旁栽种了大量的铁树。为了适应气候条件，屋顶采用半筒形瓦片进行严密接合。这样雨水就能顺着凹槽快速流至地面，由良好的排水系统排走，从而保证瓦面不会积水及渗漏，极好地适应了南方阴雨天气。

曾国藩故居背靠半月形的鳌鱼山，三面群山环抱，前临弯曲含情的涓水河，远处看来，就像一把硕大无比的太师椅。由于湘中地处丘陵地带，地势复杂多变，所以客观上促进了风水研究的发展。在选址上尤为看重依山面水、藏风聚气的地形，并不惜为地形忽视朝向。鳌鱼山坐西面东。因此富厚堂在建筑朝向上并不追求传统的坐北朝南，而是采取坐西朝东式。这种讲究风水，为适应地形而牺牲朝向的做法，某种程度上恰恰体现了对地理环境的看重。富厚堂的选址、朝向、建筑模式等都反映出人与自然和谐共处的良好生存模式，体现着中国传统民居适应环境，融入环境，契合于环境的建筑特征及建筑理念。

图 8-2-46　周边环境（来源：杨正强　提供）

不仅外部如此，建筑内部也同样强调与四周环境的协调：内坪遍植草木，艺芳馆外坪曾修筑荷花池，池中有凝芳榭亭，亭子为八角形三层结构，与藏书楼等高。根据曾国藩"耕读传家"思想，院里还曾经辟出空地做菜畦之用，兼养鸡鸭等禽类。独立结构的思云馆样式简洁大方，门前种植奇特的无皮树。富厚堂后山古木参天，有冬青、松柏以及树龄 400 多年的大樟树，常年绿树苍翠。人与建筑、建筑与环境的关系密切和睦，表现出共生共荣的理想居住理念（图 8-2-47）。

4. 意境美

"建筑形象不能直接模仿或再现客观事物，而只能造成一种意境，渲染一种气氛或是一种象征，给人以联想，从而揭示出特定时代和社会的精神面貌、情趣和理想。"传统建筑注重意境的营造，而富厚堂又是仿周代诸侯泮宫风格建造的"侯府

图 8-2-47　建筑内部庭院（来源：刘姿　摄）

园林"，为了营造人文气息和诗情画意，建筑的内部一般都是采用植物的形象来进行雕刻装饰，其建筑内部种植的植物也大多为"出淤泥而不染"的荷花、灵秀高洁为人称道的修竹和代表坚贞不屈骨气的松柏，将富厚堂的整个环境烘托得清幽典雅。

整个建筑群的色调没有大红大黄的浮华，主色调采用的是青灰色，展示了一种质朴的建筑美。富厚堂的整体感觉就像是一位谦谦君子，在有着光明磊落的胸襟同时，并不以奇巧示人，而以气韵无限的空间感发人深思。虽高伟浑厚，却不拒人于千里之外，历史与宇宙的深邃在此交汇，能使最深处的灵魂碰撞、融合。

图 8-2-48 "八本堂"匾
（来源：刘姿 摄）

富厚堂内处处可见曾公手书的对联、训诫。正宅八本堂内悬挂的着"八本堂"匾，上书曾国藩制定的"八本家训"：读书以训诂为本，作诗文以声调为本，事亲以得欢心为本，养生以少烦恼为本，立身以不妄语为本，居家以不晏起为本，居官以不要钱为本，行军以不扰民为本。意蕴无穷的诗词意境与富厚堂的审美意境相互交融，在品咂词句的同时，富厚堂的内涵、意境也得到了升华（图 8-2-48）。

十四、湖南省湘西土家族苗族自治州凤凰古城实例——熊希龄故居

熊希龄是民国第一任内阁总理，虽然时间不长，但名声赫赫，是我国近代著名的政治家、杰出的平民教育家和慈善家。熊希龄故居坐落于凤凰古城北文星街的一个小巷里，向东不足 200 米便是秀丽的沱江，该宅属湖南省重点文物保护单位。

据史料记载，熊希龄故居是其祖父辈于清道光二十八年（1848 年）所建，清同治八年（1869 年），熊希龄就诞生在这座古色古香的建筑里（图 8-2-49）。在这里，少年熊希龄读书、习字，凭着他的聪明才智和刻苦努力，先后考取了童生、秀才、举人，最后中进士，从此走出凤凰，成为知名的政治家。

熊希龄故居环境静谧，建筑风格质朴，总占地面积 262.9 平方米，是一座由堂屋、卧室、厢房组成的典型木结构平房四合院（图 8-2-50），门、窗、墙大部分为木结构，其上雕花或绘图案，造型大方，做工精美（图 8-2-51）。

平面为四方形布局，中有一天井宽坪，天井中有一口大缸。进入宅门，左侧是一个约 10 平方米大小的前室，兼有会客室功能，天井东侧为柴房，里面放置着石磨、石碾等。过了天井就是正室，房屋不大，结构精巧，是典型的苗族古代建筑，极富苗族情调。

整个四合院为南方古式的木瓦结构，正室三间两层木质结构，陈列着熊希龄生前生活、工作时用过的物什，门、窗、墙大部分为木结构。在正室的木门两边，有一幅笔力雄健、字迹清晰的对联，"一生赤诚爱国盼中华振兴，半世慈善办学为民族育才"（图 8-2-52），写出了熊希龄先生忧国忧民的伟大抱负，同时也写出了他披肝沥胆、倾注心血办慈善事业，为中华民族培养栋梁之材的伟大功绩。

图 8-2-49　熊希龄故居（来源：刘姿　摄）

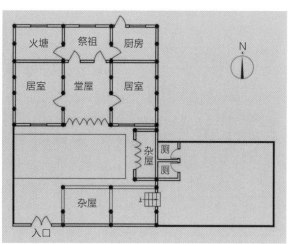

图 8-2-50　故居平面图（来源：刘姿　绘）

图 8-2-51　门窗雕花（来源：刘姿　摄）

图 8-2-52　故居对联（来源：刘姿　摄）

十五、湖南省湘西土家族苗族自治州凤凰古城实例——沈从文故居

沈从文先生是中国著名作家、历史文物研究者。他撰写了《长河》《边城》等小说，在文学界颇具影响。同时他也在西南联大、北大等多处任教，从事中国古代历史与文物的研究工作。

沈从文故居坐落于凤凰县沱江镇中营街 10 号，坐东北朝西南偏西 40°。门前街道由红砂岩石板铺成，街呈南北走向，南端接繁华的古街道——南正街，北入道门口（凤凰古城的主要入口）。

故居整体布局为硬山顶穿斗式砖木结构四合院平房建筑。两进两厅，前屋面阔 10.03 米，正屋面阔 12.10 米，总进深 21.02 米，由前栋、厢房、书房、后栋、厕所、杂物间、厨房等大小 11 间组成（图 8-2-53）。占地面积 272 平方米，建筑面积 222 平方米。屋面为小青瓦屋面，椽子断面为 10×2 平方厘米，直接盖沟瓦、盖瓦。檐口做檐头，钉封檐板。房顶均覆以天花板。

整个住宅布局紧凑，形象简朴，与一般住宅无甚殊异之处，属于古城中城镇民居的典型代表（图 8-2-54）。

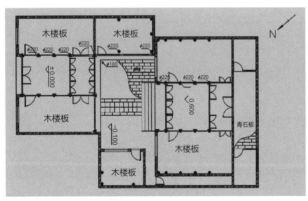

图 8-2-53　沈从文故居平面图（来源：凤凰县文物局）　　　图 8-2-54　沈从文故居（来源：凤凰县文物局）

第八章 参考文献

[1] 孙云仙，董力三. 湖南省"名人故居"文化资源的开发探讨[J]. 长沙理工大学学报：社会科学版，2000（3）：76-79.

[2] 孙云仙，董力三，东迎新. 湖南省"名人故居"文化资源的开发探讨[C]// 全国旅游地学年会暨镇江市旅游资源开发战略研讨会. 2000：76-79.

[3] 佚名. 图说湖湘人文·国家非物质文化遗产——黄兴故居[J]. 文史博览：理论，2011（1）.

[4] 邹周超. 走近苍坊:胡耀邦故居[J]. 湘潮，2010（3）：40-42.

[5] 李哲，柳肃. 延续传统，真实复原——王震同志故居修复设计回顾[J]. 华中建筑，2010，28（3）：30-31.

[6] 伍英. 走进杓子冲 何叔衡故居感怀[J]. 新湘评论，2011（9）：42-44.

[7] 蔡世平. 湘潭齐白石故居散记[J]. 中华书画家，2015（8）.

[8] 唐俊辉，周春梅. 颂扬正气，回归自然——衡阳县夏明翰故居修葺规划设计[J]. 四川建材，2009，35（3）：107-108.

[9] 刘伟顺. 魏源故居勘测录[J]. 邵阳学院学报：社会科学版，1994（4）：57-61.

[10] 刘枫. 湖湘园林发展研究[D]. 中南林业科技大学，2014.

[11] 聂鑫森. 触摸湘潭名人故居 白玉堂·黄金堂·富厚堂——曾国藩故居[J]. 雪莲，2008（5）.

[12] 陈萌. 论曾国藩故居的美学特质[C]// 中国民居学术会议. 2008.

[13] 李文鑫. 曾国藩故居——富厚堂[J]. 南方建筑，1994（4）.

[14] 诸荣会. 此君一出天下暖[J]. 创作与评论，2013（1）：99-104.

[15] 王大卫. 谁绑架了"沈从文故居"[J]. 贵阳文史，2011（5）：88-89.

结语

　　湖南传统民居是中华文化的实体延续，是历史、社会演绎变迁的见证与缩影。湖南有着悠久的文明史，楚文化、儒学文化、本土少数民族文化共同形成了丰富多彩、博大精深的湖湘文化，这些文化也造就了种类众多的湖南传统建筑。湖南地区保留、散落着数量众多的传统建筑，该地的建筑呈现出地域多样性、民族多元性等特点。

　　本书在充分研究前人的成果之上，从相关案例、多个角度对湖南传统民居进行的深入研究，一是扩展研究对象的范围，不再单单局限于湘西地区少数民族建筑，对象扩大到湘东北区域、湘中湘南等汉民族文化区的建筑；二是对湖南少数民族地区建筑的研究从建筑文化的整体出发把握，详尽地将不同区域、各民族的建筑作以区分。

　　本书通过一系列研究最后得出：

　　通过对湖南地区深入地实地调查分析，研究每个地区文化形成，分析其建筑风格形成的内在缘由，以及各地区间建筑文化的相互影响，我们得出传统建筑的形成，有着深厚的文化内涵，湖湘文化印刻在建筑的"骨髓"中，大到建筑的选址小到细小的建筑构造。

　　通过对近代建筑演变历程进行分析，从而理解湖南地区当今建筑的发展。结合案例对传统建筑设计拆分解析，尝试探索一系列适合湖南、能应用于湖南地区的建筑设计指导思路。进一步分析传统建筑文化在传承过程中面临的机遇与挑战，为今后地域建筑的发展与传统建筑的传承探索可行的道路。

　　今天的世界正在快速城市化，而我们中国城市化进程尤其迅速，世界建筑趋同发展，人们面临着建筑文化断层的危机，传统建筑具有历史、艺术、科学、旅游和文化等众多的价值，如果不尽快地收集、保护、研究、发掘，这些传统建筑文化将会在城市化、城乡一体化的过程中湮没。为此，希望借由此书的撰写，为湖南传统建筑文化的传承与保护作出积极贡献，同时希望引起相关学者的重视以及民众对传统建筑的重新认识。本书结合相关调研进行研究，系统性和深度难免会有所不足，希望引起读者的深入研究，从多个角度对湖南传统建筑的保护与发展问题进行更为深入的思考。对湖南的文化饱含深情，对湘楚历史保存敬意。

图书在版编目（CIP）数据

湖南传统民居 ／ 湖南省住房和城乡建设厅编 ．—北京：
中国建筑工业出版社，2017.2
ISBN 978-7-112-20491-5

Ⅰ.①湖… Ⅱ.①湖… Ⅲ.①民居－建筑艺术－研究－
湖南 Ⅳ.①TU241.5

中国版本图书馆CIP数据核字（2017）第037205号

本书由湖南省住房和城乡建设厅组织编写。作者首先对湖南省传统民居的整体特色进行概述，然后从自然条件、历史文化、民居建筑基本特征等方面介绍了不同民族及名人故居的建筑特色。全书共八章，包含70余个民居实例，对其选址与渊源、建筑形制、建造及装饰几方面进行了详细的阐述。

本书可作为高等院校城乡规划、建筑及相关专业的参考资料，供城乡规划与建筑学专业及相关学科的学生参考阅读，同时可供对湖南传统村落有兴趣的读者阅读。

责任编辑：杨 虹 尤凯曦
责任校对：李美娜 李欣慰

湖南传统民居
HUNAN TRADITIONAL RESIDENCE
湖南省住房和城乡建设厅◎编
＊
中国建筑工业出版社出版、发行（北京海淀三里河路9号）
各地新华书店、建筑书店经销
北京嘉泰利德公司制版
北京缤索印刷有限公司印刷
＊
开本：880×1230毫米 1/16 印张：20 字数：441千字
2017年5月第一版 2017年5月第一次印刷
定价：**148.00**元
ISBN 978-7-112-20491-5
　　（29996）